民國建築工程期刊匯編

MINGUO JIANZHU GONGCHENG QIKAN HUIBIAN

59

《民國建築工程期刊匯編》編寫組 編

廣西師范大學出版社
GUANGXI NORMAL UNIVERSITY PRESS
·桂林·

第五十九册目録

中國工程學會會報

中國工程學會會報

THE JOURNAL OF THE CHINESE ENGINEERING SOCIETY

中華民國八年十一月

中國工程學會發行

第一號

每册大洋五角

中國工程學會第一屆職員表

執行部	董事部
陳體誠(會長)	侯德榜(審計員) 程孝剛
張貽志(副會長)	李　鏗(書記) 孫洛
羅　英(書記)	任鴻雋　胡博淵
劉樹杞(會計)	

各法定委員股股長

會員股	李　鏗	調查股	尤乙照
名詞股	蘇　鑑	編輯發刊股	羅　英

編輯發刊股職員表

股長　羅英

經理員	美國	吳承洛		
	中國	陸鳳書	楊　毅	陸法曾
編輯員	陳體誠	茅以昇	程孝剛	
	李　鏗	薛次莘	王成志	
	黄有書	張貽志	閔孝威	
	黄壽恆	朱起蟄	尤乙照	
	裘維裕	沈良驊	黄家齊	
	劉樹杞	張名藝		

29544

目 錄

本報凡例

一本報由中國工程學會編輯刊行。

一本報以發揮工程學理．爲建樹中國工程文學之基．傳播工程應用．使獲悉工程事業利弊之鵠。不錄玄談之論．不載浮泛之文。斷以工程．不及其他。

一本報內容．包括土木．化製．電機．機械．飛機．造船．採冶．諸科．專門論著．及各工程與實業事務概況之調查．使讀者能於學理上得交換智識．藉獲觀摩之益．而調查諸記錄．亦可取材他山．藉資參考。

一本報特設討論一科。凡報中所載之文．於學理上或事實上如有堪供討論者．讀者得詳加討論討論文．乃陸續登入會報。庶精微奧理．自質疑問難而益彰眞確要義．經切磋琢磨而始獲．

一吾國書法列式．可橫可直。是本會報印法．自左而右．橫行式。以便插寫各科方程公式．及西文名稱。

中國工程學會與科學社聯合會同人攝影

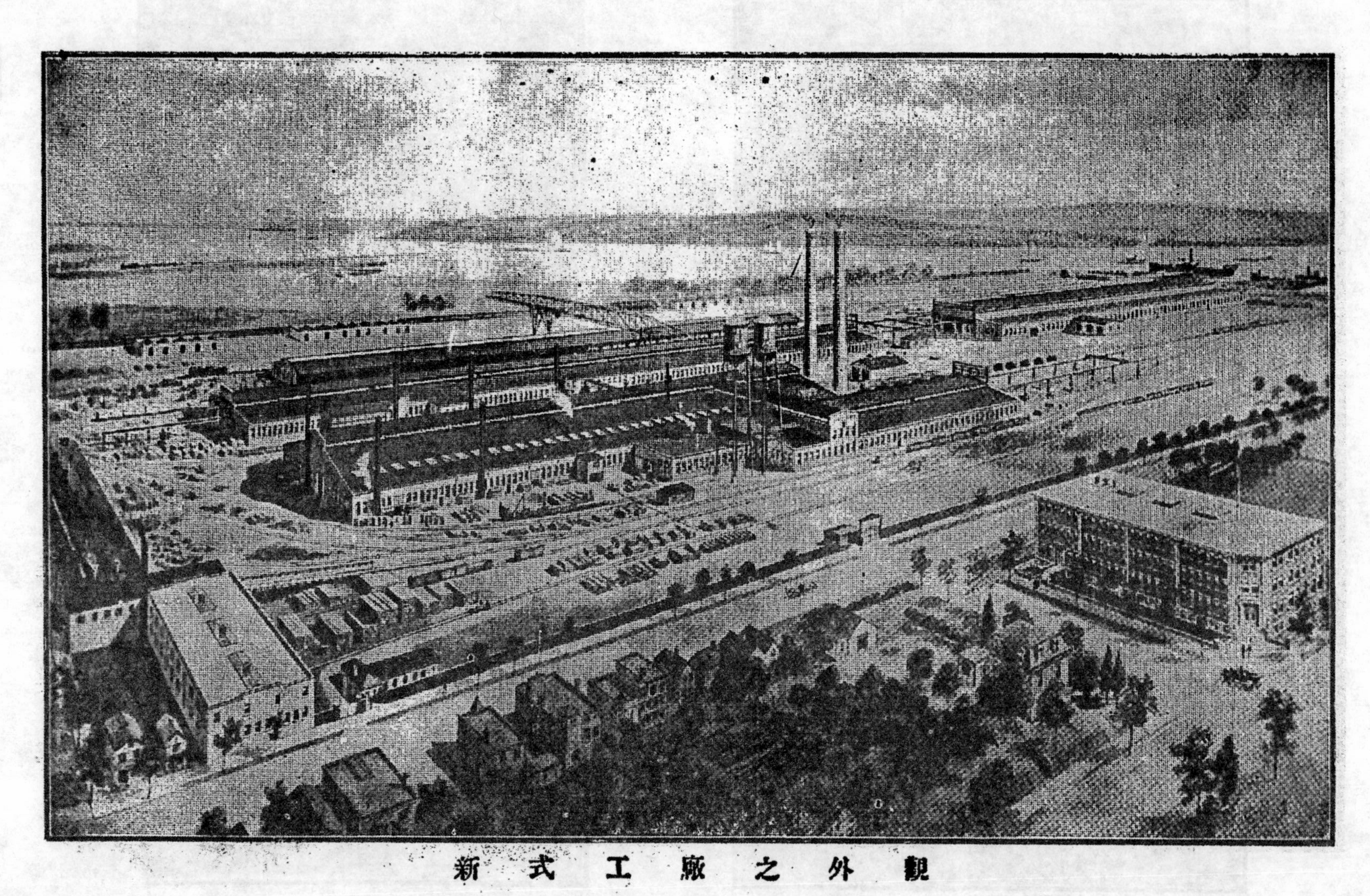

新式工廠之外觀

新式工廠之內容(一)

新式工廠之內容(二)

工廠屋蓋窗牆之構築與其光線溫度及通氣之關係

陳體誠

在科學未昌明前·製造之術簡劣·工人之智蔽塞·羣處一屋中·阨臭蔽暗·而勞動自若也·文化日進·民智為開·用品益求精美·生計因而加增·然後以機器代手工·蓋設屋宇以安之·於是工廠之名始見知於世·夫工廠者·非僅為覆罩物品機器用也·亦實以遮禦風日雨雪·使工作者·於嚴冬炎夏時·俱能溫涼適宜·而相慶得所也·蓋一人之居處情境·與其工作之能率·至有攸關·工廠低隘幽暗·不惟有損工人目光·矧空氣窒塞·於其衛生情形·復多妨礙·冬寒夏暑·既無以暖之涼之·則其肢體必覺凍凝倦怠·而盡失其效用·能率既低·製工粗忽·出品減小·而工業率受影響矣。自貯覆物品機器而觀·每見不通氣之工廠內·烟灰塵垢滿積物品機器上·使其霉壞停滯·時或招引火患·損失累巨萬·製造家每思補救·輒以保險法出之·此項費用·轉而加諸物價上·難免有礙營業·殊不知其病源厥在構築上。設不愼之於始任意建造。則終有此弊。

夫工廠光線·溫度·及透氣法之良美·全視其屋蓋窗牆之支配·及其材料之品質。從前築廠者·向不注及此點·故少進步。自近十年來·屋蓋窗牆之建築·始得研究·而徐改精。今則工廠技師鮮有漠然視之者。我國工業正在發萌時代·工廠之建築亦日益增多。凡建築技師·於其各廠之構築·應深有把握·方不至有上述之後患。作者於此途·素深研詣·姑就通常學理·參以實驗心得·述之如下。

一· 選擇廠之形式

廠之形式·皆視其所需之光線通氣而定。各廠因工作性質·及高闊之不同·所需之光線及通氣·亦各異。故其形式不能一律。惟有視特別情形·按依學理·而試擬數式·然後擇其最節省簡單者而用之。

光線之發自太陽·盡人皆知。日距地遠·光線幾平行·故覺日光充滿空間。窗者所以納日光於屋中者也。有直窗及斜窗之分。斜窗多設屋上·納光較直窗爲多。其納光之多寡·難以計算。通常建築家·多假定光線與地面所成之斜度·而計其射光地積。例如圖第一·光線甲丙與地面假定成斜角四十五度·光線乙丁成六十度。第一窗之射光面積·以丙丁計算。第二窗之射光面積以丁戊計算。圖第二中之第一窗·射光地自已至庚。第二窗之射光地·自辛至壬·庚辛一段·得光最多·受兩窗益也。

凡廠高與廠闊之比例·在一與二上者·則第一圖之納光法·不能適用。第二圖之鋸齒式·射光橫廠中。固屬甚佳·而因築費太鉅·多被摒棄。圖第三之'直行突脊式'圖第四之'橫行突脊式'用時頗多。緣其納光通氣均甚得宜也。

物質輕者上浮·重者下沉·廠中空氣燒熱·而膨脹·人身呼出炭氣亦然。二者俱騰升·遇孔則出·同時鮮冷空氣·由下流入·循環而成'天然風流'(Natural Draft) 於圖第三中·見冷氣從低窗進·沿地面受熱而上升。然後從高窗出。故其通氣甚完全。遇一廠不需用突脊時·則可以'通氣筒'代之。如圖第一及第二然。

雙排廠 雙排廠者·兩廠毗連·中無隔牆者也。

如圖第五第六然。圖第五之光線·全由兩旁及中央天窗而入。此種廠式可用於貯藏所及不需多光之工廠。圖第六之'直鋸齒'甚適用於鍛鍊廠·或巨大機器廠。蓋其納光通氣·俱甚完全·而屋頂之排水法又極簡便也。

三排廠 三排廠·可約分二種。在第一種·其中排之闊·較兩旁大幾一倍。旁排亦復較低·通常稱此種旁排爲'旁依。'旁依之屋頂斜度·時或外傾·時或中傾。中傾之旁依·即如圖第七然·納光較外傾者爲多。第二種之三排廠·高闊俱幾相若·納光通氣問題故與第一種大異。圖第八所定之形式·頗可適用。三排'覆架'之結構既同·而鋸齒與突脊之建築復相埒。有時兩旁排亦有突脊·如圖第八所添之斷線然·但於實際上毫無益處·徒增築費·不如去之爲愈也。

三排以上及闊逾二百尺之工廠·多用'橫行鋸齒式'及'橫行突脊式'圖第四之'高格'(High Bay)'低格'(Low Bay)隔一而成。因其'格長'(Bay Length)與廠高幾相等故。凡廠高較格長約二倍者·則低格可隔二而成·如圖第九然。約三倍者可隔三而成。於高廠中。鋸齒亦可較稀。每二格用一齒。光既不弱。而水槽容量又大。見圖第十。

以上所述。係最普通常用之工廠形式。率一層者。二層及多層廠。因難於納光通氣。故不適用於巨大工廠中。然遇製造工廠之設在城市中者。因地價高昂。則時有用多層式者。

選擇之法。應先定廠之高闊。排數。及其需用納光通氣之多寡。然後按上述諸法。而試擬廠之形式。廠之高闊。排數。及納光通氣等。則視機器之高大。佈設。工作之情形次序而異。其選定蓋非建築技師責也。

二、選擇廠之材料

蓋屋材

(甲)石片鋪木板上　石片受高熱及震動時。便易罅裂。故不可用於鑄煉鋼鐵廠中。亦不能常被人行走。圖第十一

(乙)瓦片　瓦片有數種。最常用者爲水泥瓦。時或以鋪木板上。但稍强之瓦。互相鉗鎖。可直鈎鋼鋑上。頗具美觀。其底面亦無凝冷蒸氣患。機器廠可用之。圖第十二及十三

(丙)沙礫和煤脂　價甚低賤·多爲暫時建築用·

圖第十四·

(丁)波形鐵板　傳熱上品·鋼鐵廠中可用之·遇含酸氣質·則易於腐銹·　圖第十五

(戊)鐵筋混凝土　有耐大性·爲最强有力之屋蓋·多用於重大工廠中·　圖第十六

(已)鐵筋石膏　用途及性質當(戊)相埒·但較輕耳·

窗之種類及窗架材

普通常用之窗有四種·一不動窗·二滑窗·三懸窗·四旋窗·後三種可統名爲通氣窗·蓋可開閉如意也·

旋窗及懸窗之開法·或以鍊條滑車·或以鐵桿·(見圖十七)滑窗則有上下開·及左右開兩種·上下開者又名爲平重窗·(Counter-balanced Window)

窗架有木及鋼鐵二種·鋼架窗近來爲用甚廣·一因能耐火·二强固歷久·三不漏風雨·

通氣窗之不需納光者·時用木葉或鐵葉組成·可名爲多葉窗·(見圖十八)

窗之玻璃

(甲)平光玻璃　即常用之玻璃。適宜於旁多空隙之工廠。

(乙)有骨玻璃　一面光平。一面有骨。如波形。凡須勻光之工廠多用之。(圖十九)

(丙)有稜玻璃　一面光平。一面有角稜。其散光之能力。較有骨者更大。適用於旁無空隙之工廠。價值最貴。(圖十九)

(丁)花玻璃　一面粗刺有光。美於外觀。

(戊)鐵網玻璃　玻璃內含鐵網者。多用於天窗中。庶破裂時。不至遍落廠中。致傷工人事。

透氣筒

透氣筒之種類頗多。在美最常用者為'皇家牌。''地球牌'等。皇家牌筒見圖二十。通氣筒之用於中等工廠者甚多。一因易於裝置。二因價值不昂。三因裝置後。不須工人照管。不若透氣窗之開閉時須留意也。

牆材

(甲)波形鐵板　凡屋蓋用波形鐵時。旁牆亦用之。

(乙)鐵網和泥灰　質輕而價賤。中等工廠頗多

用之。(見圖第二十一)

(丙)磚　磚爲堅固牆材。具美觀。適宜於貴重廠。

(丁)空心磚　用處與磚同。有耐火性。質較磚輕。(見圖二十二)

(戊)三合土　堅固有耐火性。但質重。須重基。又不易毀改。外面不平。若不加工修整。則美觀全失。

三. 關於選擇形式材料問題

屋蓋斜度(Slope of Roof)

屋蓋斜度卽其與地平所成斜角之正切。最簡法以十分之幾表之。屋蓋斜度。宜視其所用材料而增減。斜度之平峭。復與選擇形式有關。下列一表爲常用者。可資考證。

石片……………………十分之六以上

波形鐵板………………十分之五以上

瓦片……………………十分之四

沙礫炭脂………………十分之三以下

鐵筋混凝土……………十分之二以下

鐵筋石膏………………十分之一以下

通氣孔之大小

通氣之多寡。視廠之用途而異。廠中通氣之效率與通氣孔之大小及地位有關係。孔位愈高。則通氣愈佳。下表係比較各廠之應有通氣孔。

各廠百方尺地積應有之通氣孔面積表

廠之種類	通氣孔離地之高度				通氣物
	50尺	40尺	30尺	20尺	
貯藏所	0.30方尺	.40	.50	.60方尺	通氣筒
煉鋼輾鋼廠	0.40	0.50	0.60	0.70	多葉窗
各項機器廠	0.40	0.60	0.80	1.00	通氣筒或窗
鍛鑄各廠	0.60	0.70	0.80	0.90	多葉窗或空隙

納光之面積

通常建築技師多就各廠之性質。而指定納光面積與其外面積(Exterior Surface)之比例。廠之外面積包括屋蓋及其四面圍牆之面積。

廠之種類	納光面積與廠之外面積比例
機器廠	百分之三十以上
他項製造廠	百分之二十以上
鑄煉鋼鐵所	百分之十以上
貯藏所	百分之五以上

分光法(Diffusion of Light)

自圖第一至第十而觀·倘各窗俱用平光玻璃·則光之自窗來者·皆直射地上·而廠之上部·及近牆處·仍黴暗無光近來工廠之起重機·及機軸等·多佈設於廠之上部·故必須用分光法·使一部分之光線·經玻璃後·得折射於廠之上部。玻璃之折光能力·全視其斜角及其種類。有稜玻璃與地平成三十度斜角時·其折光能力最大。次則及有骨玻璃。故工廠需分光時·多指用上述二種玻璃。有骨玻璃之價較有稜玻璃爲賤。

熱度之傳失

熱度遺失·一因屋蓋窗牆之傳熱·一因通氣孔之漏熱。第二原因可以'用力通氣法'(Forced Draft)減少之。此法係以機扇鼓熱氣入廠中·增高廠中氣壓·阻止冷風外進·使冬時通氣不至過度·而廠中溫度得易於增減。傳熱之遺失·則視屋蓋窗牆材料之厚薄·及廠內外溫度差而異·下列一表比較數種材料·每一方尺於一小時中傳熱所失之英國熱量。(B. T. U.)

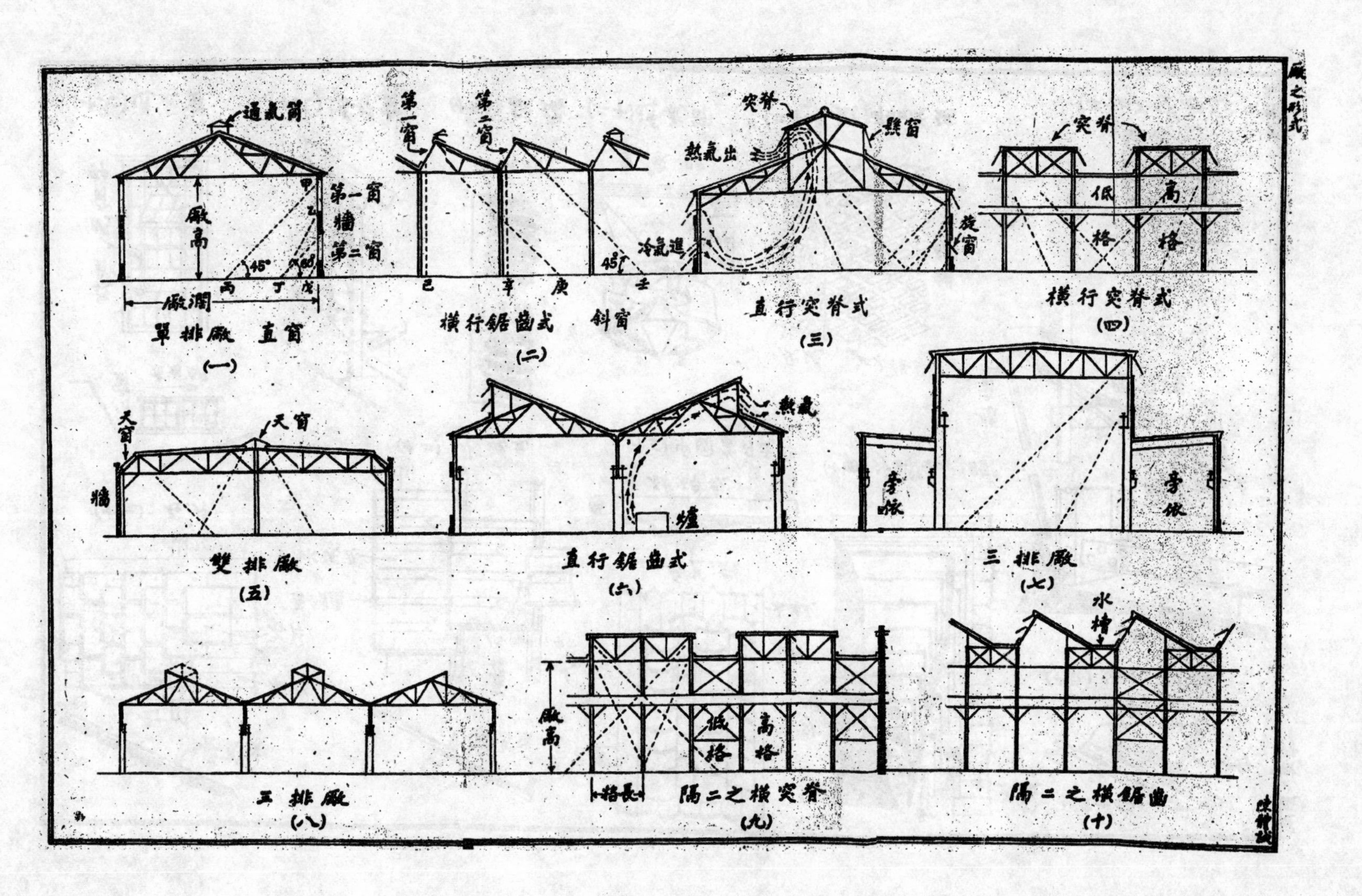
廠之形式
通氣筒
第一窗
牆
第二窗
廠高
廠闊
甲
乙
丙
丁
戊
45°
60°
單排廠 直窗
(一)
第一窗
第二窗
己
辛
庚
壬
45°
橫行鋸齒式 斜窗
(二)
突脊
懸窗
熱氣出
冷氣進
旋窗
直行突脊式
(三)
突脊
低
高
格
格
橫行突脊式
(四)
天窗
天窗
牆
雙排廠
(五)
熱氣
爐
直行鋸齒式
(六)
旁廠
旁廠
三排廠
(七)
五排廠
(八)
廠高
低
格
高
格
格長
隔二之橫突脊
(九)
水槽
隔二之橫鋸齒
(十)

29561

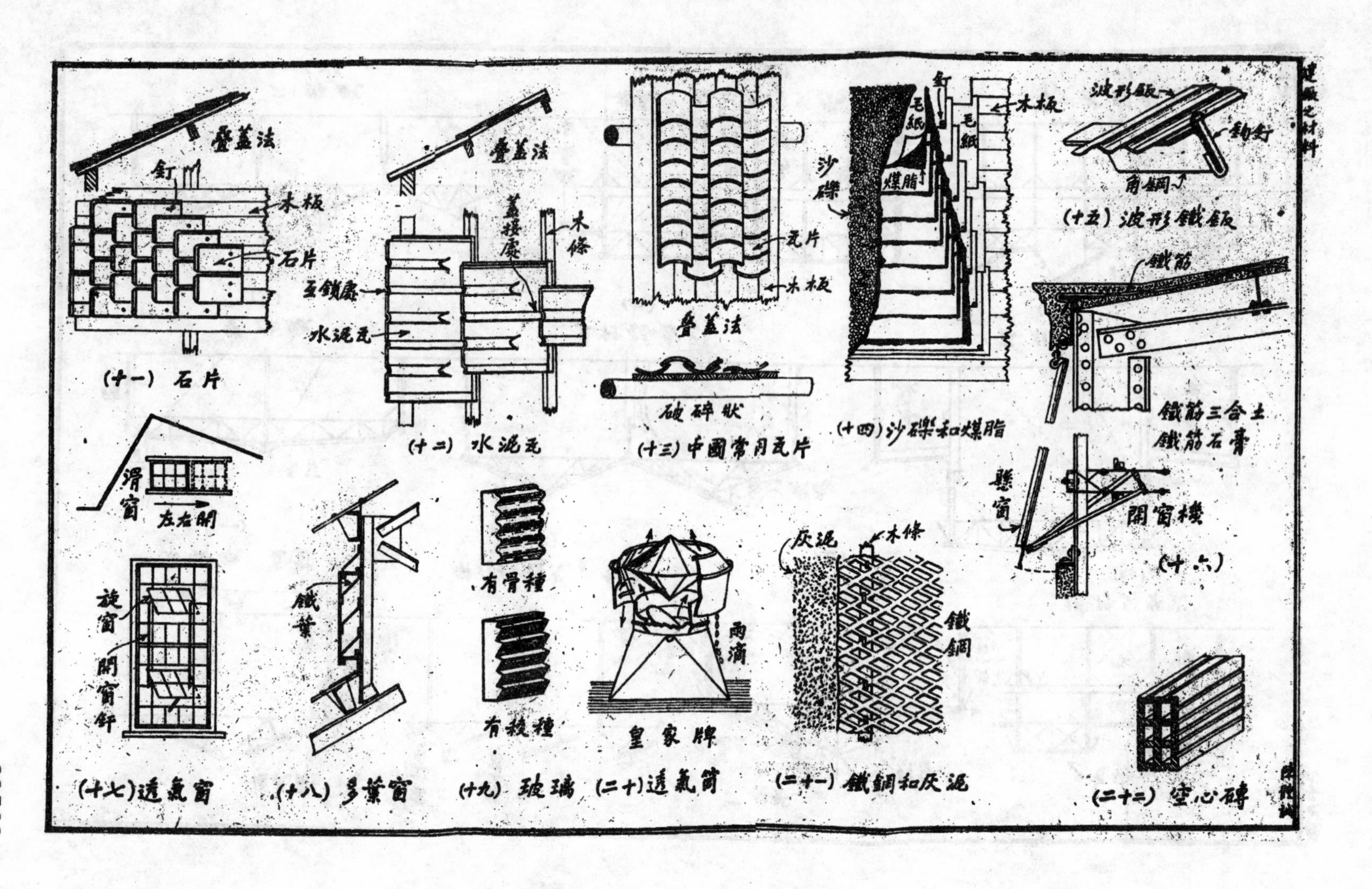
建築之材料
疊蓋法
釘
木板
石片
(十一) 石片
疊蓋法
蓋接處
木條
互鎖處
水泥瓦
(十二) 水泥瓦
瓦片
木板
疊蓋法
破碎狀
(十三) 中國常用瓦片
釘
毛紙
毛紙
木板
沙礫
煤脂
(十四) 沙礫和煤脂
波形鈑
鉤釘
角鋼
(十五) 波形鐵鈑
鐵筋
鐵筋三合土
鐵筋石膏
懸窗
開窗機
(十六)
滑窗
左右開
旋窗
開窗針
(十七) 透氣窗
鐵葉
(十八) 多葉窗
有骨種
有紋種
(十九) 玻璃
雨滴
皇家牌
(二十) 透氣筒
灰泥
木條
鐵網
(二十一) 鐵網和灰泥
(二十二) 空心磚

廠內外溫度差(華氏表)	30°	40°	50°	60°
十二寸厚磚牆	10B.T.U.	13	16	20
十六寸厚磚牆	8	10	13	16
單重平光玻璃窗	36	48	60	72
一寸厚木門	12	16	20	24

除凝蒸法(Anti-Condensation)

廠中溫氣燒熱上升·遇天窗及波形鐵板·凝冷而結·成水下滴。蓋玻璃及鐵木等俱傳熱上品·廠內外溫度之差既多·故有凝蒸事。補救之法·或用雙重玻璃·(或木板)中隔空氣·使其不能傳熱·

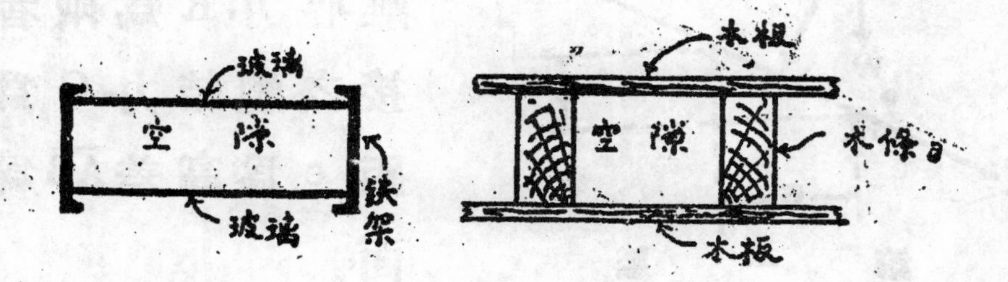

(見圖)波形鐵版之用爲屋蓋時·亦可於底面加棉紙·炭紙數種·以鐵網上托·使不下墜·則凝蒸患亦可除免。三合土水泥瓦等不易傳熱·故無是患。凡工廠之須燒熱者多用之·以爲屋蓋。

螺旋鐵路之新測

茅以昇

緣起

螺旋者[1]漸彎弧綫[2]之一。路軌由直而圓。用以緩和其彎度[3]者也。凡車體運行。途遵弧綫。則生離心力。此力與弧徑速率相伸縮。徑至小者能使車體傾覆。不可不備。普通方法即使兩軌失平。令外內升降之度。適足保持車體之安穩。此高差[4]之量可於下式得之。

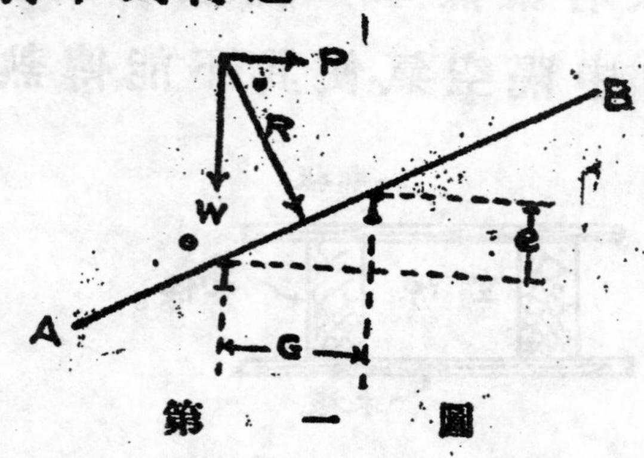

第一圖

如圖W爲體重。P爲離心力。R爲兩者相接之總結力[5]。G爲軌距[6]。e爲高差$\overline{AB}$爲路面。

今欲使車體安穩'力R'必須與路面垂直故

$$\frac{W}{P}=\frac{G}{e},\quad e=\frac{P}{W}G$$

由力學定理。若 r 爲弧徑。v 爲車體運行之速度。

1. Spiral 2. ransition Curve 3. Degree of Curvature

4. Superelevation. 5. Resultant. 6. Gauge

則

$$P=\frac{W}{g}\frac{V^2}{r},\quad \therefore\quad e=G\frac{WV^2}{gR}\frac{1}{W}G$$

若 D 爲彎度則　$r=7530\div D$　(r 爲英尺)

$v=5280V\div3600$ (V 爲每鐘英里之速率)

設 G 爲五英尺則 $e=.0000572V^2D$ (e 爲英尺)

由上式可知高差之量基於速率彎度。若速率不變。則高差大小。以彎度爲準繩。今設路軌由直而圓。則高差應由零而極。若圓直遞嬗之間。絕無媒介。則高差驟然出現。爲事所不能。欲使高度漸行漸差。則弧綫當漸行漸曲。若兩者相與之率。處處不變。則車體永無傾覆之理。此漸行漸彎。漸高漸差。卽本篇之螺旋綫也。

近世鐵路大興。載重致遠。日趨其極。螺旋鐵路之功用亦以大著。半稘以還。測設此綫之方法。已經數見。惟大多繁複。不宜實用。至今未有確當之解釋。本篇所記。簡捷新奇。半爲著者所發見。原稿成於民國五年春。今始刊行。應我工程學會之召也。

近日流行之測法。偏於理論。得數過細。實則鐵路工程·除橋樑隧道外·都不求甚準·唯以適用爲主·故法之精者·往往未經實驗·雖現時有各種表册·可資實用·究非完善·蓋施用學術·非可憑藉外力者也·間於名人箸述中·亦見有無表測法·然公式太多·非倉猝能憶·所謂無表·不過益增其繁難而已·此篇所述之法·簡易明瞭·無須表册·且公式不多·最合實用。

螺旋鐵路之搆造·共有五部·其一直線[1]·其二螺旋·其三圓弧[2]·其四螺旋·其五直線·其交替之點·由一至五·命名如下。

(一)直線至螺旋相交之點爲　始點

(二)螺旋至圓弧相交之點爲　承點

(三)圓弧至螺旋相交之點爲　轉點

(四)螺旋至直線相交之點爲　終點

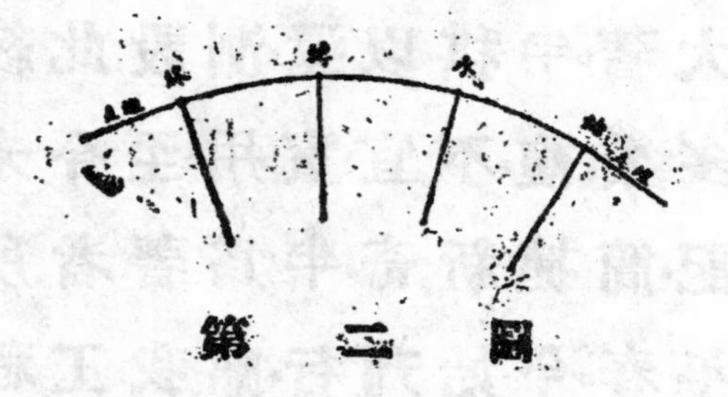

第二圖

第一章　解釋長距及角數法

1. Tangent 2. Circular Curve

螺旋長度[1]　螺旋之長度·基於高差·據最近習俗·則假定兩者相比·爲一常數。

設螺旋之長爲L則

$$L = 60\times (e=\text{高差})$$

式中L爲英尺e爲英寸。

圓弧首尾兩螺·以長短相等爲最便·以下所述以此爲本。

切線長度[2]　今設螺端兩直線·延長相切·則由始至尾(切點)之部份·謂之切線·此式之長·由以下公式定之。

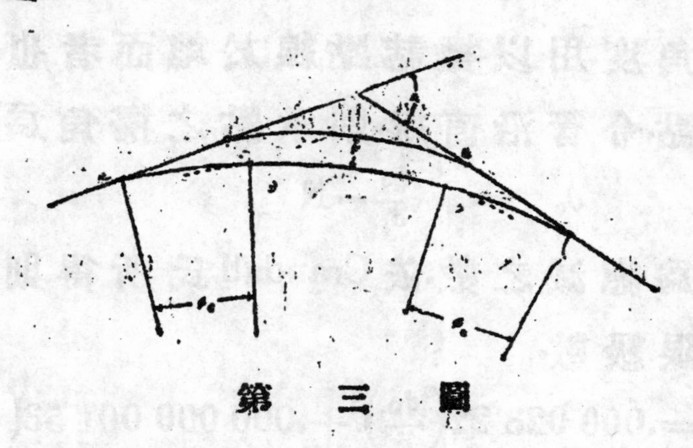

第三圖

命T爲切線長度

T′爲圓弧正切(設無螺旋·若圓弧彎度不變·則與直線切於AB兩點·由A至切點

1. Length of Spiral 2. Tangent Distance

I 之長爲 T')

F 爲圓弧前移之數(如圓所示)[1]

△爲兩直綫相交之外角

L 爲螺旋之長

則 $T = T' + F \tan\frac{\triangle}{2} + \frac{L}{2}$

螺旋項角[2]　此爲始承兩點之螺旋弧徑相交所成之角。設以 ϕ_c 代此角之數則

$$\phi_c = \frac{L \times D'}{200}°$$

第二章　第一螺旋用掃角測法

掃角[3]　掃角者經緯儀[4](簡曰儀)之窺管[5](簡曰管)管應掃之角度用以標誌點線於地面者也。今若置儀於始點令管沿直線則承點之掃角爲

$$\theta_c = \frac{\phi_c}{3} - N$$

末項 N 爲應減之數依 Crandall 氏所得則

N 爲無限級數

$$N = .000\,023\,22\left(\frac{\phi_c}{3}\right)^3 + .000\,000\,001\,53\left(\frac{\phi_c}{3}\right)^5 + \cdots\cdots$$

式中 ϕ_c 爲三角應用之度數(爲正角[6]九十分之一)美國鐵路協會則定 N 爲 $.00297\phi_c$ 秒。此數既甚微

1. Shift 2. Centual Angle of Spiual. 3. Deflection Angle.

4. Transit 5. Telescope 6. Right Angle.

小通常計算·均忽略之。

始承兩點之間·螺旋每點之掃角·θ 依其長度之平方·與 θ_c 爲比例·設 L 爲全螺之長·l 爲始點至此點之長·則

$$\theta = \frac{l^2}{L^2}\theta_c。$$

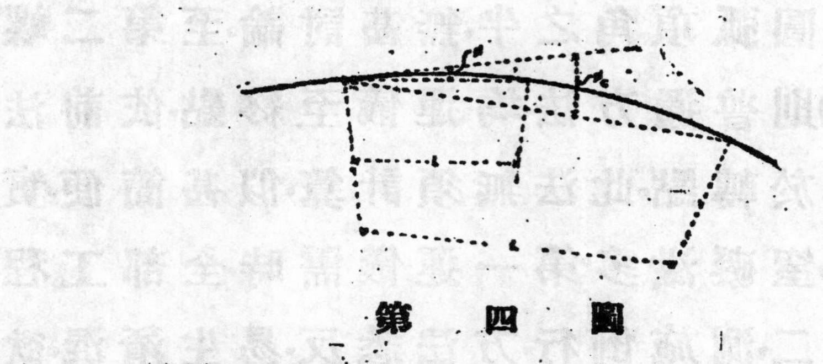

第四圖

由上所論·得以下規律。

規律第一　儀在始點·管沿直線。

由直線至承點之螺旋掃角·爲螺旋頂角三之一。 $\theta_c = \frac{\phi_c}{3}$.

規律第二　儀在始點·管沿直線。

設於始承兩點之間·螺之一點·距始爲 l. 則其掃角爲 $\frac{l^2}{L^2}\theta_c$。

規律第三　儀在承點。

欲使管切弧綫·先命管指始點·其應掃之角爲 $\phi_c - \theta_c = \frac{2}{3}\phi_c$。

規律第四　儀在'始''承'間螺之一點·

設儀駐之點·距'始'爲 l· 則使管切螺旋·先指始點·其應掃之角·爲$\phi+\theta=2\frac{l^2}{L^2}\frac{\phi_c}{3}$。

第三章　第二螺旋順序測法

由始至承之螺旋·已詳前章·圓弧之敷設·其掃角在在爲圓弧項角之半·無甚討論·至第二螺旋·(由轉至終)則普通方法·均運儀至終點·依前法倒測·會圓弧於轉點·此法無須計算·似甚簡便·實則施於應用·窒礙滋多·第一運儀需時·全部工程·爲之停頓·第二·測施倒行·方法悉反·易生淆混·欲免以上諸弊·則儀須不動·仍駐轉點·此下所述卽第二螺旋·應用之程式也·

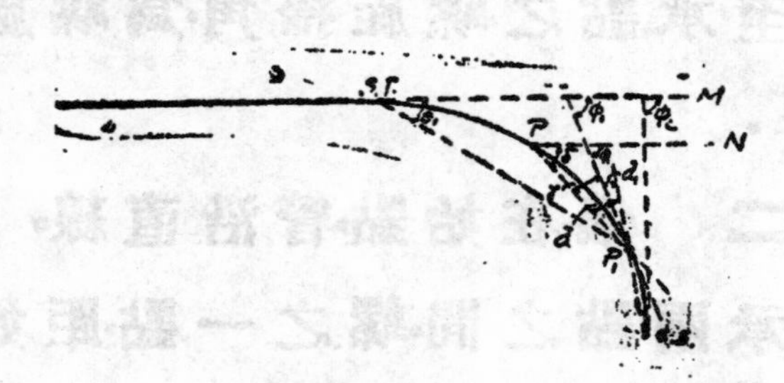

第五圖

圖中C.S.爲轉點·S.T.爲終點·P爲螺旋之一點·PN與S.T.-M平行·由C.S.至P之長爲l·由S.T.至P之長爲L-l。

由轉點切綫S.T.－M至P點之掃角，爲 $d=\phi_c-\delta$。

從Crandall's Railroad Surveying, §26. 得

$$\delta=\frac{\phi_c}{3L^2}[L^2+(L-l)^2+L(L-l)]-M$$

其末項M爲應減之數，惟甚微小，可以拋棄。

故 $$\delta=\frac{\phi_c}{3L^2}(L^2+L^2-2Ll+l+L^2-Ll)$$

$$=\frac{\phi_c}{3L^2}[3L^2-3Ll+l^2]$$

$$=\phi_c-\phi_c\frac{l}{L}+\frac{l}{L^2}\frac{\phi_c}{3}$$

因 $$d=\phi_c-\delta$$

故 $$d=\phi_c\frac{l}{L}-\frac{l^2}{L^2}\frac{\phi_c}{3}$$

$$=\frac{LD}{200}\frac{l}{L}-\frac{l^2}{L^2}\frac{\phi_c}{3}$$

$$=\frac{1}{2}\frac{l}{100}D-\frac{l^2}{L^2}\frac{\phi_c}{3}$$

式中第一項，爲轉點切綫，至圓弧一點之掃角，此點至轉點之長爲l。第二項爲始點切線，至螺旋一點之掃角，此點距始之長爲l。

由此得以下規律

規律第五　儀在轉點，管切圓弧螺綫。轉終之間，若有一點，距轉之長爲l，則應掃之

角·爲以下兩數之較。(一)設此由轉至終之螺旋·化爲圓弧·此終點應掃之角。(二)設此由轉至終之螺旋·化爲由始至承之螺旋·此點應掃之角。

設運儀於 P 點·欲求管切螺線。則先窺轉點·其應掃之角·爲 d_i。

$$\phi=3\theta=3\frac{(L-l)^2}{L^2}\frac{\phi_c}{3}$$

$$d_i=\delta-\phi=\frac{\phi_c}{3L^2}[3L^2-3Ll+l^2]-3\frac{(L-l)^2}{L^2}\frac{\phi_c}{3}$$

$$=\frac{\phi_c}{3L^2}[3L^2-3Ll+l^2-3L^2+6Ll-3l^2]$$

$$=\frac{\phi_c}{3L^2}[3Ll-2l^2]$$

$$=\phi_c\frac{l}{L}-2\frac{l^2}{L^2}\frac{\phi_c}{3}$$

$$=\frac{1}{2}\frac{1}{100}D-2\frac{l^2}{L^2}\frac{\phi_c}{3}$$

由此得

規律第六　儀在轉終間之 P 點。

設儀駐之點·距轉爲 l. 則使管切螺旋·先指轉點·其應掃之角·爲以下兩數之較。(一)設此由轉至終之螺旋·化爲圓弧·此終點應掃之角。(二)設此由轉至終之螺旋·化爲由始由承之螺旋·兩倍 P 點應掃之角。

第四章　經緯儀不能駐螺旋端之測法

29572

普通慣例·經緯儀之駐點·以螺端爲最宜。然有時螺旋太長·或圓弧太彎·或螺旋經過障礙·或螺之首尾不可駐立·則儀須置螺之中段·以免上列之弊。此時螺旋之掃角·以儀駐點之切線爲標準·而前述諸法·不可沿用。

此種掃角之公式·尋常雖亦有之·而太苦繁。著者於證明前述規律之時·曾得一最簡之法·今證明如下。

(一)儀在始承兩點之間

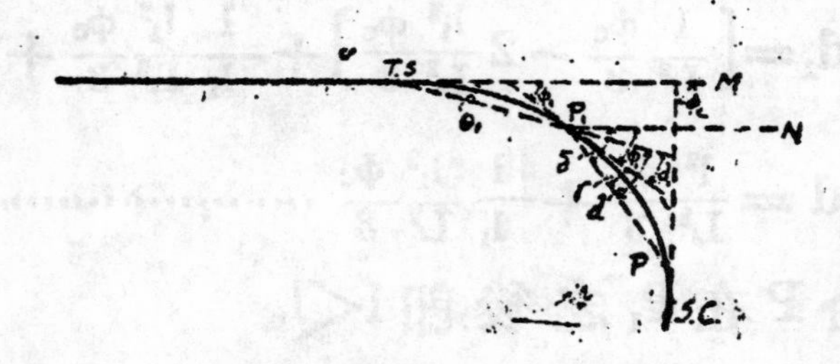

第六圖

圖中T.S.爲始點·S.C.爲承點。P_1爲儀駐點。P爲螺旋之任一點。(P_1-N)與$(T.S.-M)$平行。由P_1至T.S.之長爲l_1。由P至T.S.之長爲l。

甲. 命P在P_1之前即$l>l_1$

$$\gamma=\delta-\phi_1=\frac{\phi_c}{3L^2}\left[l^2+l_1^2+ll_1\right]-3\frac{l_1^2}{L^2}\frac{\phi_c}{3}$$

$$=\frac{\phi_c}{3L^2}\left[l^2+l_1^2+ll_1-3J_1^2\right]$$

$$=\frac{\phi_c}{3L^2}[l^2-2l_1^2+ll_1]$$

$$=\frac{l^2}{L^2}\frac{\phi_c}{3}-2\frac{l_1^2}{L^2}\frac{\phi_c}{3}+\frac{ll_1}{L^2}\frac{\phi_c}{3}.$$

$$\gamma=\left[\frac{l^2}{L^2}\frac{\phi_c}{3}-2\frac{l_1^2}{L^2}\frac{\phi_c}{3}\right]+\frac{l}{l_1}\frac{l_1^2}{L^2}\frac{\phi_c}{3}.$$

換言之．即儀在始承之間．距始爲l_1．若有一點．位於儀駐點及承點之間．距始爲l．則以駐點切線爲標準．此點之掃角．爲(儀在始點．此點之掃角。)減去(儀在駐點．同顧始點．欲得駐點切線．應掃之角)加以$\frac{l}{l_1}$分之(儀在始點．駐點之掃角。)

$$d=\gamma+d_1=\left[\frac{l^2}{L^2}\frac{\phi_c}{3}-2\frac{l_1^2}{L^2}\frac{\phi_c}{3}\right]+\frac{l}{l_1}\frac{l_1^2}{L^2}\frac{\phi_c}{3}+2\frac{l_1^2}{L^2}\frac{\phi_c}{3}.$$

$$d=\frac{l^2}{L^2}\frac{\phi_c}{3}+\frac{l}{l_1}\frac{l_1^2}{L^2}\frac{\phi_c}{3}\ \cdots\cdots\cdots\cdots\cdots\cdots(1)$$

乙． 命P在P_1之後．即$l<l_1$

用同等方法．可得以下諸式。

$$\gamma'=2\frac{l_1^2}{L^2}\frac{\phi_c}{3}-\frac{l^2}{L^2}\frac{\phi_c}{3}-\frac{l}{l_1}\left[\frac{l_1^2}{L^2}\frac{\phi_c}{3}\right]$$

$$d'=d_1-\gamma'=d_1-\left[2\frac{l_1^2}{L^2}\frac{\phi_c}{3}-\frac{l^2}{L^2}\frac{\phi_c}{3}-\frac{l}{l_1}\left(\frac{l_1^2}{L^2}\frac{\phi_c}{3}\right)\right]$$

$$=2\frac{l_1^2}{L^2}\frac{\phi_c}{3}-2\frac{l_1^2}{L^2}\frac{\phi_c}{3}+\frac{l^2}{L^2}\frac{\phi_c}{3}+\frac{l}{l_1}\frac{l_1^2}{L^2}\frac{\phi_c}{3}.$$

$$\therefore\quad d'=\frac{l^2}{L^2}\frac{\phi_c}{3}+\frac{l}{l_1}\frac{l_1^2}{L^2}\frac{\phi_c}{3}\ \cdots\cdots\cdots\cdots\cdots\cdots(2)$$

由(1)(2)兩式得

規律第七　儀在始承之間·其駐點距始之長為l_1。

始承之間·設有一點·距始為l·則返顧始點·其應掃之角·(此角以駐點至始點之弦為標準。)為儀在始點·此點應掃之角·加以$\frac{1}{l_1}$分之儀在始點·駐點應掃之角。(此兩角均以始點切線為標準)

(二)儀在轉終兩點之間

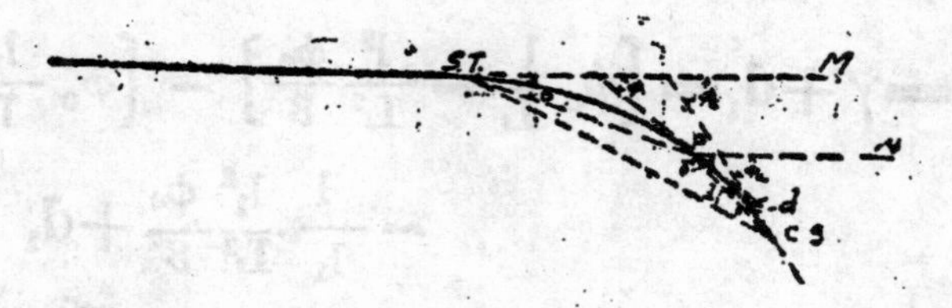

第七圖

圖中S.T.為終點。C.S.為轉點。P_1為儀駐點。P為螺旋之任一點。P－N與S.T.－M平行。由P_1至C.S.之長為l_1。由P至C.S.之長為l。

甲.　命P在P_1之前即$l>l_1$

$$\delta=\frac{\phi_c}{3L^2}\left[(L-l_1)^2+(L-l)^2+(L-l_1)(L-l)\right]$$

$$\phi_1=3\theta_1=3\frac{(L-l_1)^2}{L^2}\frac{\phi_c}{3}$$

$$\gamma=\phi_1-\delta$$

$$=\frac{\phi_c}{L^2}\left[3(L-l_1)^2-(L-l_1)^2+(L-l)^2+(L-l_1)(L-l)\right]$$

$$=\frac{\phi_c}{3L^2}\left[3Ll-3l^2l_1+Ll_1^2-l^2-ll_1\right]$$

$$=\left[\phi_c\frac{l}{L}-\frac{l^2}{L^2}\frac{\phi_c}{3}\right]-\left[\phi_c\frac{l_1}{L}-2\frac{l_1^2}{l^2}\frac{\phi_c}{3}\right]-\frac{l}{l_1}\frac{l_1^2}{L^2}\frac{\phi_c}{3}$$

換言之,卽儀在轉終之間,距轉爲l_1,若有一點,位於駐點及終點之間,距轉爲l,則以駐點切線爲標準,此點之掃角,爲(儀在轉點,此點之掃角,)減去(儀在駐點,囘顧轉點,欲得駐點切線,應掃之角減去,)$\frac{l}{l_1}$卽之(儀在始點,駐點之掃角。)

$$d=\gamma+d_1=\left[\phi_c\frac{l}{L}-\frac{l^2}{L^2}\frac{\phi_c}{3}\right]-\left[\phi_c\frac{l_1}{L}-2\frac{l_1^2}{L^2}\frac{\phi_c}{3}\right]$$

$$-\frac{l}{l_1}\frac{l_1^2}{L^2}\frac{\phi_c}{3}+d_1$$

$$=\left[\phi_c\frac{l}{L}-\frac{l^2}{L^2}\frac{\phi_c}{3}\right]-\left[\phi_c\frac{l_1}{L}-2\frac{l_1^2}{L^2}\frac{\phi_c}{3}\right]-\frac{l}{l_1}\frac{l_1^2}{L^2}\frac{\phi_c}{3}$$

$$+\left[\phi_c\frac{l_1}{L}-2\frac{l_1^2}{L^2}\frac{\phi_c}{3}\right]$$

$$=\left[\phi_c\frac{l}{L}-\frac{l^2}{L^2}\frac{\phi_c}{3}\right]-\frac{l}{l_1}\frac{l_1^2}{L^2}\frac{\phi_c}{3}\cdots\cdots\cdots\cdots(1)$$

乙. 命P在P_1之後卽$l<l_1$

用同等方法,可得以下諸式。

$$\gamma^1=\left[\phi_c\frac{l_1}{L}-2\frac{l_1^2}{L^2}\frac{\phi_c}{3}\right]-\left[\phi_c\frac{l}{L}\right]-\frac{l^2}{L^2}\frac{\phi_c}{3}+\frac{l}{l_1}\frac{l_1^2}{L^2}\frac{\phi_c}{3}$$

$$d^1=d_1-\gamma^1=d_1-\left\{\left[\phi_c\frac{l_1}{L}-2\frac{l_1^2}{L^2}\frac{\phi_c}{3}\right]-\left[\phi_c\frac{l}{L}\right.\right.$$

$$\left.\left.-\frac{l^2}{L^2}\frac{\phi_c}{3}\right]+\frac{l}{l_1}\frac{l_1^2}{L^2}\frac{\phi_c}{3}\right\}$$

$$=\left[\phi_c\frac{l}{L}-2\frac{l_1^2}{L^2}\frac{\phi_c}{3}\right]-\left[\phi_c\frac{l_1}{L}-2\frac{l_1^2}{L^2}\frac{\phi_c}{3}\right]+\left[\phi_c\frac{l}{L}-\frac{l^2}{L^2}\frac{\phi_c}{3}\right]-\frac{l}{l_1}\frac{l_1^2}{L^2}\frac{\phi_c}{2}$$

$$\therefore\quad d^1=\left[\phi_c\frac{l}{L}-\frac{l^2}{L^2}\frac{\phi_c}{3}\right]-\frac{l}{l_1}\frac{l_1^2}{L^2}\frac{\phi_c}{3}\text{ ………………… (2)}$$

由(1)(2)兩式得

規律第八 儀在轉終之間·其駐點距轉之長為 l_1。

轉終之間·設有一點。距轉為 l. 則返顧轉點·其應掃之角·(此角以駐點至轉點之弦為標準)為儀在轉點·此點應掃之角·減去 $\frac{l}{l_1}$ 分之儀在始點·駐點應掃之角。(此兩角均以切線為標準)

第五章 證明第四章理論

箸者之兩規律·可以他種方法證明之·然以'對點'[1]定理為最簡。申列如下。

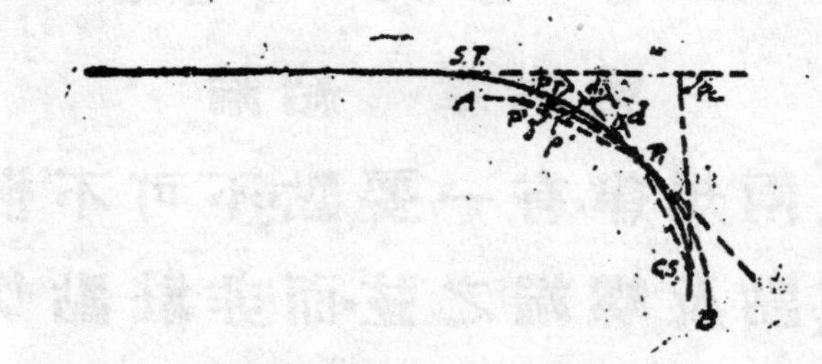

第八圖

圖中由 C.S. 至 P_1 之長為 l_1。C.S. 至 P 之長為 l。

1. Corresponding Points

AP_1B 爲圓弧·與 P_1 相切·其彎度與 P_1 點之螺旋等。P^1 爲 P 之對點。(由 P' 至 P_1 之長·與 P 至 P_1 等)

P_1 點之圓弧彎度 $=\frac{L-l_1}{L}D$

P^1 點之掃角 $=\rho=\frac{1}{2}\cdot\frac{l-l_1}{100}\cdot\frac{L-l_1}{L}\cdot D$

今由對點定理·δ 角之量·爲儀在終點螺旋長 $l-l_1$ 之掃角·故

$$\delta=\frac{(l-l_1)^2}{L^2}\frac{\phi_c}{3}$$

$$\gamma=\rho-\delta=\frac{1}{2}\cdot\frac{l-l_1}{100}\cdot\frac{L-l_1}{L}D-\frac{(l-l_1)^2}{L^2}\frac{\phi_c}{3}$$

$$=\frac{\phi_c}{L}[(l-l_1)(L-l_1)]-\frac{(l-l_1)^2}{L^2}\frac{\phi_c}{3}\qquad\left[D=\frac{200\phi_c}{L}\right]$$

$$=\frac{\phi_c}{3L^2}[3Ll-3Ll_1-l^2+2l_1^2-ll_1]$$

$$=\left[\phi_c\frac{l}{L}-\frac{l^2}{L^2}\frac{\phi_c}{3}\right]-\left[\phi_c\frac{l_1}{L}-2\frac{l_1^2}{L^2}\frac{\phi_c}{3}\right]-\frac{l}{l_1}\frac{l_1^2}{L^2}\frac{\phi_c}{3}$$

$$d=\gamma+d_1=\left[\phi_c\frac{l}{L}-\frac{l^2}{L^2}\frac{\phi_c}{3}\right]-\frac{l}{l_1}\frac{l_1^2}{L^2}\frac{\phi_c}{3}.$$

第六章　結論

箸者之兩規律·有一要點·不可不愼·卽掃角之標準·係駐點及螺端之弦·而非駐點切線·此雖普通可用·而有時亦或不便·如駐點螺端·中有障礙·其一例也。此時以下之方法·頗形便利。

設命 A 爲始點或轉點。P_1 爲駐點。又設儀管返

照以 P_2 較 A 爲佳。P_2 爲螺旋之一點。

P 點之掃角。若返顧 A 點。爲 d_A。返顧 P_2 點爲 d_2。

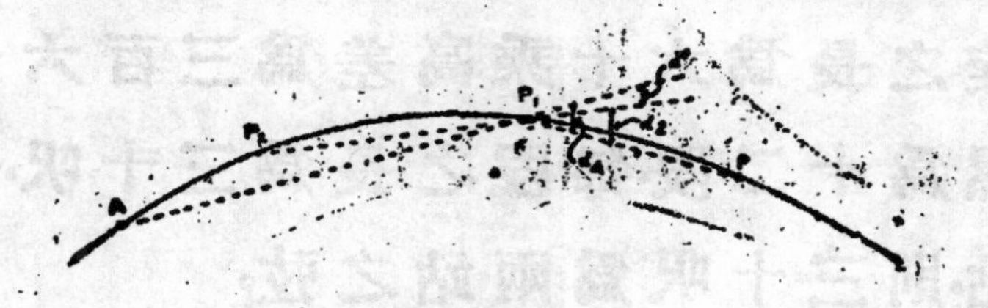

第九圖

由圖所示。得 $d'=d_A-d_2$ 故 $d_2=d_A-d'$。今 d' 爲儀在 P_1 點。返顧 A 點。P_2 點應掃之角。則 d' 爲一恆數。而 d_A 之角。可移動儀之劃盤[1]改成 d_2 之量。此外進行方法。與返顧 A 點一無區別。

箸者之兩規律。最便之點。卽計算簡捷。律中之第二項$\left(\frac{1}{l_1}\frac{l_1^2}{L^2}\frac{\phi c}{3}\right)$爲 l 之'一次函數'[2]故求得 l=1 之量。其他可以加積得之。此詳下章列題。

尙有一事。可堪注意。卽規律第五六中之掃角。乃以駐點切線爲標準。而第七八之掃角。乃以駐點及螺端之弦爲標準者也。

第七章　設題解釋

設題　今設軌道之高差爲六吋。圓弧彎度爲十二度。總頂角爲 83°20'。求敷設螺旋。應知各數。

1. Dial 2. Linear Function

又設儀之駐點·距始為百五十呎·距轉為百八十呎·求應知各數。

螺旋之長為六十乘高差為三百六十呎。

分此螺為十二段·每段之長為三十呎·命段之首尾為站·則三十呎為兩站之弦。

$$\phi_c = \frac{L.D}{200} = \frac{360\times12}{200} = 21°36'$$

切線長度 $T = T_c + F\tan\frac{\triangle}{2} + \frac{L}{2}$

$= 424.92 + 10.06 + 180$

$= 614.98'$

甲. 第一螺旋之掃角

(一) 儀在始點

承點之掃角 $\angle = \frac{\phi_c}{3} = 7°\,12'$.

第一站之掃角為 $\left[\frac{1}{12}\right]^2 7°12' = [1]^2\times3' = 0°3'$

第二站之掃角為 $\left[\frac{2}{12}\right]^2 7°12' = [2]^2\times3' = 0°12'$

第三站之掃角為 $\left[\frac{3}{12}\right]^2 7°12' = [3]^2\times3' = 0°27'$

第四站之掃角為 $\left[\frac{4}{12}\right]^2 7°12' = [4]^2\times3' = 0°48'$

第五站之掃角為 $\left[\frac{5}{12}\right]^2 7°12' = [5]^2\times3' = 1°15'$

第六站之掃角為 $\left[\frac{6}{12}\right]^2 7°12' = [6]^2\times3' = 1°48'$

第七站之掃角爲$\left[\frac{7}{12}\right]^2 7°12' = [7]^2 \times 3' = 2°27'$

第八站之掃角爲$\left[\frac{8}{12}\right]^2 7°12' = [8]^2 \times 3' = 3°12'$

第九站之掃角爲$\left[\frac{9}{12}\right]^2 7°12' = [9]^2 \times 3' = 4°3'$

第十站之掃角爲$\left[\frac{10}{12}\right]^2 7°12' = [10]^2 \times 3' = 5°0'$

第十一站之掃角爲$\left[\frac{11}{12}\right]^2 7°12' = [11]^2 \times 3' = 6°3'$

第十二站之掃角爲$\left[\frac{12}{12}\right]^2 7°12' = [12]^2 \times 3' = 7°12'$

(二) 儀之駐點距始爲百五十呎。

駐點之掃角爲第五站之掃角 $= 1°15'$。

$$\frac{1}{l_1} \times \frac{l_1^2}{L^2} \frac{\phi c}{3} = \frac{1}{5} \times 1°15' = 0°15'$$

第一站之掃角$= 0°3' + 0°15' = 0°18'$

第二站之掃角$= 0°12' + \overset{15}{\overline{0°30'}} = 0°42'$

第三站之掃角$= 0°27' + \overset{15}{\overline{0°45'}} = 1°12'$

第四站之掃角$= 0°48' + \overset{15}{\overline{1°0'}} = 1°48'$

第五站之掃角$= 1°15' + \overset{15}{\overline{1°15'}} = 2°30'$

第六站之掃角$= 1°48' + \overset{15}{\overline{1°30'}} = 3°18'$

第七站之掃角$= 2°27' + \overset{15}{\overline{1°45'}} = 4°12'$

第八站之掃角 $= 3^{\circ}12' + \dfrac{15}{2^{\circ}0'} = 5^{\circ}12'$

第九站之掃角 $= 4^{\circ}3' + \dfrac{15}{2^{\circ}15'} = 6^{\circ}18'$

第十站之掃角 $= 5^{\circ}0' + \dfrac{15}{2^{\circ}30'} = 7^{\circ}30'$

第十一站之掃角 $= 6^{\circ}3' + \dfrac{15}{2^{\circ}45'} = 8^{\circ}48'$

第十二站之掃角 $= 7^{\circ}12' + \dfrac{15}{3^{\circ}0'} = 10^{\circ}12'$

乙. 第二螺旋之掃角

(一) 儀在轉點

圓弧每一站之掃角爲 $1^{\circ}48'$.

第一站之掃角 $= 1^{\circ}48' - 0^{\circ}3' = 1^{\circ}45'$

第二站之掃角 $= \dfrac{1^{\circ}48}{4^{\circ}36'} - 0^{\circ}12' = 3^{\circ}24'$

第三站之掃角 $= \dfrac{1^{\circ}48}{5^{\circ}24'} - 0^{\circ}27' = 4^{\circ}57'$

第四站之掃角 $= \dfrac{1^{\circ}48}{7^{\circ}12'} - 0^{\circ}48' = 6^{\circ}24'$

第五站之掃角 $= \dfrac{1^{\circ}48}{9^{\circ}0'} - 1^{\circ}15' = 7^{\circ}45'$

第六站之掃角 $= \dfrac{1^{\circ}48}{10^{\circ}48'} - 1^{\circ}48' = 9^{\circ}00'$

第七站之掃角 $= \dfrac{1^{\circ}48}{12^{\circ}36'} - 2^{\circ}27' = 10^{\circ}9'$

$$\quad 1°48$$
第八站之掃角＝$\overline{14°24'}-3°12'=11°12'$

$$\quad 1°48$$
第九站之掃角＝$\overline{16°12'}-4°3'=12°9'$

$$\quad 1°48$$
第十站之掃角＝$\overline{18°0'}-5°0'=13°0'$

$$\quad 1°48$$
第十一站之掃角＝$\overline{19°48'}-5°0'=13°45'$

$$\quad 1°48$$
第十二站之掃角＝$\overline{21°36'}-7°12'=14°24'$

（二） 儀之駐點距轉爲百八十呎

駐點之掃角爲第六站之掃角＝1°48'

$$\frac{1}{J_1}\frac{J_1^2}{L}\frac{\phi_c}{2,}=\frac{1}{6}\times 1°48'=0°18'.$$

第一站之掃角＝$1°45'-0°18'=1°27'$

$$\quad 18$$
第二站之掃角＝$3°24'-\overline{0°36'}=2°48'$

$$\quad 18$$
第三站之掃角＝$4°57'-\overline{0°54'}=4°3'$

$$\quad 18$$
第四站之掃角＝$6°24'-\overline{1°12'}=5°12'$

$$\quad 18$$
第五站之掃角＝$7°45'-\overline{1°30'}=6°15'$

$$\quad 18$$
第六站之掃角＝$9°00'-\overline{1°48'}=7°12'$

$$\quad 18$$
第七站之掃角＝$10°9'-\overline{2°6'}=8°3'$

18

第八站之掃角 = 11°12′ − 2°24′ = 8°48′

18

第九站之掃角 = 12°9′ − 2°42′ = 9°27′

18

第十站之掃角 = 13°0′ − 3°0′ = 10°0′

18

第十一站之掃角 = 13°45′ − 3°18′ = 10°27′

18

第十二站之掃角 = 14°24′ − 3°36′ = 10°48′

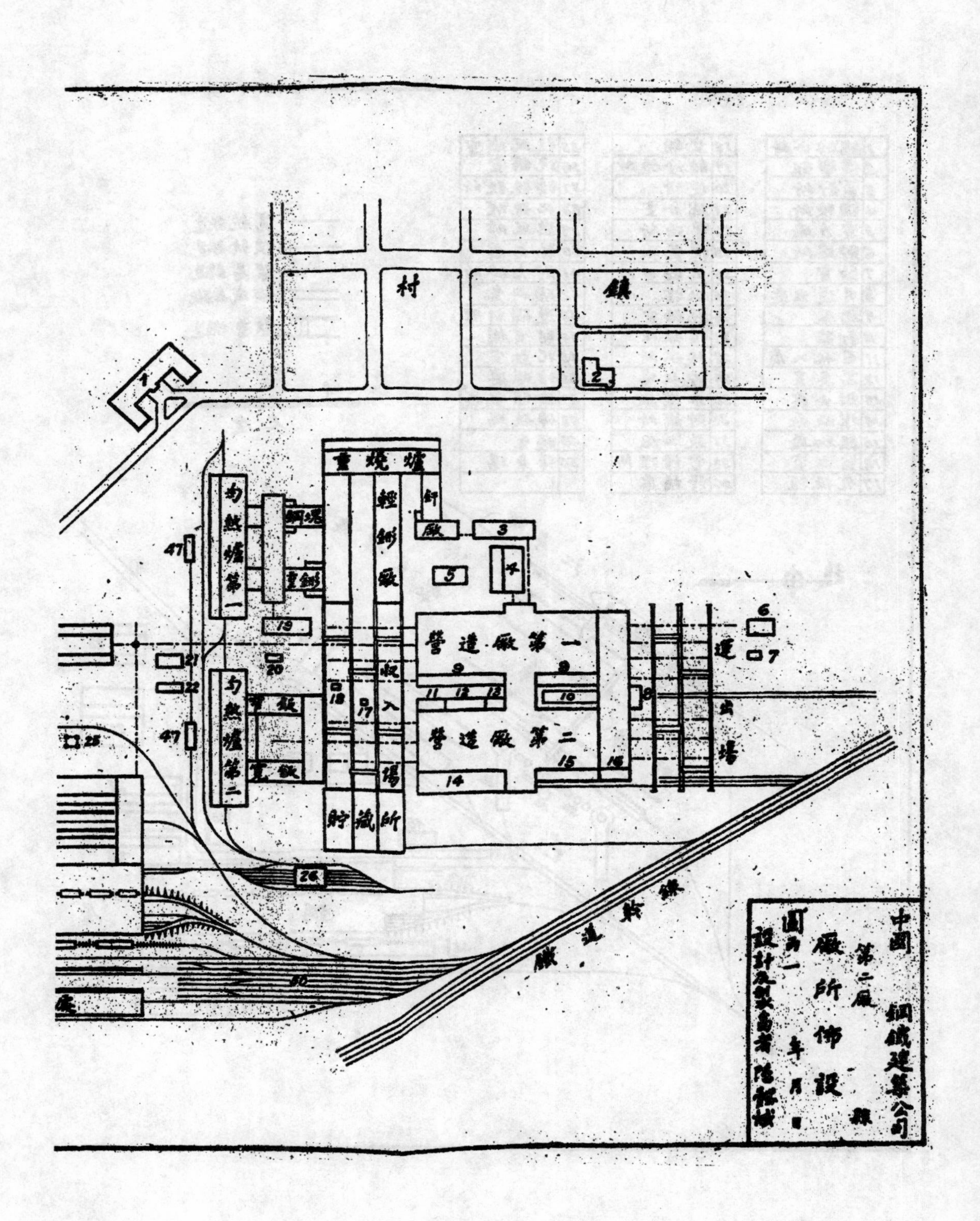
村
鎮
重燒爐
輕鋼廠
釘廠
均熱爐第一
均熱爐第二
重鋼
營造廠第一
營造廠第二
收入場
貯藏所
運出場
中國鋼鐵建築公司
廠所佈設
年 月 日

29585

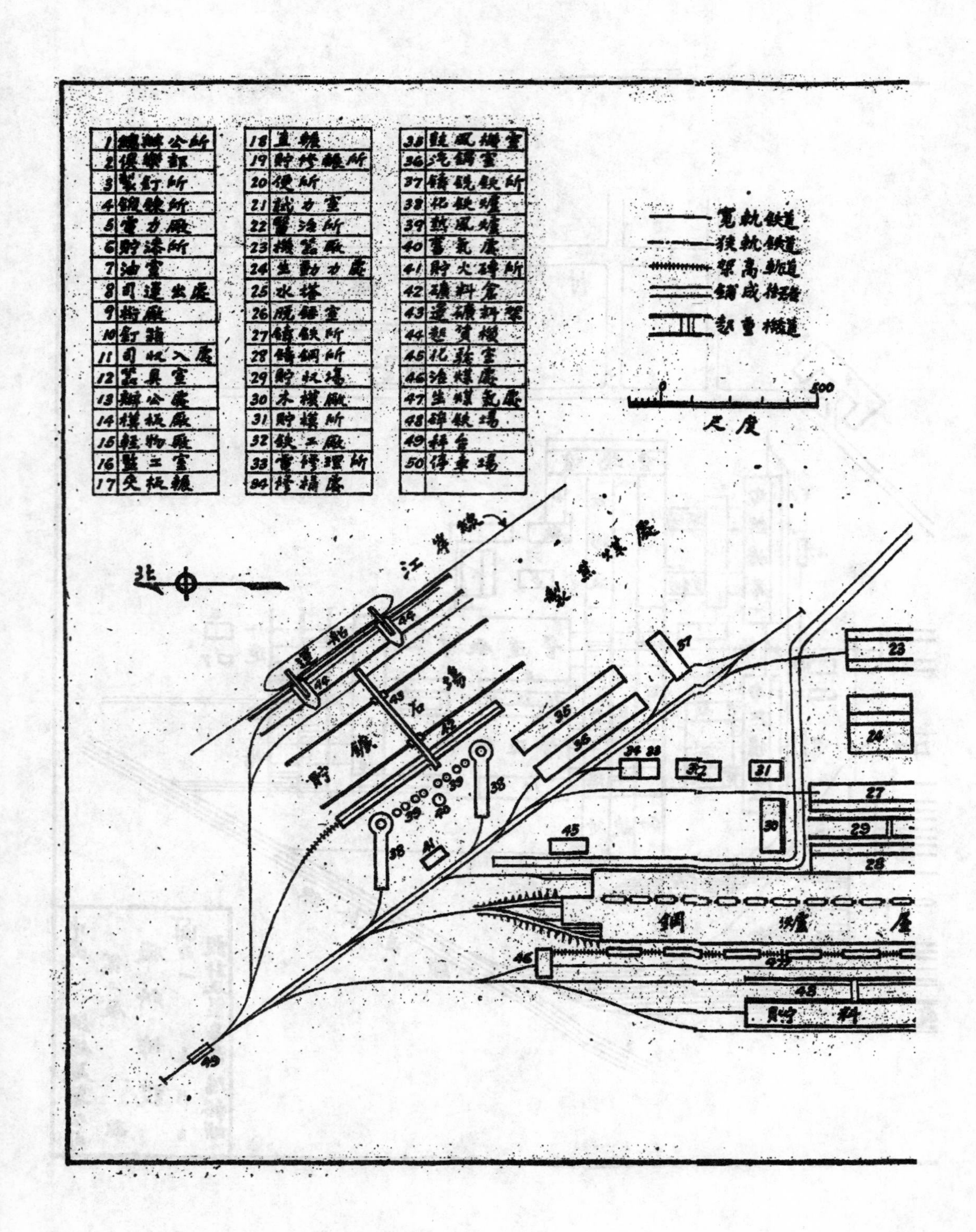
1 總辦公所
2 俱樂部
3 製釘所
5 電力廠
7 油室
11 司收入廠
12 器具室
13 辦公處
14 模板廠
16 監工室
17 夾板轆
18 直轆
19 貯修轆所
20 便所
21 試力室
22 醫治所
23 機器廠
24 生動力廠
25 水塔
27 鑄鐵所
28 鑄鋼所
29 貯料場
30 木模廠
31 貯模所
32 鐵工廠
33 電修理所
35 鼓風機室
36 汽鍋室
37 鑄銑鐵所
38 化鐵爐
39 熱風爐
41 貯火磚所
42 礦料倉
43 運礦料架
44 起貨機
45 化驗室
46 洗煤處
47 生煤氣廠
48 碎鐵場
49 秤台
50 停車場
寬軌鐵道
狹軌鐵道
架高軌道
起重機道
0
500
尺度
北
江岸線
運船
貯礦石場
鋼廠
貯料

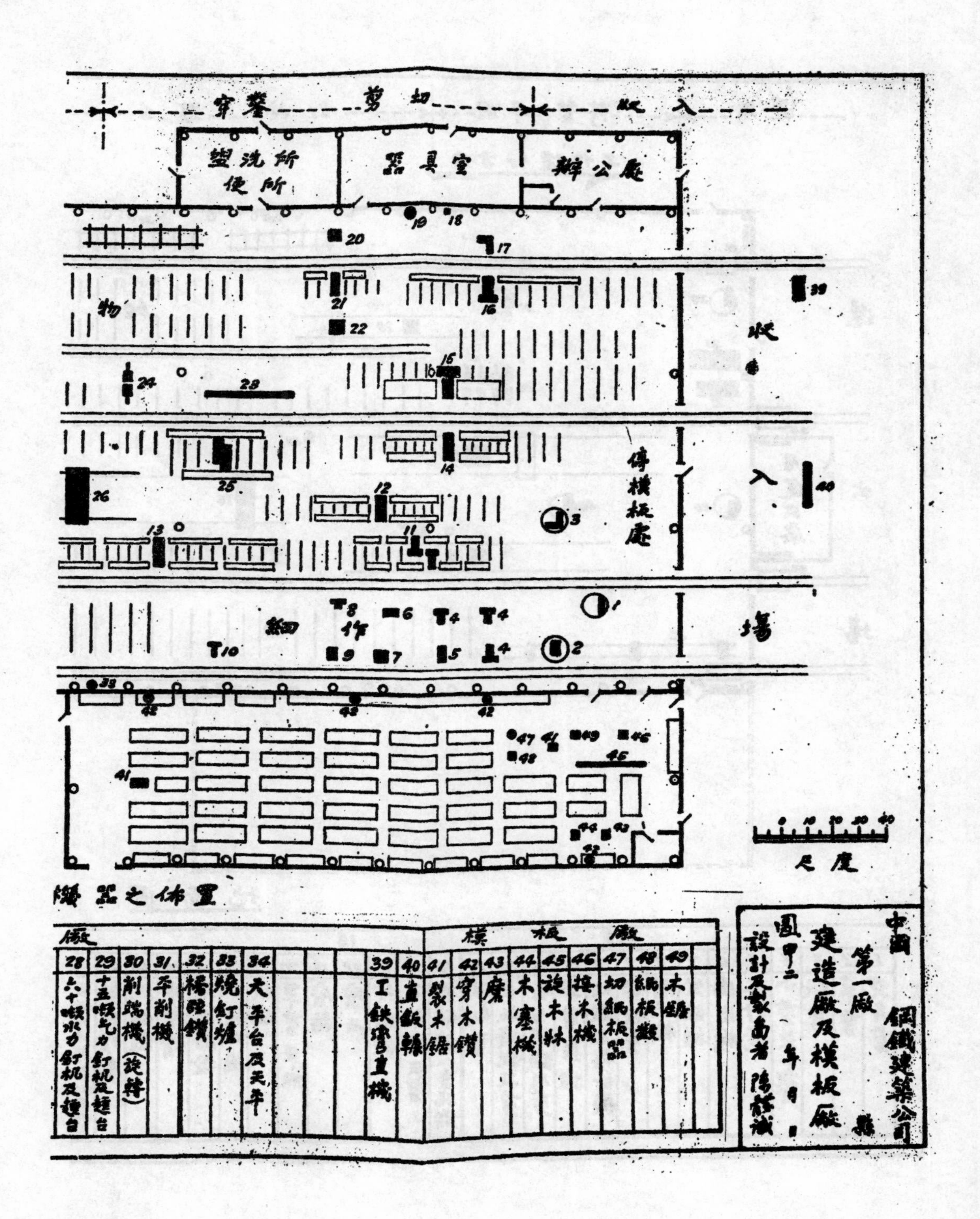

鑿穿
切剪
收入
盥洗所
便所
器具室
辦公廳
傳模板處
收
入
場
尺度
機器之佈置
廠
模板廠
28 六十啟羅水力釘机及鍾台
29 十五啟羅气力釘机及鍾台
30 削端機(旋轉)
31 平削機
32 樁碰鑽
33 燒釘爐
34 大平台及天平
39 工鉄彎直機
40 直飯轆
41 裂木鋸
42 穿木鑽
43 磨
44 木塞機
45 旋木牀
46 接木機
47 切細板器
48 細板鑿
49 木鋸
中國鋼鐵建築公司
第一廠
建造廠及模板廠
圖甲二
設計及製畫者 陽蔭識
年 月 日

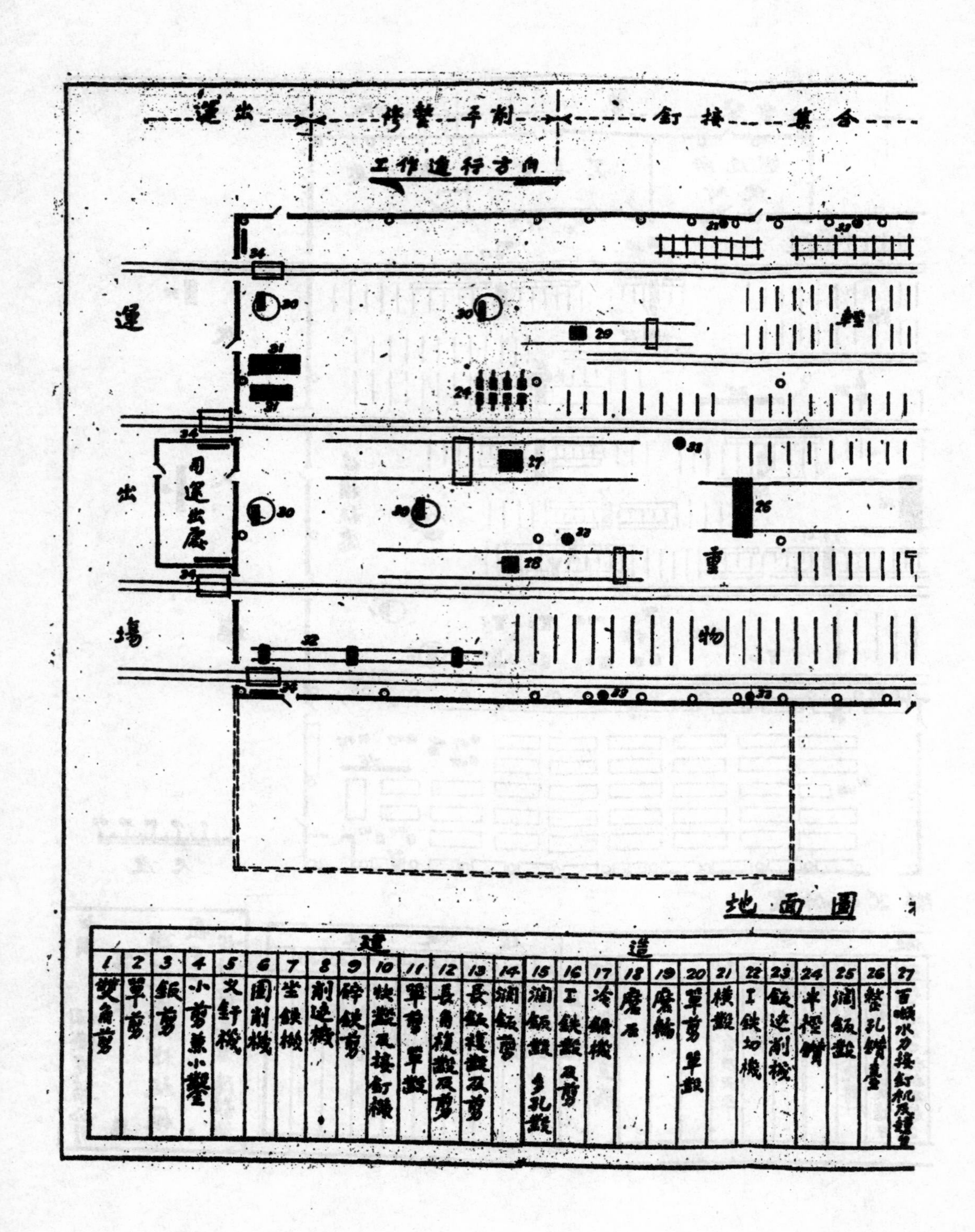
出運
制平整修
合集接釘
工作進行方向
運
出
場
司運出處
輕
重
物
地面圖

'建築鋼'廠大要

陳體誠

一、緒言

古代建築率用木材，其次則及磚石。木質之良者，堅而且韌，能受張壓撓曲諸力，以之為樑柱棟樑，頗可適用。然其強力彈性，低微有限，不足以支巨重架長空，易招火患，一經曝濕，復有朽敗之虞，故非建築材之上者也。磚石由沙土凝結而成，其質之良否，全視其分子之凝結力為斷，故不能受外力牽張撓曲，立積重大，用途益少，除牆砌基礎外，罕有用磚石者。自近數十年來，鋼鐵之用於建築者，日益增廣，而以鋼為尤甚。蓋其強力彈性，遠勝木材磚石等，受同重而佔積較小，歷時較久。自鋼筋混合土之抵火性見知於世後，而鋼之用途益廣，時至今日，於建築材料中實執牛耳。此'建築鋼'之製造，所以不可不深為研究也。

請簡言製造鋼鐵大概。最初一步為化鐵。鐵鑛經化驗後，參以相當熔劑(Flux)和焦煤(Coke)，加入冶鐵爐中(Blast Furnace)，外用鼓風機(Blowing

Engine)熱氣爐·(Hot Stove)送燒熱氣質入風爐中·焦煤燃燒·鐵質成液而沉·渣滓上浮·開爐門·流鐵盛模中·受水凝冷後·而成豬鐵。(Pig Iron)時或以流鐵即投入沙型中·凝成鑄鐵如形。(Cast Iron)若以多矽之豬鐵·重燃於煉鐵爐中·矽質成滓·助空氣吸鐵中炭素而成炭養·鐵質熔化成泥·使冷而分泥成塊·然後以錐擊成形·是爲煉鐵或熟鐵。(Wro ght Iron) 鑄鐵含炭素多·性堅脆·利受重壓·故多以爲柱基用·鍊鐵炭素減少至千分之一二·故性甚柔韌·但不能抵重壓·自製鋼法發明後·鐵含炭素·得以操縱任意·而鐵之堅柔性·乃克得中·鍊成之鐵·始得名爲鋼。(Steel)

製鋼法有數種·一·通心爐法·(Open Hearth)二·貝塞密法·(Bessemer)三·熔鍋法·(Crucible)四·電爐法·(Electr c Furnace)四法用爐不同·而其原理則一。由爐傾液鋼入桶中·再由桶傾入模中·冷後擊模使離·而成印鋼。(Steel Ingot)印鋼外冷內熱·溫度不均·欲輾時·必須重燒於勻熱爐中·(Soaking Pit)至紅熱後·送入輾機中。(Rolling Mill)經數輾而成彩·(Shapes)鈑·(plates)釬·(Bars)軌條(Rails)等·是謂熱輾法。時或以冷鋼直送入輾機中者。謂之冷輾法。冷輾鋼較熱輾鋼強。但煉費較貴。鋼料復因其含雜質多寡。有多炭鋼少炭鋼及鎳鋼之分。其用處則視特別情形而定。

二. 建築鋼之製造法

凡鋼之用於建築界者。絡稱爲建築鋼。鋼廠煉成之鉹鈑等由貯藏所或收入場(Receiving Yard)運進營造廠。(Fabricating Shop)同時由模板廠。(Templet Shop)照給成圖樣。製模板無數。送入營造廠。然後使工人於鉹鈑上。劃寫邊線。鑿記小孔。一如模板狀。經剪機(Shears)斷切。鑿機(punches)穿孔後。而成一樣。是爲第一步。次將各小樣聚合一處。組集之。使成一體。作釘接之預備。釘接機(Riveters)可分三種。一用壓氣。一用水力。一用電力。其用處全視各體之輕重大小。及工作情形爲定。水力機爲最強。凡橋梁要部。多指用之。各體經釘接後。或兩端不平。或孔位歪斜。須平削修整者。則用削機(planer)及修孔機(Reamer)治之。廠中監工。乃按圖校對各體接端。無訛。則使出營造廠而入運出場。(Shipping Yard)裝載車船中。而運至建築地點。再聚合各體而搭搆之。則建築物成矣。由此而觀。製造建築鋼之手續至爲簡單。能得原料。機器。人工。無論長橋。高樓。巨廠。廣廈。皆可按圖製成。此美國建築鋼廠之所以林立也。

[討論]

中國自有鐵路後。始有以鐵橋跨越江河事。故鋼鐵建築物發現於中國。當以橋梁爲始。二十年來。鐵路建橋無數。長者短者。均由歐美工廠代製。近則通商口岸亦有高樓之築。其在七八層以上者。亦有以鋼爲骨架事。其他實業工廠。亦時間以鋼建築者。是建築鋼在吾國正在萌芽時代。若得財力以鼓吹之。良師以培養之。則其振興。可立而待也。請言其不可不振理。歷來鐵路所用之建築鋼。均取給諸外人。輸運長途。不惟需時甚久。耗財甚多。矧他人每故昂其價。急用之際。惟有俯從。卽就橋梁一宗而論。損失何止數百萬。國中鐵礦遍野。而苦不能以爲用。甚至以銑鐵外售。(美國太平洋各省輒有購漢陽銑鐵事)他人得而煉之。製之。返而售以我國。是吾人除出原料價外。尙須賠往返運費。高昂工資。及其盈利。若在本國自製。則運費旣免。工資復賤。利源不溢。向之累萬代價。我固可以數千成之。向之經月海運。我固可以匝旬致之。利弊昭然。况國中鐵橋俱係簡單工程。其施工及設計。均非難事。得經驗技師指揮中常工人。

以製造之。所成物品當不遜外來者也。

三、建築鋼廠之性質

建築鋼廠。可分爲國立及商立二種。

國立廠應獨隸一部。凡該部直轄各機關。所需用之建築鋼。皆由該廠製造。一切經費。均歸該部維持。遇其他國立或省立機關。需同等物品時。亦可由該廠製造。報支費用於該各機關。該廠得於費用外。按建築物之性質。酌加五成至十成。以抵廠中一切磨損。該廠亦可隨時視工作情形。招攬外來營業。其出品售價。得於費用外。加二十成至三十成。所得盈利。或入國庫。或爲該廠擴張用均可。但此種營業手續。不得與國立本意相衝突。

商立廠。純含營利性質。其招股。廣告。投標。交易。各種手續。與尋常製造公司大同小異。其營業範圍。皆視供需。及商競情形。而爲伸縮。故與國立廠異。

[討論]

作者按中國情形而論。欲興建築鋼業。以國立爲較穩而捷。其故有二。[甲]各鐵路均係國有。此後數十年。正在築路期中。

所需之建築鋼.如橋梁.信號架.車站月台.修理廠.水塔.轉車台等.不下數百萬噸.若盡購之歐美.需十餘萬萬元.倘以千萬元.由交通部自設一廠.則將來數百萬噸.至多耗銀五六萬萬元.是所省者數倍.此時創辦.三年內.每年可出建築鋼十萬噸.十年內可出建築鋼供全國鐵路及工業用.〔乙〕國中一時難覓千萬商股提創此業.即有商股.而爲營利起見.不得不稍高其售價.况與外商競爭.乃最危事.若無政府後援.能否得鐵路主顧.亦一問題.故數年中.難有發達之望.收果既緩.股本偶一動搖.即其瓦解.國立廠所初非爲營利而設.故不患及此.數十年後.國家不須用建築鋼廠時.亦可招商股領辦.彼時工業發達.供求既多.商股便易樹立.是政府不但可收回創辦費.且爲各機關節省費用.及製造物品之成績.復歷歷可稽.而振興國內實業之功.尤不可湮沒.謂之一舉數得.誰曰不宜.商立廠.能得銀行信用.金融流通.則數百萬元股本.亦有可成之望.但開辦之初.須得政府輿援如下二種—

一.准許其包製各機關及各鐵路所需之建築鋼.若干年限期不得延長.

二.給與以相當之獎助金.如日本政府之提倡私立造船廠然.(Subsidizotion)

四. 建築鋼廠之出品

建築鋼廠之出品·可分爲橋梁·廠屋·塔架·及車船四大部。

(1)橋梁部·包括各種鐵道與馬路橋梁·架空鐵道·(Elevated Railroads)及各種轉車台(Turntable)等。

(2)廠屋部包括辦公樓屋·旅社·戲園·商店·商場·住屋·貯藏所·工廠·船塢碼頭·起重機道·(Crane Runways)及地下鐵道(Subways)等。

(3)塔架部·包括蓄水塔·蓄水管·(Standpipes)高壓電線塔·(High Transmission Towers)電杆·無線電塔·信號架·(Signal Bridges)及鑛井架(Mining Shafts)等。

(4)車船部·包括船之各體·駁船·(Barges)及車架(Acto Truck Frames)等。

比較各項之噸數·當以橋梁·樓屋·及工廠三者爲最大宗。

五· 需用之原料及物品

(子)冶鐵爐·需鐵鑛·石灰石·及焦煤等。

(丑)製鋼部除銑鐵外·需碎鐵·錳·火磚·及煤氣·煤氣或天然·或自製·自製時·需乾煤已碎者。

(寅)鑄鐵鑄鋼所·需沙泥作型·木料作模·

(卯)動力部·須已淨水及煤·

(辰)模板廠·需木料及紙板·

(己)營造廠·須油漆·其他機器廠均需滑油·

(午)各廠均需相當機器·

六　組織大綱

建築鋼廠之辦事機關可分爲五大部·

(1)總務部·司招攬營業·投標·廣告·定約·輸運·及購置原料用品等事·

(2)工程部·司設計·核算·製圖·及一切關於工程事·

(3)廠務部·司營造一切出品·及管理工廠工人事·

(4)建造部·代主顧搭造建築物於其所在地·

(5)會計部·收支出入·實計每項出品費用·分析之而報告於總務部·

各部仍按事分科料理·科目見辦事人員草中·

七·辦事人員及其任事

見圖

八·建築鋼廠之種類

建築鋼廠·可依其製造範圍·分爲下三種·

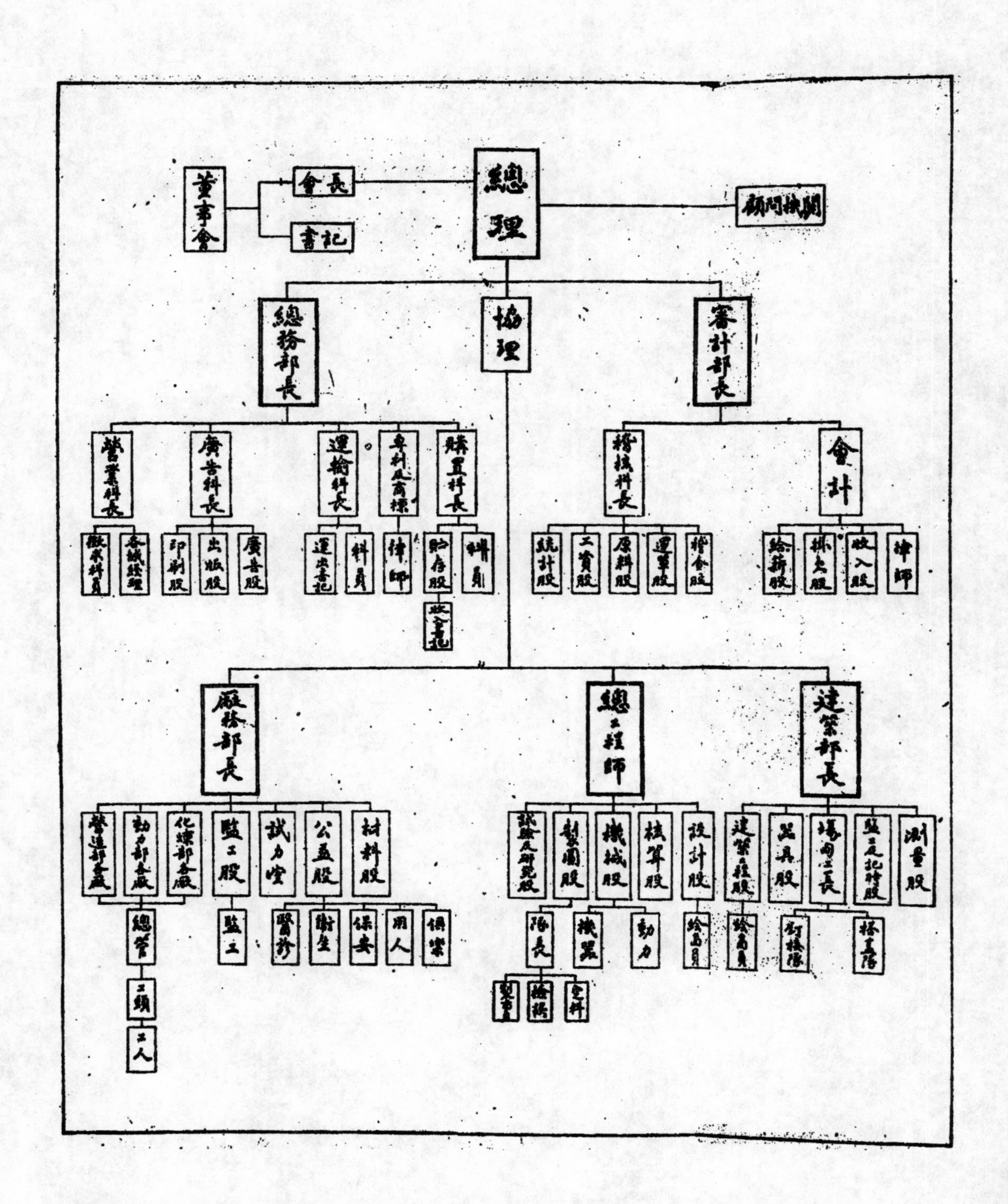
董事會
會長
書記
總理
顧問機關
總務部長
協理
審計部長
廣告科長
運輸科長
專利及商標
購置科長
各城經理
印刷股
出版股
廣告股
運出書記
料員
律師
貯存股
收入書記
稽核科長
會計
統計股
工資股
原料股
運單股
給薪股
收入股
律師
廠務部長
總工程師
建築部長
動力部各廠
化煉部各廠
監工股
試力室
公益股
材料股
總管
工頭
工人
監工
衛生
保安
用人
試驗及研究股
製圖股
機械股
核算股
設計股
機器
動力
繪圖員
建築工程股
器具股
測量股
繪圖員

29597

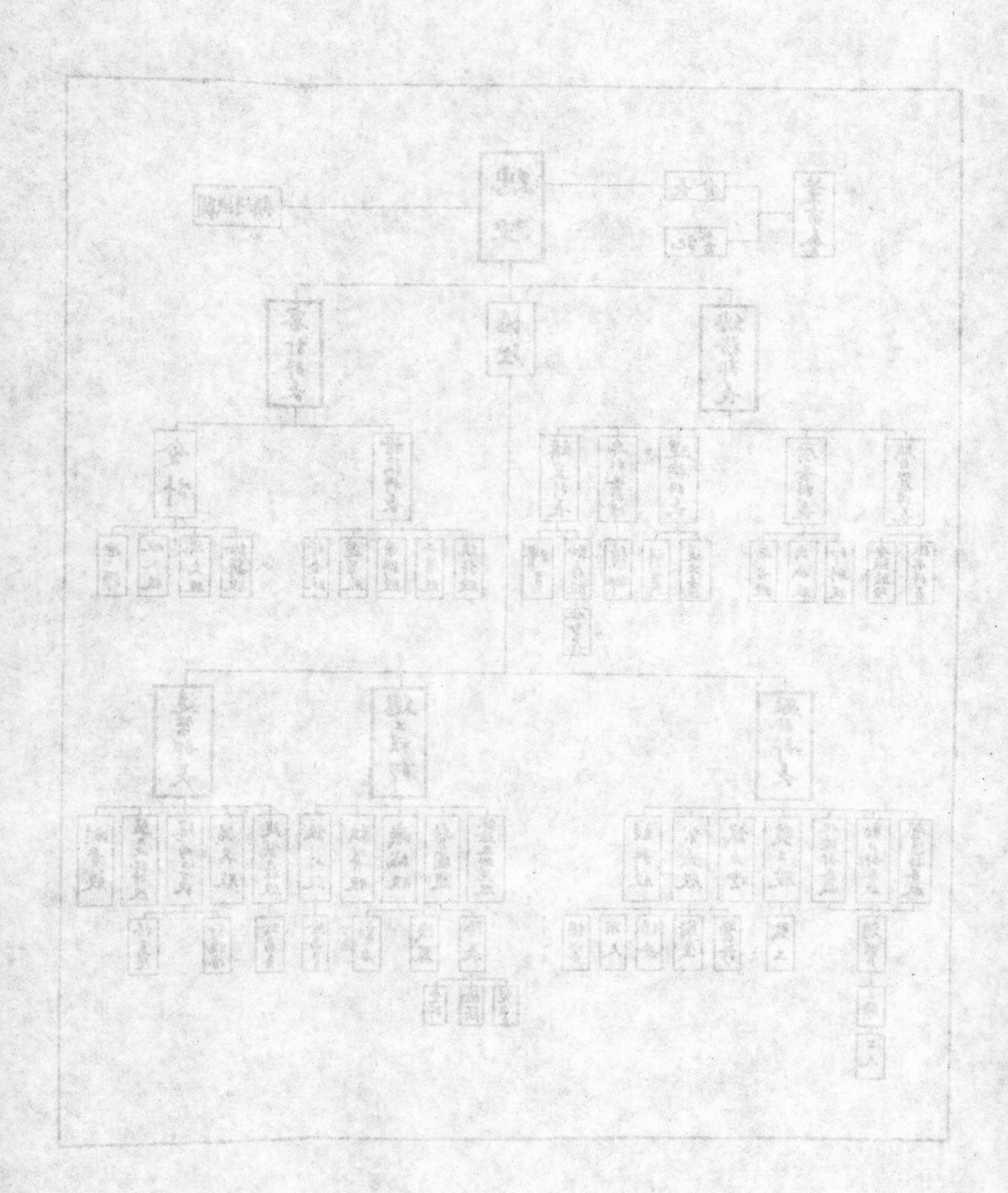

甲種廠·不化煉鋼鐵·其鋼料均取給於他廠·故其工作只限於營造一途·

乙種廠·兼輾鋼鎊·鋼鈑等·但不冶鐵·購置豬鐵碎鐵於他人。

丙種廠·冶鐵煉鋼·輾鎊·及營業建築物品·

[討論]

作者按甲種廠·需本金甚小·(二百萬元以上)故最易辦·其作用亦狹·組織復簡·所患在鋼料之供給耳·若在歐美·其鋼業非常發達·供需無竭滯患·交通利便·運輸捷速·故凡思創建築鋼業者·多取甲種廠。 我國有鐵之鋼·鋼料多由美國運入·歐戰以來·美國取滯鋼鐵出口·復因太平洋船隻稀少·轉運尤艱·故今日鋼料運費·幾逾其原價·况在美國·生計日高·工資日昂·而鋼之原價亦日貴·戰爭既息·正歐洲重建期中·所需鋼料·何可勝數·供給少·而需求多·爭競之下·價值爲高·此爲購鋼於美之第一弊。 在工程方面而觀·鋼鎊運送·因須裝載車船中·長度不得過五六十尺·用時每有截長補短之病·不但耗棄太多·手續亦復太繁·此爲第二弊。 在經濟方面而觀·購置鋼鎊·貴在一律·每項鋼鎊·所購愈多·則磅價愈低·是各級鋼鎊不能全備·祗有擇其最常用之各級·而購定之·鋼鎊之不同既少·工程之設計亦爲之掣肘·建築物每病過弱或過强·此爲第三弊。 有此缺端.故甲種廠在中國今日不宜創設.而乙種丙種廠自應提倡無疑.但丙種廠範圍太大.需金復巨.創設手續彌艱.實非一朝一夕事.倘國中已有之鐵廠.能年供數萬噸作煉鋼用時.則以創辦乙種廠爲最上策.

九. 關于設廠之各種問題

(1)供需　大凡經商.必先考察各地供給之盈缺.以收縱原料.調查他人之需求.以銷售出品.其營業之成敗.蓋全視其料事之捷銳與否.今言鋼鐵業亦然.開創之初.應先研知各地工業所需.以何種建築物爲最多.欲營造此項出品.應如何方可減少出品費.而與他人爭競.如何可得原料.如何可保主顧信用.凡此數條.須具有把握.方可於三種廠中.擇一而謀之.廠之範圍既定.再核算開辦費.而籌相當之資本金.故研究供需情形.爲設廠最要之初步.

[討論]

中國今日最需急者.爲鐵路所用之橋梁信號架.轉車台修理廠.車站月台等.其次則及工廠及高樓.欲得鐵路主顧.必需於最短時間中.出最賤價物品.其營造工亦宜能與外來者相睥睨.此數者實不大難.設國中有購置鋼料處.則轉運之時必短.

國中工資至低售價必能較賤何患不能與人爭競所苦者乏鋼料耳若資本充足當以開創乙種廠為上國中煤鐵業近年來當有進步二項之供給或可勿慮耳

(2)地點　廠之發達與其所處地點至有關係欲節省出品費則廠址必須毗連其原料出產處(如煤鐵鑛然)復宜逼近鐵道工業中心以廣銷路傍江依湖以利動力及水供問題地所尤宜空敞為後日擴張計此皆選擇地點之不可忽者也

(3)交通　今日之言運輸者莫不首推鐵道以其速也然建築鋼廠亦勿庸全恃鐵道以與外交通其原料之轉運實以航運為較省遇地點近江河時即可利用航運時或鐵路停滯亦可以水路運輸出品故二者應具備廠內交通宜用狹軌鐵路廠與市鎮交通可以電車或汽車載送工人及貨物等近來汽車之用頗廣設有良路則輕小出品亦可以汽車轉運近處總之交通問題關係重大不可不為注意也

(4)人材　技師與工人之於實業猶腦思及四肢之於一身也腦思苟不靈敏四肢苟不活潑則一身無壯盛時是故實業之發達全特能材技師

與工長·須富有經驗·復能制馭工人者·工人則須馴良勤慎服從遣令者·猶如腦思與四肢之互相救應·故欲創辦實業·必先聯絡人士·察其才能·與以機緣·則來者如歸·無材鮮之患矣·

[討論]

按人材一項·爲中國今日最難問題·欲創一業每苦無富有經驗之技師工長·故必至聘請外人·權既外握·事事掣肘·况外人於中國民情語言·皆不諳熟·與工人又難接洽·多見不便處·故開創鋼鐵業者·對於此節·不可不先注意·近來留學士子學建築工程者頗多·有設計核算及製圖之實驗者亦頗多·但少熟悉各廠工作情形者·故今日中國需一種「動手自作」之技師·是應於未開辦前·派遣學鋼鐵者·分途入廠·專學一二事·許以相當機緣·或克有濟於事·

十· 建築鋼廠之設計及其佈置

(甲) 設計之次序

(1)調查各地工業之需求·及歷年建築記載·而假定開辦時之出品量·(例如每月二千噸等)

(2)調查各種機器之能率·及容量·

(3)定工作時間·及每日輪值次數·(例如一日十小時·一日一次·或一日二次·一次十小時·或一日

三次·一次八小時·)

(4)從第(1),(2),(3)·算出開辦時·應需機器若干付·

(5)推算每年出品量增加之速率·而定將來之出品量·

(6)推算將來應添機器若干付·

(7)加意外時應有之重複機器若干付·(例如動力部之蒸汽及電力發動機等)

(8)佈置機器於其本位·同時預備他日應添機器空隙·

(9)計劃適宜屋宇·以蓋各種機器·

(10)佈設廠外廠內交通道路及軌線等·

(11)測量廠址及製詳圖·

(12)預算機器房屋及建築費·

(乙) 比較的經濟學(Relative Economy)

(1)用品之外購與自製　在此條下·應研究者·爲該物與廠之出品關係·運輸之時間及費用·該物之售價與商競之影響·自製時之應置機器及房屋費·每年之養機費·及各費之利息·

(2)機器與人工　在此條下·應研究者·爲機器原價·每年修理費·各費之利息·機器之能率·每機

器需用若干工人管理·不用機器時需用若干工人·工人之日資·工人之能率·及其生命肢體之安危等。

以上二條·關係設計·不可不特加注意。

(丙) 廠所之佈置

原理：工作次序·應從同一方向行以免往返及遲滯病。原料由此端來·徐經各廠製煉·成出品由彼端出。工作之進行·故循環不斷。凡佈置各廠·及廠中各機器·咸本此理。

例第一參觀圖丙一。原料由運船送至江岸·以起貨機及運鑛架取出·裝貯鑛場或鑛倉中·作化鐵之預備。化鐵部之各廠·羣聚北端·鐵熔化後·由機車送入通心爐屋中·合碎鐵及他熔劑·而傾入爐中化煉。印鋼出通心爐屋·經脫錘室（Stripping Building）後·而入勻熱爐·爲軋輾之預備。輾成之錫鈑·爲營造廠用時·則藏收入場中。否則運入貯藏所中。營造廠製成之物·由運出場輸出。貯藏所之鋼料亦可以鐵道運出。鑄鋼所毗連開爐屋·爲利用液鋼故。鑄鐵所鄰鑄鋼所·得公用木模廠沙場等·而液鐵亦可於數分鐘內·

由化鐵爐運至。機器廠近鑄鋼鐵二所·因便於修削鑄物故·而與營進廠復有狹軌交通。製釘用釺·故製釘所接近釺廠。鍛煉廠應近營造廠。二營造廠之中部及末端·均橫通·於工作上極有便處。油漆諸廠之應倚近運出場·自無疑議。生動力處·在廠之中央·故動力之供給·得以遍佈於各部中。營造廠附近之電力廠·實兼及發生水力與壓氣·爲營造廠釘接·及鍛煉廠錐擊用。此外如醫療所·辦公處·及俱樂部等·皆可視廠地情形·任意敷設。廠中鐵軌敷佈·交通頗便·原料由北端來·成品由南端出·遇運輸停滯時·原料亦可由鐵道運入·成品亦可以運船輸出。

例第二參觀圖甲二　此圖詳營造廠內之機器佈置·及工作次序·機器名稱·新而且複·故不欲詳論之。模板廠·毗連營造廠·有門可通·故運取模板甚便。營造廠之工作·按其物品之輕重而分地製作·故有輕物部·及重物部之分·而按其工作次序·復可分爲三大段·第一段爲穿鑿及剪截。(punching & Shearing)第二段爲集合及釘接) Assembling & Riveting) 第三段爲平削修整。(Finishing) (完)

29605

築湖防水論

徐世大

此篇為徐君碩士論文研究有素心得良多今譯為中文誠參考之良品惟全篇未暇譯出後編將於第二號發表之全篇綱目照錄如下

編輯股誌

前編　概論

導言第一

中國受洪水之害數千年矣自神禹治水以至近世水之為患指不勝屈防堵之事亦代有所聞然未有若今日之甚者也五六年來直魯豫皖湘粵各省頻遭泛溢淹人畜沒田廬毀城邑阻交通以及工商之失業疾疫之叢生損失之數何啻億萬於是國人動色相告欲求善後之方但國人多

昧於防水之本·苟安旦夕·且於防水之方·又不知所擇·此篇之作·所以不容緩也。

洪水之損失·雖無精密之統計·但可得略而言之也。民國六年直省水患·京漢一路所受損害·凡三百五十萬元·以全區計之當在十倍以上。其在美國·地質測量局之水利叢報(Water Supply Paper)第二百三十四號曾載有一九〇〇年至一九〇八年九年間水災之損失如下。

1900 年	45,675,000 金元
1901	45,438,000
1902	55,201,000
1903	97,220,000
1904	78,841,000
1905	98,589,000
1906	73,124,000
1907	118,238,000
1908	237,860,000
總計	840,186,000
平均每年損失	93,354,000 金元

又一九一三年農部報告全年水災損失·凡 163,

29607

564,793 金元。

據上表所載。吾人得悉洪水爲患。頻年增加。若以按年五厘息金計算。美國卽費金元一百六十萬萬以治全國之水災。亦不得謂爲糜費。

且洪水之害。日有增進之勢。非由於天時之變遷河流之增長也。人羣之智能日進。向日低窪之地。欣爲都市。工商發達。資本雖厚。農者築堤以防低田。而水無停蓄。設造橋以利交通。而河道漸塞。凡此種種。或速水流。或增水高。而洪水之損失亦隨之而俱長矣。

今欲返文明於樸野。毀廣廈爲荒蕪。必不能之勢也。卽欲保守現狀。以爲消極之防禦。亦決無此理。以今日中國各業之未發達。故遺失尙小。若國人一旦有悔悟之心。勤勤懇懇。以發揮利源增進國富爲事。則他日受洪水之害。必有什伯倍於今者。然則先事預防。爲一勞永逸之計。顧烏可忽乎哉。

探原第二

醫者臨診。必先審病源。治水者何獨不然。今試將水之爲害分列而言之。

一曰淹沒 人之直接受水害者·其惟溺乎·水勢緩者·趨避尚易·然滅頂之凶·時有所聞也·牲畜同負生命·且危急之時·救人不遑·無暇兼顧·因淹沒而致斃者尤多·其餘五穀蔬果·一遭淹沒·則收穫無望。

二曰浸漬 凡物之不能受潮者·如衣服·布匹·傢具·紙張·書畫等·一遇水害·全成廢物。

三曰遷流 水愈大·則其流之速率愈增·不特輕浮之物·如木材木器等類·將隨流而逝·即稍重之物·而爲水流所能動者·亦同歸於盡。

四曰阻壓 洪水既載各物以俱流·一遇障礙之物·如橋礎屋宇之類·勢不能進·則積於其後·所積愈多·壓力愈增·一旦潰決·則建築之物·隨之以去。北地春漲·若有冰塊者·其害尤烈·凡橋梁房屋隄堰之受害者·多屬此種。

五曰冲決 水流速度既高·則堤岸之被冲毀必易·故坍決之事·多於洪水時見之。

六曰沈積 勢水漸退·速率必減·前時被水冲動之沙石·勢必下沈而積於地·膏腴之田·雜以沙礫·則田減其價·街道房屋·積以廢物·則清理需費·機

器鐵貨·受水生銹·則運用無方·此則沈積之爲害也。美國碧芝堡(Pittsburgh)水利委員會報告一九○七至一九○八年三次水災後清理之費共五十四萬七千四百金元·佔損失全數百分之八·而田產機器之損壞·不與也。可謂巨矣。

七曰停滯 水災既興·農喪其田·工失其業·製造因之而止·交通因之而斷·無形之損失·常較實際所喪爲巨。

八曰救濟 災民啼饑號寒·賑救之物·在在需費。且災時凍餒交逼·衞生無法·故災後疫癘叢生·幾成不可免之事·此亦當歸罪於洪水者也。

九曰雜害 以上種種·皆可條舉。尙有因各地情形不同而間接受影響者。如碧芝堡一九○七年水災·因救火機關被毀·而火災所失計十七萬五千元。雖直接受害於火·而致禍之原則因水災而斷救濟也。

洪水之爲害·既如上述·而所以致洪水之原復有七。

一曰久雨 雨霖既久·土澤浸潤·不能容納·則成洪流。此多於大河見之。

29610

二曰驟雨　大雨傾盆。山谷隘狹者。一時無從宣洩。則成水患。多在小溪。大河不常見。

三曰融冰　北地冰雪未化。天時驟暖而融。亦常成大水。

四曰阻積　冰塊樹枝大石之隨流而下者。小有障礙。則積成堤堰。而阻水流。水勢漸增。壓力愈大。一遇冲决。則水害立見。

五曰狂風　狂風捲海而沒大地。亦水災之一種也。

六曰决隄　隄堰所以防水。然工作不精。則有冲决之虞。水勢過高。復有汎溢之患。

七曰迅潮　海潮高速者。近海低地。時遭淹沒。

明彼九害。則知防水之不可缺。審此七原。則知設施之道各異。然猶未也。請言其變。

察變第三

洪水之原不一。而變化尤繁。同一雨量。而流注之高下各殊。同一高度。而致害之廣狹不等。非明其因果。則不免措置乖方。故治河防水。爲今日工程界最難之事也。

洪水及河流變化之要素。大約可分爲三。(一)天時。(二)地理。(三)人事。

陸地之水。雖種類各殊。而其來源則爲雨雪。夫雨量之隨時隨地而異。人人知之。種因既異。受果自殊。故霖雨驟雨。則有暴流。旱暵之季。則成乾涸。一年之中。大約以春秋兩時爲雨季。故有春漲秋漲之分。然春漲常盛於秋漲。一則冰雪融解。常助其勢。二則天時較冷。土地堅凍。而蒸發較少也。冰雪積於冬。其融化各有緩速。而量亦異。故春時雖有同一之雨量。河流之漲發往往不同。

熱度亦有關於流量。冬時雨雪。積於地面則流減。河水冰結則流緩。春時熱度增高則冰雪化而河流增。其勢緩者其漲亦緩。其勢速者其漲亦速。若冰塊隨流而下。遇淺狹之處。常堆阻水流。上流勢不能速行。則汎溢兩岸。若冰堤冲決。則下游又受其害矣。熱度又與蒸發有密切之關係。夏秋蒸發易。雨水下地。旋化爲汽而入江河者少。然蒸發之遲速多寡。又不僅關於熱度。天空之濕度高。風力之大小。池沼之多寡。地面之凹凸。皆與有係屬也。

流域之大小不同。則河流之分配亦異。大約驟雨多限於小地。流域小者。一時無從宣洩。則釀爲巨患。若在大流域中。雖一地受雨。而餘地仍晴。則宣洩亦易。故不爲患。然小雨經久。田土浸潤既滿。其所佔之面積又大。往往使大河下流。有不能容納之勢。然在小河。其流域既小。所積水量不多。反可無恙。

流域形式不一。長而狹者。上游之水流至下游時。常與下游之水相左。若爲圓形或扇形。各處下注之水。同集於一處。其所積之量。每爲河身所不容。故有驟漲之勢。支流之安列。亦如流域形狀。有關水流。其入口之處相隔遠者。致害少。若三四支流同集一點。如北河大清河永定河之集於天津。美國上密士失必河阿哈阿河密所理河之集於開羅(Cairo)。一遇各河同漲時。其相匯之處。水勢之大。自無待言。

流域及河床之坡勢陡者。其流迅。流迅則蒸發及滲漏之機少。故雖同一雨量。平坦之流域。其水流常少於陡峻者。若在旱時。平坦之流域。因平時滲漏之量多。可爲補助。反不易乾涸。

地面土質鬆者。其滲漏必易。雨水下地。先浸潤

29613

入地而後分其餘以入江河。若遇堅土石床·既無從浸潤·則盡以入河。然各地無極鬆極厚之土·可以全容雨量。亦無全係堅土石床·可以全歸雨水於江河者。土質萬變·而河流大異。

地面種植·有吸水及積水之能。森林亦然。森林又有阻礙蒸發之方·故雨水常多於別處。

湖沼大澤·所以容水。多湖之處·水流較均·如美洲聖勞倫斯流域之有大湖。(Great Lakes of St. Lawrence Basin) 至大之流量·不過爲至小流量之二倍。

人工建設之物·其有關於水流者·如池塘之蓄水·因灌溉而增蒸發。導流以爲原動力或灌溉者分水勢。造橋築堰則阻水流而增其高度。隄防亦然。堀河廣則廣河身容水之量。建設都市街衢·則速水流而減滲漏。其種類不可枚舉也。

水流不同之原·略如上述。洪水之成·種因之繁複如是。治水者非先審其變化·實無着手之地。吾國各地河流立標以觀漲落者甚少·若測雨雪氣候者則尤寡。故治水之在吾國·尤爲困難也。

審勢第四

天下滔滔然曰「水勢日增·而洪水日衆。」問其所以·則不能答也。以吾國河流之無記錄統計·水之增否·自無由知。即在他邦·多者不過百數年·少者一二十年·有河流雨量之記載·亦不能即斷此案。蓋雨水之多寡·常循環不息。非以地質學時期記之·無增減可言。如奧國譚奴勃河(Danube)有八百年之跡可尋·亦不見有增長之勢·法國賽納河(Seine)亦然。

言水勢之增者·大都歸罪於伐木。森林之影響於河流·前已略述。然其利害常足相消。或有小河流域受伐木之害·亦不能以例其餘。然四十年來·熱心種樹之科學家·常以森林治水之法·貢諸羣衆。遂以此爲唯一之良圖。於是美國工程界鉅子·起而研究其關係·其結果大略如下·

(一)河流之漲縮·關於雨水之多寡。森林之能存在與否係於雨量。而雨量則無關於森林。

(二)森林無減少洪水·及增進低流之力·亦無致害之處。

(三)雨水無增減之勢。

(四)河流亦無增減之勢。洪水不加高低流亦不見減。

以上所述·自屬大致之論·不能限於一處者也。水勢雖無增減之勢。前時所被水災後不難再見。且民羣日進·實業發達·則受禍當日見其烈。故防水之法宜擇其費省而收效速者。迂闊之造林論·謂爲鼓吹實業則可·謂爲防水則未也。（未完）

京漢鐵路黃河橋

淩鴻勛

京漢鐵路黃河橋為比國人所建。當時因陋就簡。又限於經費。不能為久遠計。而此三千餘公尺之大橋。遂苟且成事。當時祇保險十五年。原擬由京漢鐵路每年將營業盈餘提出一百萬元為重修此橋之用。年來橋基日見頹壞。而本路他處河橋之折斷者年有所聞。是黃河橋不特基礎不固。即橋身之能久耐重力與否，亦在不可知之數。今者保險之期迅已滿限。而京漢歷年存儲之款。又為他事耗去。我國人做事習氣。非待事機危殆迫不及待之時。不思奮發。黃河橋其一端也。

年來交通部有黃河籌備會之設。妙手空空。安能有所進行。故所謂籌備者。不過鑽驗河底。以為將來新橋位置之預備。及草擬新橋計畫之大概及工料規範而已。至於建築。當然仍屬京漢鐵路範圍內之事。而非籌備會所能為力也。

河底鑽驗現由京漢工程師意人某君主管其事。數月來鑽驗之結果。則除南岸略有碎石外。北岸一大部分全屬流沙。河之中一部分尙未鑽驗。然已可决其亦爲流沙矣。築基於流沙之上。爲工程最難之事。碎石亦相去無幾。故黃河橋工程之大。不大在橋身。而大在橋基也。

新橋之位置。有謂棄原有之地位。而別築一橋以聯絡道清與汴洛者。規畫較大。而事實上能行與否。及其結果。尙屬疑問。故普通之意見。仍在舊橋之略東。全長約需二千九百公尺。(現在之橋長三千零十公尺。)如在兩岸建築堤壩。則橋長可再減少。京漢黃河河身遷徙無常。與津浦黃河情形大異。橋孔之大小。亦難以并論。(津浦黃河橋有翅橋一座。其餘均屬同一跨度之橋。京漢現有之橋爲五十門三〇·三〇公尺及五十二門二一·〇二公尺組織而成。)將來或仍須使各孔具同一之跨度。因基礎施工不易。跨度約增至一百公尺左右。載重之計畫。則京漢現在載重祗有E33。此後業務發達。載重必因之增加。況京漢橋爲一勞永逸之謀。故橋梁與橋墩之載重。至少須E45。至於新橋之宜築單線或雙線。亦一問題。今之津浦橋爲雙線。數年來迄未能敷設雙軌。雙軌橋梁。比之單軌所費實多。預料情形，似尚無築雙軌之必要，故仍擬用單軌云。

新橋之預算，約國幣一千五百萬元。當局者果如何籌備，雖未明瞭，然自停戰以來，新橋之建築計畫，確已進近一步。此橋爲京漢命脈，不可一日任其頹敗。其將專心一致而促此新橋之完成乎，未可知也。

鐵廠經濟學

陳體誠

何爲而建鐵廠也·曰冶鐵以牟利耳。人情務利·見鐵業之興旺·羣思趨之。時至今日·言創鐵廠者·幾遍國中。似營利之易·猶如反掌者。不知辦理鐵廠·爲法至難。偶不得當·便變利爲損。每見已入鐵業之人·勢成騎虎·欲罷不能。與其失之于後·何若愼之于始。此篇討論創辦鐵廠之經濟學·足爲投資者參考·抑亦可以爲管理及工程家引證。庶成算在胸·於運籌鐵業時·不至有耗財空勞事。此作者之本意也。

一· 廠之地址

擇定地點·最費思量。通常人不從各面觀·故廠址任意選就。爲害至大。 夫鐵業之異於他項實業者甚多·而以運費爲尤著。原料及出品之運費·佔全費自二十五成至五十成。故地點與原料產地·暨出品銷場之關係·萬不可忽。 從前鐵廠或就鐵鑛·或就煤鑛。查冶一噸鐵·須用二噸鑛石·一噸半煤。(或一噸焦煤 Coke) 比較原料之輕重·則鐵廠應就鐵鑛。若比較原料之立積，則一噸半煤之佔積較二噸鐵爲多。佔積既多則人工車費亦加增故鐵廠時有就煤源事。然運費之影響地點，不獨原料已也。出品之運於銷場，亦不可置而不論。　設在無鐵廠之省，思創一廠，知其每人每年需鐵重量，及所設廠之每年出品量，則可計用鐵之人數。再從各地戶口密度，推算銷用出品範圍，及其平均運費。此項運費，於加原料運費上，其總數務使最小。　是故鐵廠地點，不必依就煤鐵鑛源，卽間有接近煤源者，亦偶然事，不足引以爲例也。

試以例申上述擇地法，設在某省地圖上，指三點，爲煤鑛，鐵鑛，及戶口中心。於每點上插針一，再得等長之橡皮線三條，連結其一端成紐，設令各線之粗細與每噸之運費成正比例，（每

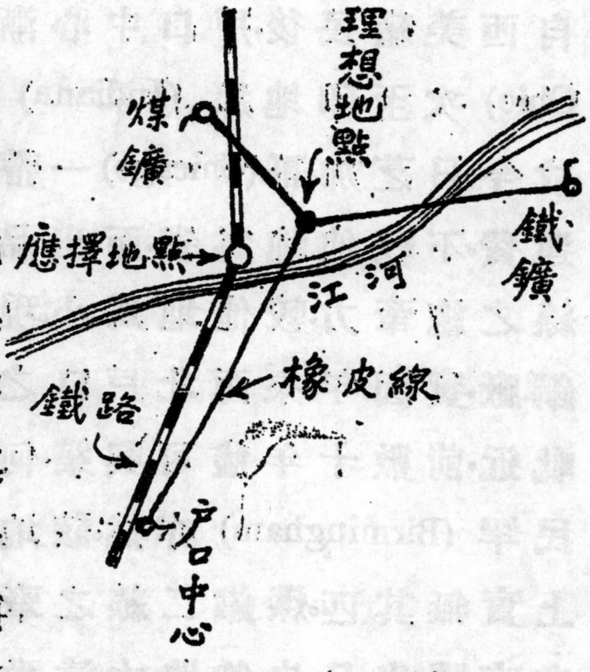

第一圖

29621

噸之運費,指每出品一噸之各種原料運費。以三線之他一端繫三針上,則線紐之定點,即爲理想之鐵廠地點。(見第一圖)三線之方向,每因已有之江河鐵路而更變。是故理想地點,每不能應用。法惟有以線紐移置於最近及合宜地點,就三線牽力之總數,即可推知該地之優劣。蓋每線之牽力,即代表其運費也。

試以數十年來美國鐵業之遷移,證明此理。在南北構兵時,壁珠堡(pittsburgh)實爲戶口中心,復近煤源,故在二十年中,鐵業之崛起者,不可勝數。自西美殖民後,戶口中心漸西行。先至渥海渥,(Ohio)次至印地那,(Indiana)次至意利諾,(Illinois)故今日芝加哥(Chicago)一帶鐵業勃興。雖其煤鐵運費,不較他地爲省,而出品運輸之便利,足使三線之總牽力,較他地爲小。現時德劉(Duluth)建築鋼廠,實因年來西北戶口之增加。否則該地煤鐵毗近,前數十年儘可興築,何須待至今日。南方卜民罕(Birmingham)亦然。該地煤鐵之倚近,在世界上實無其匹。煤鐵二線之牽力,幾可不計。但其僻處南隅,出品之銷路太遠,致其一線之牽力,較他處三線之總牽力為尤大。故久無人過問。自近年南方戶口稠密後。銷途較廣。始有在彼興創鐵業專。然則選擇地點。實不可須臾忽及戶口中心也。

抑有進者。邇近冶鐵爐。暨焦煤爐之附產煤氣。最受工程界注意。煤氣機之發明。日益精良。用煤氣發生動力。以供工廠。亦日益增廣。況此種煤氣。足為家常燃燈。烹飪。及暖屋用。公衆之需求愈多。而戶口中心之牽動鐵廠地址亦愈明。前此附產煤氣。每被荒棄。近則全行利用。售賣煤氣。幾為鐵廠進款之一宗。冶鐵費既節省。市價自可低落。銷途一廣。則鐵廠之發達不待言而喻矣。

二. 廠之費用

研究鐵廠經濟學。不可不知冶鐵費用。費用單之總式。簡而一律。可分為三大類。即原料。工資。及雜費是也。原料一項。較他二項之總數尤大。其價值受外來影響而高低。非廠內管理所能操縱。故比較冶鐵費。宜將其原料費除出。而稱為原料外費用。包括工資。署屋。購置。積金。保險。納稅。辦公費等。在管理完美之廠。其辦公費每較工資為大。歐戰以前。美國鐵廠之原料外費用。每噸鐵約需自

29623

美金一元二角半·至二元五角云。

工資之多寡·亦視冶鐵爐之構築而異。美國工資高昂·故用機器之冶鐵爐·每噸鐵只需工資四五角·而用人力工作之冶鐵爐·則需一元五角左右。

冶鐵爐之每年積金·可分二種。一爲換磚積金·一爲修建積金。換磚積金·必須積至換磚期時·有二三倍於新磚價。設二年換磚一次·每次磚價二萬元。若每日出鐵三百噸·則二年七百日共出鐵二十一萬噸·每噸積金二角五分·則二年終·當已積金五萬二千五百元。足敷換磚一切費用。修建積金·須預計積至十五年後·總數可供修建全爐費用。蓋冶鐵爐之命限·約在十五年左右。屆時必須修建。若不於該期中先積基金·則臨渴掘井·必至本利俱虧。

下列二表·足供研究冶鐵費用之參考。數目係按美國某廠千九百十四年之報告。雖與今日費用·必不相符·但各項之比例·當相去不遠也。

第一表　原料費用

項	名	每噸鐵需用磅數	每2240磅之價(*)	每噸鐵之費用
鐵鑛項	鐵鑛石	3,791	$ 3,56	$ 6,030
	煤灰	453	2,77	0,560
	碎鐵	122	6,00	0,327
		4,366		6,917
	減去產出碎鐵	115	6,00	,308
	統共	4,251		6,609
燃料	焦煤	2,392	3,47	3,740
熔劑	石灰石	1,133	0,80	0,405
統共每噸鐵費用				$ 10,754

*運費在內

第二表 原料外費用

項	名	每噸鐵費用	項	名	每噸鐵費用
直接工資	運料工	$ 0,067	雜費	管理費	$ 0,082
	裝料工	0,045		各廠及修理用料	0,184
	投豬鐵工	0,090		普通及試驗用費	0,233
	他項直接工	0,042		動力,電力,水,氣等費	0,183
間接工資	修理工	0,028		換磚積金	0,250
	各廠雜工	0,042		修建積金	0,300
	車場雜工	0,120		保險及納稅	
統共		$ 0,434	統共		$ 1,232

三. 廠之適宜出品量及冶鐵爐之大小

自銷用鐵鑛·焦煤·及石灰石·而論·大爐與小爐實無利弊之可言。故冶鐵爐之大小·祇與(1)工資·(2)積金及資本利息·(3)動力費·有直接關係。但此種問題·異常複雜·無何成法可本。祇有就實情·略爲指述。

今先論工資問題。吾人俱知最小之冶鐵爐·於工作上·必有不可少之工人數。故爐每日之出鐵量·在二百噸至五百噸間者·爐旁工人之數目·無大異處。但裝運原料之工資·則與噸數幾成正比例。鼓風機及汽鍋室之工人·則自一人(一百噸爐)至三人。(五百噸爐)是故無論爐之噸量多寡·必有一最低而不可少之工資。逾此數時·工資之增加速度·較噸量之增加速度爲較緩。

卽廠之積金及資本利息亦然。積金及利息·每按其原費(First Cost)計算。今欲建築一爐·不論出鐵噸數之多寡·其原費皆俱相若。噸量較大之廠·自需較貴之熱風爐。(Hot Blast Stoves)但其築費之增加·不與噸量之增加同速。惟鑛倉之築費·則與噸量幾成正比例。

第三問題·即動力費·指鼓風入爐需用之動力費·通常率以每馬力之費用表之·鐵爐附產煤氣·有銷售處時·則動力費可較省。今設假定煤氣有銷路時·動力費每馬力需金二分半·無銷路時·每馬力需金五分·則動力費增加之速率·可以第二圖之第二第三兩線表之。

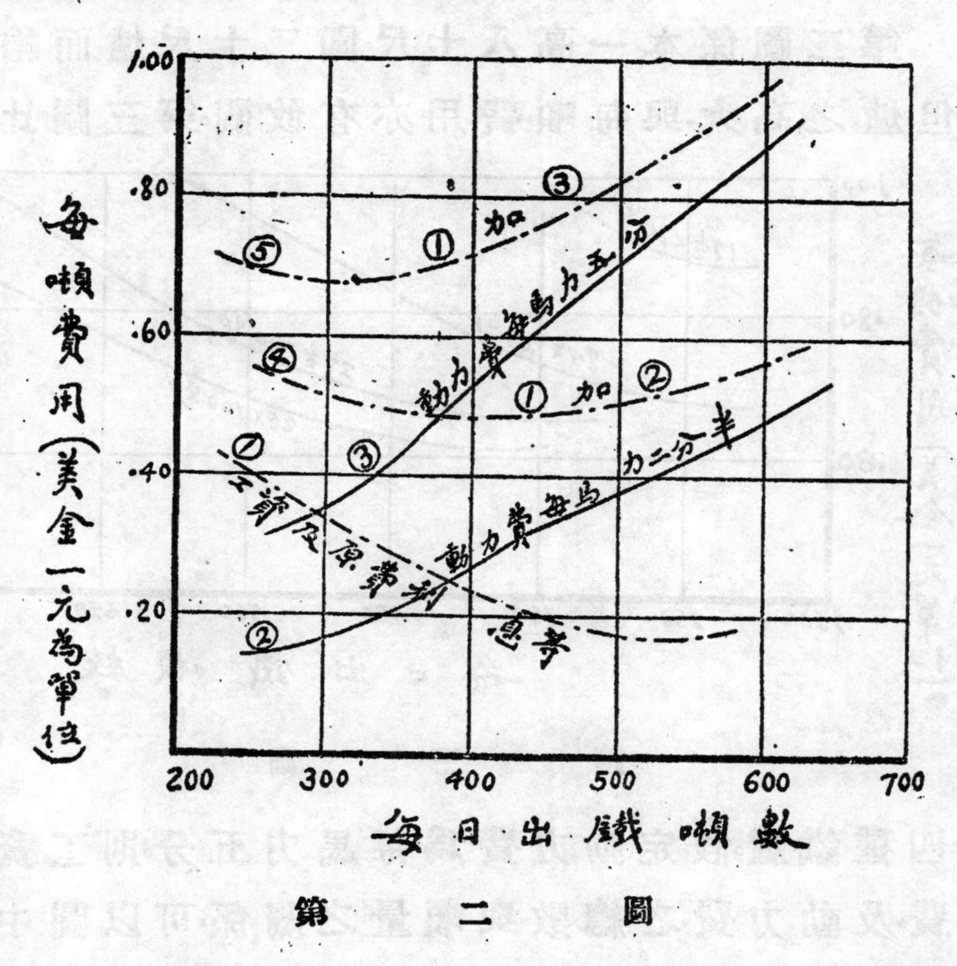

第　　二　　圖

第二圖按本美國佛來恩君(Freyn)之考察·研

究每日出鐵噸數與每噸費用之關係。第一線自左下降。噸量愈大。則每噸之工資及原費利息等愈低。第二第三兩線則自左上升。幾成直線。噸量愈大。則動力費用愈重。二者相加。則有第四第五兩線之現象。從此二線之斜度。及最低點。卽可研究每日之最適用噸量。

第二圖係本一高八十尺圍二十尺爐而繪成。但爐之高大。與每噸費用亦有攸關。第三圖比較

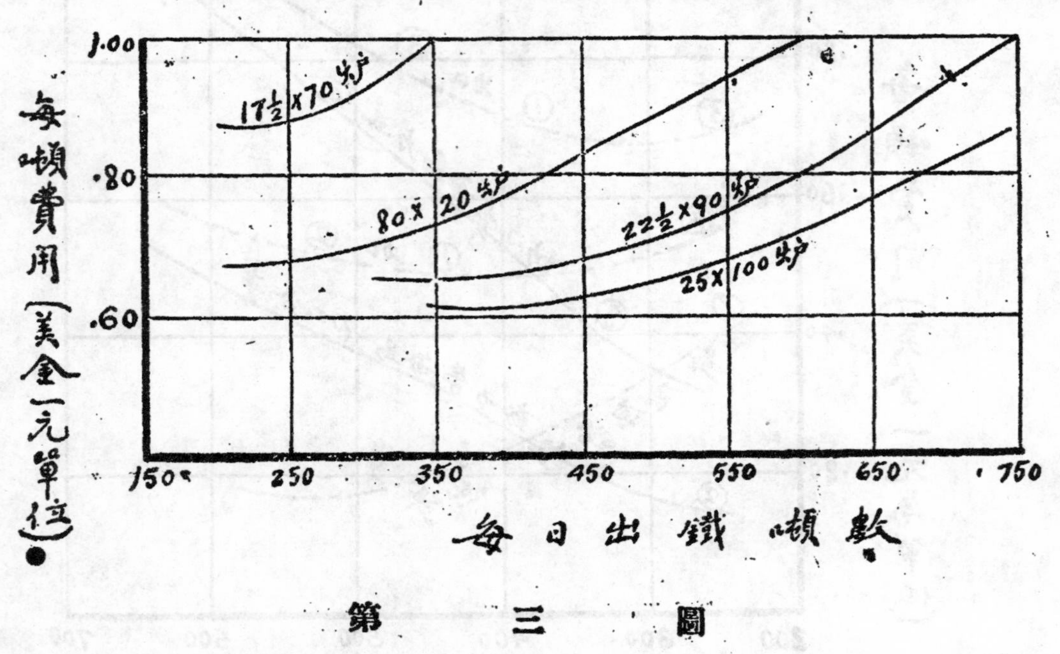

第　三　圖

四種鐵爐。假定動力費爲每馬力五分。則工資。原費。及動力費。之總數。與噸量之關係。可以圖中四線表之。

以上二圖·極有研究價值·但其數目祇可爲樣本用·設在吾國·能實查各項費用·比較多數鐵爐·繪成同等曲線·則最省儉及最適用之噸量·及大小·實不難選決也。

四· 出品噸量與營利之關係

研究鐵爐噸量者·每病偏重費用問題·而忘及營利本意。鐵業盈虧無定·開創鐵業者·實以巨大資本置之危地·自冀早得優利。廠之噸量愈大·則營利之望亦愈速。今設欲建一廠·每日出五百噸·約需本金二百萬元。每年出鐵十七萬噸。設每噸獲利三元·則每年營利爲五十一萬元·爲本金百分之二十五分半。 同一鐵廠·每日出三百噸·假定照第三章算法·每噸費用·可省一角·則每噸實獲利三元一角。一年共出鐵十萬二千噸·所入利共三十一萬六千二百元·爲本金百分之十五半。而與五十一萬元盈利比較·相去幾二十萬元。自不甚宜。是故營利之影響出品噸量·較費用爲尤大。要在知於銷路暢旺時·增加其出品量·至二三倍·以應需求。於銷路停滯時·減小出品量·以節費用。操縱得宜·則其興盛可立而待也。

五 工程上之設施

廠之地點·大小·噸量·既有把握·則於工程上之設施·不可不加慎重。今人務新·每思取用最新式之鐵爐·而不計及適宜特別情勢與否·卽如煤氣機新近之發明也·利用廢棄煤氣·以生動力·設動力無銷用處·何需以巨金添置煤氣機·而時見孤僻之鐵廠沿用之。鐵廠之蒸汽鍋·向用煤氣燃燒·不用乾煤·而有人於汽鍋室內·設置巨大之裝煤移灰機者。諸如此類·不勝枚舉·此就無經驗及好新工程師而言。然間亦有見廠長董事爲節省修理費計·强欲拾用舊物·如爐柱爐殼等·致使修成新爐·非新非舊·不但略無完美形狀·工作不能如意·而二三年後·頹毀崩塌。利用舊物·初只節省萬金·終至損失數倍·此守舊者之愚也。

是故無論工程上何等設施·必先推算所投原費·(卽本金)可得直接利息·爲百分之幾。遇應備之工程·不生直接利息者·則宜考察其間接益處。鐵爐最忌停工·蓋停工一日·出品減小數百噸·而費用仍復如故。况意外事每有死傷工人事·不可不爲預防。設於工程上從事改良·能却免此項意外事·則於長期內·所受間接利益·或逾本金總數·亦未可知。今有一爐·日出五百噸·每噸之費用(原料外費用)爲一元五角·則停工一日·損失七百五十元·修理及燒煤養爐費尙未計·欲除此患·須用五千元添置一物·設恐每月停工一日·則此項費用·必不可少。但若每年或只停工一次·則五千元費用之正當與否·必須細加討論。是以於設施工程之先·亦不可不査究意外事之「偶然數」。(probability) 然後就該數目·推計應費本金·以除免此種意外事。

工程之改良·爲節省冶鐵費時則可以其每噸鐵所省之費用·計每年之節省數目·爲所投本金之百分之幾。此種利息·不能與股票利息相比·至少須在百分之二十左右·故普通算法·多使其得利·於五年內償還本金·否則無改良之必要。

六 附產品之利用

鐵廠附產品之最要者·有二種。(一)石滓(Slag)·(二)煤氣。

(一)石滓之用途·可分爲下數種：

(甲)製水泥　石滓自爐流出時·以水力碎之·乾後

磨之成粉·混和以石灰·燒之於旋鍋中·使成粒·然後磨粒成水泥。

(乙)爲三合土料　石滓冷後·碎之成塊·質堅而多角·以之爲三合土料·與水泥黏結甚固·性叉耐火·故甚通用。

(丙)爲塡地料　近來鐵廠多近江河·爲利便水運故·廠地多低窪·無抵重力·必須塡塞高固·故有用已碎之石滓者·間或以液滓送至塡處·傾於地上·使其凝成一體·爲基礎用。

(丁)製磚　以液滓傾入磚模中·結後卽成磚·有時以碎滓澱粉·混和他土而蒸之·石滓製磚·盛行於歐洲·但美國少用之。

(戊)生動力　在不透氣房中·使石滓流入水中·其熱度發生蒸瀛·經各種蒸汽機·而生動力·歐洲煤價高貴之處常用之。

(二)煤氣　鐵爐煤氣之爲熱風爐及鼓風機用者·只百分之五六十·其餘煤氣足供他用。煤氣所存熱力爲焦煤熱力之一半·設日用焦煤五百噸·則煤氣所存之熱力·實等於百噸至百二十五噸之焦煤·若盡廢棄·豈不足惜·用之之法·視情勢而殊。近來鋼廠每毗連鐵廠。鋼廠之鍊鋼爐需煤氣。其輾鋼廠則需動力。生動力法。或以煤氣機轉動電機。而生電動力。或燒煤氣於汽鍋下。用蒸汽機發生動力。蒸氣機與煤氣機之比較。關係原費。修理。及燃料問題。爲工程上極有趣味之學問。此篇不及備述。

廠之近於城市者。則可利用煤氣。爲人民烹飪。燃燈。及暖屋等事。前章已述。總之附產品之銷路愈廣。則化鐵費愈省。故保存及利用附產品。爲經濟學上不可少之一着。

七. 結論

鐵業需本甚巨。若無較大營利。則商人皆縮足不前。近來投資者。多望至少有百分十五之盈利。有時高至四五十分者。蓋盈利之多寡。全視鐵之售價。同一售價。費用愈小。則獲利愈多。上章述廠地選法。冶鐵費。附產品等。皆節省費用法。不可不加注意。　歐戰以來。美禁鋼鐵出口。東方需求多。而供給不足。漢陽鐵價竟自每噸三十兩。加數倍而至百七十兩。是以年來漢陽始有盈利。其故蓋因國中鐵廠零星一二。無與競者。故得增加如意。

然則售價之高抑·與銷路及供給至有攸關·廠地之便利·噸量之增減·皆足影響銷路供給·故亦不容稍忽· 自投資方面而觀·盈利固多多益善·然自社會方面着想·不可不加以限制·蓋私利愈豐·則公民之受損亦愈重·是以各國政府近年均有「盈利過度稅」·即本此意·故經營鐵廠·於盈利上·不可不定最低及最高限·隨時視費用之增減·銷路之暢滯·察營利之多寡·以高抑其售價·務使私囊不過豐·公衆不受損·兩者得中·方不背經濟學之原理· (完)

美國西方電氣公司實習談

潘先正

丁巳季春。余入美西方電氣公司(Western Electric Co.)實習。彈指兩載。所有各製造部。裝配部。營業部。工程備辦計畫部。俱已次第經過。公司盈工三萬人。規模既大。設部分科。組織方法。極稱詳密。而製造品類。復分析萬端。尙歉時期短促。未克逐件詳細硏察。且一人兼習各門。實有戴盆望天。窺此失彼之憾。爰不揣譾陋。謹將廠中大概情形。濡筆摭錄。或爲吾同人之習電機者所樂聞焉。

一世界五大電廠營業比較之大略 世界五大電廠。歐洲占其二。其餘三廠。均屬美國。卽奇異電廠[1]。威斯丁號獅電廠[2]及西方電氣[3]公司是也。美國素稱世界電學最發達之邦。故電廠較多。此不過列其最大者。其餘小公司。不勝枚舉。世界五大電廠之營業統計。據前三年報告。約爲四百兆美金。

1 General Electrical Co.

2. Westinghouse Electrikel Co.

3. Western Electrial Co.

美國三大廠合得二百二十八兆美金已占十分之六。其中西方公司占六千萬美金左右。自一千九百十七年至一千九百十八年。西方公司營業更增。已超過一萬萬美金以上。可見其營業之發展。進步之迅速也。

一西方電氣公司與奇異電廠及威斯丁號獅電廠製造不同之點 奇異與威斯丁號獅二廠。皆係製造發電機電動機及他電氣用品之公司。奇異則以製造正電溜電機著名。威斯丁則以製造更電溜電機著名。至西方電氣公司則以專造電話機著名。此外兼製電報機無線電話電報機及自動電話機等。然不及電話機營業之盛。至電話機所用之發電機及該公司所售之他項電機等。則多向奇異或他公司採辦。並非自造者。

一西方電氣公司與美國電話電報公司 (American Telephone and Telegraph Co.) 之密切關係 美國電話電報公司以六百兆美金股本。建設一最大有力交通機關。統一全國電話電報交通事業。所有美國各省府大小城鎮電話局及電報局為其聯絡者。皆有該公司所投之股資。故該公司對於各電話電報局。於營業上有提攜進行之義務。於管理上有監察之利權。而西方公司爲製造電話電報機械之專廠。故不得不與該公司聯絡。并不得不與各電話局電報局聯絡。俾達其擴張營業。振興製造之政策。據余調查所知。西方公司所有資本。屬於該公司者。已達百分之五十一焉。由此可知西方公司與該公司之密切關係。即西方公司不啻爲美國電話電報公司之製造廠。而該公司又與全國大小電話局有聯絡關係。故西方公司又不啻爲全國大小電話局之製造廠。

一美國電話電報公司與西方電氣公司統一全國電話交通事業併吞各小電話製造廠之政策

美國之電話機製造廠。不僅西力公司一所。他如開洛電氣公司[4]斯俱耶伯格克洛孫電氣公司。殿吾電氣公司等。皆小電話製造廠也。或操一府之營業。或操一鎮之營業。莫不竭全力與西方公司競爭。其所製造。雖各有不同。然其機械或有特優之點。價値或有便宜之處。故仍能存在於美洲。美國電話電報公司。欲求全國交通事業之統一。

4. Kellog

29637

并其發展擴充起見。故以收買各小製造廠及電話局使其聯絡統一爲政策。凡各電話局爲其聯合者。均令向西方公司採辦機械。其小製造廠不受聯絡者絕對不與交易。又或電話局不受聯絡而向各小製造廠購買機械者。務設法併吞其營業。以致各小電話製造廠營業。日形縮減。有不能不合併之勢。

一西方公司歐亞之經營及其內部之組織　西方公司挾其製造之優良。國外經營勢力頗大。或於各巨都設營業分所。或與各國合資開辦電廠。如我國北京上海之中國電氣公司日本東京之日本電氣會社。(Nippon Electric Co.)即係與西方公司合資開辦。其他如英倫敦。俄聖彼德堡。均有其分公司。或合資開辦之電廠(民國七年交通部開辦之中國電氣公司。即係與西方電氣公司合資創設)至其本國總公司之製造廠。則設在美洲中部之支加哥。其總工程師部及總辦事處則在紐約。其營業分所遍布各城。計達五十餘處。今列其組織大要如下。

29638

董事部—總理—副總理
- 一法律部
- 二採辦部
- 三工程師部
- 四製造部
- 五工程協議部
- 六會計部
- 七營業部
- 八教育部
- 九計算部

以上計分九部。各部之下分科。科之下分股。股又分組。部之大者。統轄數千人。如工程師部。製造部。營業部是也。工程師部設總工程師一人。副總工程師三人。工程師數百人。其緊要職務。專事電學研究。製造發明。工程改良。機械計畫四項。製造部之職務。專承工程師之計畫。招集工匠。裝設機器。儲蓄材料。從事製造爲主。該部共分六科。各有專責。職任甚重。法律部籌畫一切新發明專賣權立案及他關於訴訟事件。採辦部專任調查購買材料物品事務。營業部計畫商務之發展。會計部管理財政之出入。計算部統計消耗贏虧。物質多寡事項。教育部籌畫培植應用人材事務。

一教育部之組織及學生實習之章程 教育部部長稱主席。主席之下。設監督一員。教員數名。書記一名。組織頗屬簡單。蓋所收納之學生。均需遣派各部各科實習。或就地工作。或親自考察。或由各科各股派員講演。教育部教員不過於每週內招集學生討論一次。並非完全設課教授。實習生須於每週具報告書一本。以備成績。該部所收學生。大都由學校出身。除本國學生外。中國日本及歐洲各國人均有之。學生有專習工程科者。有專習製造科者。有專習營業科者。有專習裝配科者。期限長短不一。有數月即完畢者。有九月或一年完畢者。有長至兩年者。余專習工程特別科。(Special Engineering Course)由九月延至兩年。先派入製造部實習約五月。再派入裝配科赴廠外某電話局從事裝設工程練習約六月。次入工程備辦科學習工程計畫與編輯等事約五月。次入營業部考察組織方法約半月。次由公司派赴紐約總工程師部參習約兩月。再轉派入紐約電話總局考察調查一切約五月。其中以工程裝配及工程計

29640

畫編輯爲最緊要。至入紐約電話局則加習局外電線。電柱建築。及地底電纜與隧道等建築。并習局内外支配管理營業一切。俱極緊要。獲益匪淺。

一西方公司工程師部之組織及其電話機之種類

公司最高之主腦。製造之命脈。莫如工程師部。余留工程師部稱久。工程師部之組織如下。

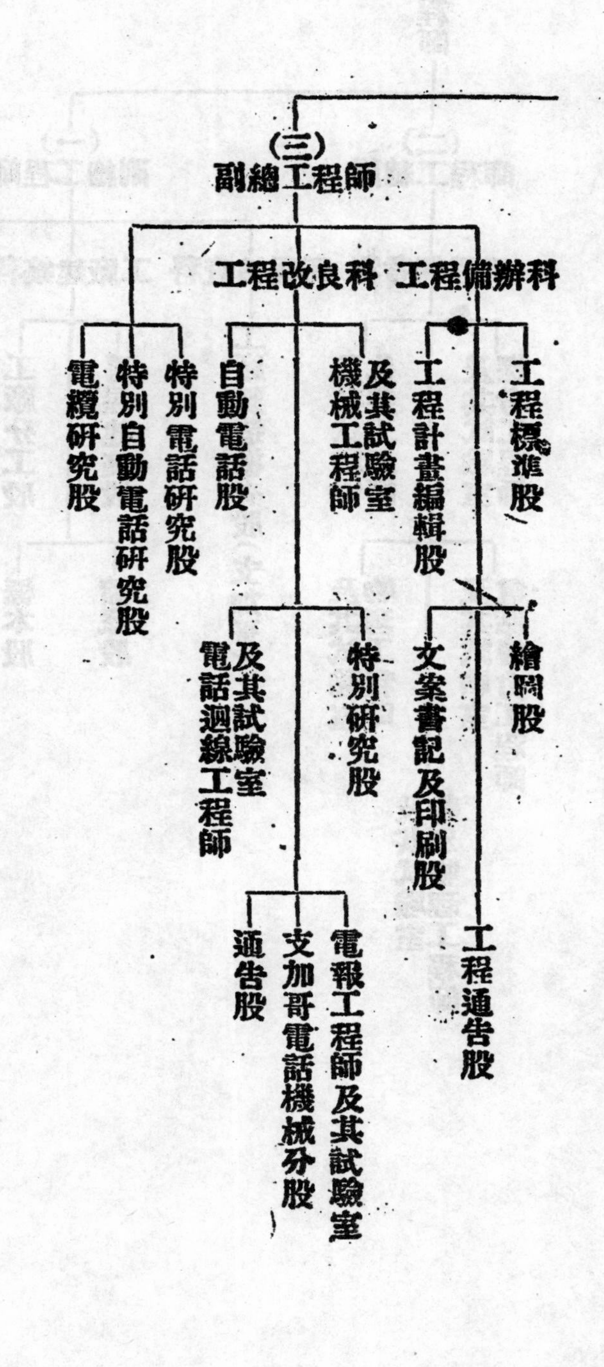

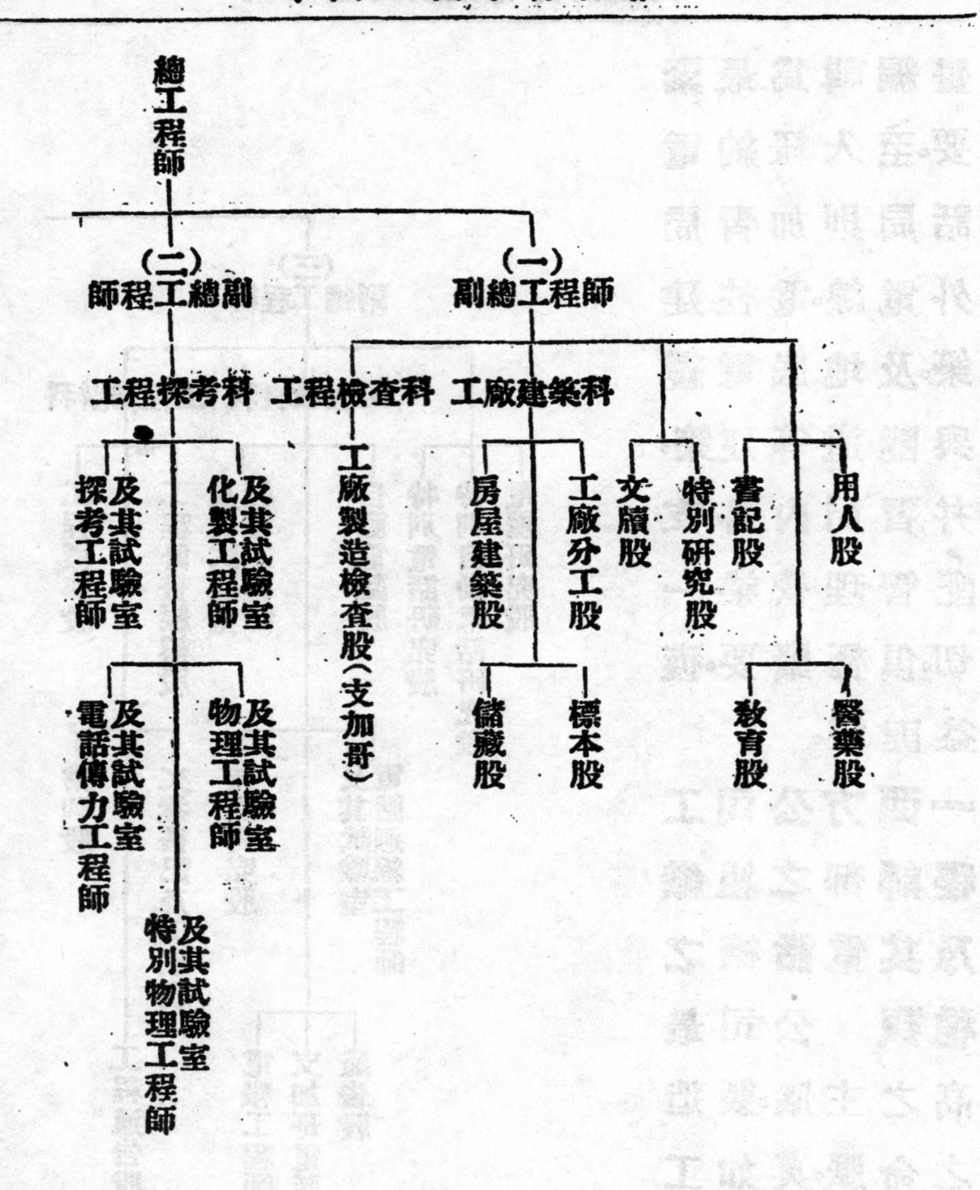
總工程師
(二)副總工程師
(一)副總工程師
工程採考科
工程檢查科
工廠建築科
及其試驗室探考工程師
及其試驗室化製工程師
及其試驗室電話傳力工程師
及其試驗室物理工程師
及其試驗室特別物理工程師
工廠製造檢查股(支加哥)
房屋建築股
工廠分工股
儲藏股
標本股
文牘股
特別研究股
書記股
用人股
教育股
醫藥股

工程師部。統計約三千人左右。其工程備辦科與工程檢查科則設於支加哥總製造廠內。蓋與製造部有密接交涉也。工程師部最緊要之建設莫如工程師之試驗室。各試驗室設備一切機器應用物質。凡學理研究。偶有發明。即從事試驗。推陳求新。俱從試驗下手。故試驗室爲發明製造改良工程之命脈。各試驗處各工程師。令分長一門。朝夕從事於探考。或就已製造者。加以研究而改良之。或取他人之發明者。加以考察更換而製造之。工程師多係學校出身或有實業經驗者。若重要工程師。則多係十餘年至二三十年之經驗人物。否則或係科學博士。或係大學教授。斷無新進年少。即操重要高等職務者。

工程備辦科。以工程計畫編輯爲最重要。計畫編輯工程師約二百人。繪圖員約三百人。文案書記員約三百人。該科分第一號電話傳接檯計畫編輯。第九號第十號電話傳接檯計畫編輯。及發電機電池等計畫編輯三組。計畫編輯之事。頗屬繁密。譬如某電話局定購電話傳接檯數座。而傳接檯之種類不一。其機械裝配又千差萬別。果以何種金工木工爲合宜。以何種迴線爲必要。以何種裝配爲適當。與夫形狀之大小。反度之長短。數目之多寡。皆工程師計畫之責務。甚或某電話局所定購之傳接樓需特別裝配。或其迴線不同。或某機械爲最新發明。遇此問題。即須移之試驗室。從事試驗。如試驗結果。認爲合法。然後令繪圖處繪製詳圖。發交製造部。起首製造。

公司所製之電話機。種類極夥。全視電話局之大小。城市商務之景況。居民數目之多寡。相距之遠近。而異其工程製造之計畫。茲特列其電話機械及關於電話用品之最緊要者於下。

(1)短距離電話機

A. 電磁電話傳接樓

B. 第九號電話傳接樓

C. 第十號電話傳接樓

D. 第一號 D 字電話傳接樓

E. 第一號 A 字電話傳接樓

F. 第一號 B 字電話傳接樓

G. 電話試驗樓

H. 電話傳接管理樓

(2)長距離電話機

A. 第一號長距離電話傳接橽

B. 第二號長距離電話傳接橽

C. 長距離電話載電圈

D. 長距離電話感電機

E. 長距離電話試驗橽

(3)電話局應用機械

A. 電話箱

B. 傳話器與接話器

C. 乾電池與濕電池

D. 儲蓄電池

E. 電線電柱及地底電纜與海底電纜

F. 繼電器感電綣聚電盤及阻電物

(4)電話局應用之發力機及發電機

A. 發電機(正電溜)

B. 電動機

C. 瓦斯機

D. 電氣錶

以上所舉。不過列其最緊要者。其餘大小機械。不下數千種。不能枚舉。然此四項之中。又以電話傳接檯爲主腦。檯之構造甚繁。所裝機械達數百件。是故檯之貴者。値七千美金。少亦數百美金。視裝線之多少。檯之種類。機械之繁簡。而異其値。

一美國電話之發達 自一千八百七十六年。美國亞歷山大柏羅發明電話。當時所用之線。不過百尺。現今柏羅之電話。通用於美國者。已達九百萬家。其線之總長。踰二千一百萬英里。卽平均計之。每十人中有一電話。由此推測。十年而後。每五人中有一電話。當屬意計之事。合舉紐約一埠之電話事業約言之。當可知其發達之速。於一千九百年時。紐約一埠。有電話局四十二所。電話家五萬一千。至一千九百十年。電話局卽增加十所。電話家加至三十七萬五千處。由此例推十年而後。電話局當增至百餘所。電話家當增至二百萬餘處。其發達之迅速若此。以吾國之情形觀之。現在能裝用電話者。不過通都大邑之公衆學校。公司團體。巨商大棧。其餘住戶店鋪等。多不用電話。固由商務之未振興。亦因人民不明電話之利益。且國人疲緩性成。似於電話無裝置之必要。殊不知電話匪獨減省人力。而交通敏捷。辦事神速。超過信扎來往價役傳送萬倍。若夫公務樞密。能以電話傳達。瞬刻就緒。其利便尤不可勝言。美國無論大小城市。莫不設電話局。民無貧富。或住宅。或佃戶或小販營業。皆裝用電話。即西家鄉農。距城市不遠。果能以線相接。亦定裝電話。至辦公衙署。公司局所。幾每機案裝一電話。余憶紐約某大旅館。裝設電話達二千二百副。年費十萬金。良以電話之用既廣。利賴之處實多也。美國各省府大小城鎮。皆有長距離電話相接。自數百英里至數千英里。皆能以電話相接洽。紐約至舊金山。相距萬里。可以對談。政務要公。吾人所需盤桓累月不解者。彼以數分鐘決之。甯非大便利乎。

一中國學生留美實習與日本學生留美實習意趣之不同 十年以前。西方公司所收之日本實習生。人數頗夥。即余入公司時。尙有三名。其一爲日本電氣會社派來之工程師。係帝國大學畢業生。已在該會社任職多年。其於電話經驗。自非初入廠者可比。余嘗細察其來意。不過專調查西方公司之組織管理方法。及其新製機械爲該會社所不能造者。可見其目的之所在。意趣之不同。吾國學生先後入西方公司實習者。頗不乏人。然多係個人旨趣。本國政府。亦不問其修業如何。及其出廠後之前程如何。甚有連某學生於某廠所習何科。亦不知其究竟。此實習生所以大爲失意而乏實習興趣也。

電話管理概論

劉其淑

治電話猶如醫之治疾。不明人身之血脈。及五官百骸之構造。不足以爲良醫。不明電話之迴道。(Circuit)及各部機械之作用。不足以爲良工。醫有治標治本之術。電話亦然。夫量驗一線之傳達。脩理一機之疵病。是不過小工末技。治標之術而已矣。而其要在能治本清源。消病於無形。防弊於未然。斯則管理之方。看護之術之所以尤爲重要。而不可疎懈者也。攷之美國。一電話公司之組織。自總理而下。分系彌多。鳩工建局。立柱築道。佈線運纜。以及機械裝脩。則有機械部(Plant Department)以專其任。計畫迴道。分配檯座。以及傳接員(Operater)之教練。則有支配部(Traffic Department)以服其勞。揣度商情。調查人口。以預計話線之增置。研習社交。精刊廣告。以期業務之發達。則有營業部以董其事。核計盈虛。釐定出入。總掌全部之產業。則有會計部以理其財。審計部以節其用。而探賾究奇。決謀畫策。排羣疑。釋衆難。以爲各部之砥柱者。厥有工程司以顯其學。若夫扶傷恤病。徵福傭工。創約立規。以遵公法。亦有醫師律士。各稱其職。事有專司。責無旁貸。是以百務具舉。皇皇鉅業。得從容運之掌上也。

夫以美國電話事業發展之速。震訝全球。新局增加。歲以百計。遠地架線。動逾千里。工程宏大。計畫紛繁。故非分部而治。不足爲功。而回顧吾國。則所謂電話者。不過初肇萌芽。區之大者。裝線不過數千。小者纔達數百。總全國所有之電話。曾不啻美國一大公司之十一。發掘迂緩。支配簡單。宜其易凑膚功。克善厥事也。而側聞人言。則話線傳接就未免稽遲躭誤之病。機件裝置。亦時有轉運失靈之艱。攷厥原由。要非一種。實因管理法之未能臻於完善耳。夫吾國電話事業。原無一定統系。有部辦者。有省立者。有商辦者。地自設局。局自爲政。政府既無完全標準制之頒定。而各局亦乏業會。以相聯繫。無他山攻錯之助。無友輔切磋之依。利各自專。病各自諱。其弊一也。自來吾國一電話局之設立。概歸洋行承辦。傳接樣 (Switchboard) 也。迴

（註） 傳接樣日本譯名交換機

29650

道也。發電機也。無一不任之洋人計畫。而國人祇認出資購辦。其迴道之合乎吾國情地與否。機件之精良與否。全然不參末議。夫製一衣。購一付履。就須察驗材料。申明尺碼之長短。況電話之機件。各殊其製。而迴道之計畫。必求適乎一區之情形耶。夫謂洋人而知吾國之情形。孰若吾國人之自知。謂洋人計畫之迴道能適用於吾國。孰若吾國人之自爲計畫。循是以往。其可免切足適屨之病乎。其弊二也。凡此種種。原與本題不關。姑不具論。但言管理。今使所購之機件。幸而良矣。所用之迴道幸而適矣。一切裝置。幸而美備矣。而主其事者。得其器。不能善其用。致使良者變窳。適者變劣。美備者以淪於不全。不尤重可惜耶。故就吾國電話界之現情而論。其管理法之應急求革新。實爲首要。茲請分章言之。

第一章　傳接員之職務(Operators' Service)

方今美國之業電話者。無不以傳接職務爲發展電話營業之要素。故於傳接員之教練。尤三致意焉。設爲學校以教之。課以傳接之口語。示以運器之手術。明以友助之義務。其詢問賃家(Subscriber)之號碼也。則必曰請教號碼。其或偶有遲誤。則必曰請求原諒。卽或有賃家作分外之要求。爲傳接員職務所不及者。亦必報之曰某深抱歉。某不能代作某事。習之課室。試之於練習室。期月而後爲見習員。期月而後爲初級傳接員。又期月而後爲傳接員。歷程而進。惟恐其辭令之未嫻。手術之未工。友助之未善。一傳接員之任用。固若是其審愼也。

夫傳接員之辭令。抑何必如此之其恭且敬也。荀子曰。善氣迎人。親如兄弟。惡氣迎人。甚於兵戈。夫傳接員之與賃家接洽。旣不能以色相示人。則區區所恃以表職務之懇懃。以舒賃家之心者。言辭間之口氣也。彼賃家者。月輸賃金以賃局中之電話。於營業言之。卽一局之顧客也。客主相待。雖無所謂低聲下氣。亦應如何滿般和氣。十分客氣。庶幾乎交以道接以禮。近悅遠來。又烏可以惡聲惡氣。硬語唐突。示人以難堪哉。作者於國內電話事業。全乏閱歷。然亦閒嘗使用電話矣。其或適逢線忙。(Line Busy)待之以時。而不獲傳接。若復取話器而聽之。則有咆勃叱咤者矣。彼傳接員者。固以爲率言慢語接待賃家則賃家將視使用電話爲畏途恐惹傳接員之悪氣因而節制其使用電話之次數而傳接員遂得以優閒自適以省其傳接之工夫是亦拒人於千里之外之惟一妙法也惟不知一局之營業及聲名榮譽皆與傳接員之職務攸關蓋一局之人直行與外界接洽時時與外界接洽者莫傳接員若使傳接員之職務而不良則雖有欲裝電話之家亦將望門却步何也費無數金錢裝得電話旣不能得迅速之傳接徒遭辱詈不如不裝之爲愈也由是則一局之營業將因之而受打擊矣夫一局管理之繁鉅固非局外人之所深知今使長其局者其任人處事皆臻完善而傳接員之職務有時而不周則詆訶者必將曰某人辦理某局未見其能勝任也何以見其然耶其傳接員之職務疎慢如是其他可知也由是則全局之聲譽將爲之減色矣夫事成於愼而敗於忽傳接員之職務雖微影響於全局者大十目所示十手所指禮義不愆何恤人言矧吾國電話行將劃歸國有際茲墉基始建莫當風雨飄搖則凡可以謀公益以增進交通之便利與民樂成以圖

來日之發達者。正當夜思繼日。竭力改求。豈可籍官局之氣勢以淩人哉。故就傳接員職務而言改良。則有以下數端。

（附記）美人嘗謂歐洲各國電話傳接職務之腐敗。其原因皆由國有所致。今吾國電話。行且步武歐洲各國後塵。劃歸國有余滋願法人者當取其長。於傳接職務。力行整頓。幸無蹈人陋習。

一．規定口語。 吾國各局。其傳接電話。多無一定之語式。其詢問賃家之號碼也。則不問號碼。而問那哩。於武漢則問那塊。於上海則問阿哩呀。姑無論其方言語式之各異。而查閱各局所編之電話號本。固皆篇篇載明本局電話繁多。凡用電話者。必先報明號碼之一段文章也。夫既欲賃家報明號碼。而局中之傳接員。則不問號碼。而轉問那哩。夫亦未免出爾反爾。以子之矛入子之盾也已。其他如遇線忙。則不曰線忙。而曰等隙。或曰等會。或曰等下。作者之友有使用電話者。數次皆不獲傳接。至以為詬病曰某數使用電話。而局中恆不傳接。但云等下何謂也。作者得從而解之曰。此殆線忙也。君欲打話之家。已接有他家電話。而一話線同時不能連接兩處之電話。故局中令君等下也。諸如此類。皆因語式未及審定之故。以致誤會滋生。是亦電話界之責也。

按吾國電話局。不徒逢「線忙」時則回報「等下」即如線已連接。而他家無人出來接話時。亦回報「等下」。「等下」二字。原可用於遠地傳接。(Long Bi-tance Call) 例如有人由天津打話至北京。而局中或須記票。或須問明打話人及接話人住址。或一時不能將北京之接話人覓得。則可回報打話人「等下」。惟若逢「線忙」及「無人回答。(Don't Answer)」統云「等下」。則於事實上殊屬文不對題。

夫吾國方言各殊。誠爲電話上第一阻障。以湖南人而處上海。恒有不能使用電話之困。上海人之處湖南者。其病正同。作者意謂欲救此病。則莫如授傳接員以普通之官話。其事至易。蓋平常傳接上所用口語。不過號碼之問答。以此而訓爲官話。費時不過數月之間。而惠及於遊人旅客者實多。是亦目前救急之一法也。或曰彼傳接員雖通官話。而遊其鄉旅其地者。或未嫻官話。若何。曰是未易言也。欲從根本解決。則吾國方言。應悉歸統一。然此恐非一朝一夕之功。然吾國各鄉。各省。各公共機關若皆以官話相尙。則南蠻鴃舌者流。知本其土音之不足以通情愫而廣交遊。行將習用官話。以合乎同文同軌之趨勢。故授傳接員以官話。不徒增傳接上之便利。亦足以促進國語統一之期。至謂傳接員雖通官話。而遊人旅客或不能作官話之爲無補於目前。亦徒消極之論。夫局中旣授傳接員以官話。是局中已畀遊旅客以使用電話之機。況今之所謂遊人旅客者。大皆會通官話。其所病不在己之不能通官話。而在傳接員之不能以官話傳接也耶。

按上海電話局其傳接員雖不通一二三四……之官話。然皆通 One Two Three Four……之洋文。以洋文尙能令其嫺習。故訓土音爲官話。實爲至易之事。

(作者楚人。南蠻鴃舌者流。是作者自道語。作者附誌。)

二。改良手術。 夫口語旣宜規定。而傳接手術。尤宜致求。導之以法。則遲鈍者可化爲敏捷。專心致志。十九年乃能目無全牛。何則。工用相習。心與物會故也。夫電話傳接率之迅速。當莫速於美國。凡公共電池(Common Battery)式之電話。其普通話線之傳接。費時不過三五秒鐘之間。歐洲諸國所不及也。觀其傳接員之服務也。手不釋塞(Plug)鍵(Key)之器。口不絕應答之聲。聚精會神。左提右挈。無往而不適其運用之妙。可謂神乎其技者矣。而吾國電話。則每苦傳接之稽遲。豈其機件之未良。無亦手術之未工。教之之法之未善也。且傳接手術。不徒有關於傳接率。而一局疵病之多少。亦於是乎覘焉。夫使塞運鍵。皆有一定之手式。不中其式。以致撓屈其塞。破裂其鍵者有之矣。而傳接員居恆易蹈之習慣。則莫如拔其塞時。不執其塞。而執其塞索(Cord)圖一時之便利。因循日久。而塞索遂致裂破。或致手指肝脂沾漬索中。而傳達爲之不通。諸如此類。皆由不明手術之故。端賴管理者以時監察。從而矯正之也。

(附記) 作者實習紐約電話分局時。適逢時疫流行。傳接員告病者獨多。局中不得已。以初級傳接員充其額。以未能善使其塞鍵。致局中發生種種傳接上之疵病。

三. 鼓勵友助。 手術工矣。則宜示傳接員以友助之義務。所謂友助者。羣力合作之謂也。美國各局。無不以友助爲增加傳接速率之惟一要素。故凡一新傳接臺之計畫。以及電管(Jack)之分配。必求便於友助者。職是故也。今使一傳接員。只顧其本座之傳接。而他座之忙碌與否。則視若無覩焉。則其弊必至逸者安閒自如。而忙者不能盡顧其職務。由是則話線之連接於忙座者。將歷時而不獲傳接。其延誤職務。甯有若是之甚者。然此皆視乎傳接員之友助心。而友助心之啓發。則視乎管理者之誘導。誠能使一局之傳接員。皆視鄰座之職務。猶同己座。爭先恐後。以相友助。吾知其傳接速率。必有超過尋常數倍者矣。

口語·手術·友助·之此三者。其關係於傳接職務既如彼。今若更以代數式表之。則得以下傳接員職務之方程式。

(敏於事。)＋(愼於言。)＋(守望相助。)＝(傳接員之職務。)

抑猶有進者。吾國各局除無錫一邑外。其傳接員猶多任用男子。斯實爲傳接職務不良之病根。天命之謂性。男女稟性之不同。原由天授。古人所謂男子治外。女子治內。故男子之不能爲良好之傳接員。亦猶女子之不能充勞力工人。作局外一切粗重之裝置也。玆不必深引遠譬。但將男女天

29658

性。略一比較。則知女子之爲傳接員。實有優於男子者。

女子· 柔順。 惟柔順故能體帖人意。而不致激起意氣之爭。

沉靜。 惟沉靜故能長日値座。煩惱不生。

語音清婉。 惟清婉故能悅耳感人。

男子· 剛愎。 惟剛愎故易激起意氣。遷怒債家。

浮慄。 惟浮慄故不耐長坐。盡力於鎖屑之傳接。

語音直突。 惟直突故話語傳接之間。易招誤會。

凡茲數者。就傳接職務上而論。皆爲女子特長。男子特短。性之所賦。非可强相習也。故作者既明述傳接員之職務。尤滋願吾國各局。其有任用男子爲傳接員者。從而改用女員。俾吾國之電話事業日趨完善。得以媲英美邦焉。 (未完)

石油於世界實業之重要及吾國實業前途之關係

胡博淵

緒言

石油二字。於吾國一般普通人民。蓋不知其爲何物。或知之而不詳。遂淡然置之。不加研究。其實閭巷小戶。村婦販夫。日用之間。無不賴之。不憶乎十數年前。我國所用之油盞乎。一燈如豆。幾與螢光無異。日出而作。日入而息。勢所必然。自習用洋油。城鎮繁盛之區。照耀如日。即窮鄉僻壤。亦皆四壁增光。明察秋毫。全國人民咸樂用之。所謂洋油者。即石油也。即石油內數百種副產品之一也。於吾人已如斯之寶貴。漏貲已年逾數十兆之金洋。其餘石油之產品。吾人用之而不覺者。尤不勝枚舉。然則石油之智識不可缺。石油之事業不可忽明矣。金銀也。鋼鐵也。煤炭也。我國婦人孺子。皆知其價值。獨於石油。其重要不亞於金銀鋼鐵煤炭。而知之者絕尠。特作此篇。以與國人商榷石油業之重要而啓其採勘之心。非敢自謂有石油智識也。

石油今日之重要與世界實業之關係

石油於今日之重要也。戰爭則飛艇戰艦魚雷炮隊錙重。工業則燃料動力汽車滑機油。礦砂聚練。(Ore Concentration) 商品則染料燈油蠟燭爐火油漆拒電品 (Insulator) 炭液 (Coal tar) 烹調亦無不賴石油。此其尤著者也。餘如藥料糖膠洗汚肥皂與防護玻璃鋼鐵之蝕壞。(Corrosion) 其種種效用。更僕難數。然則一日無石油。水陸之師不能動。機械諸廠且立停。一日無石油。無電廠之處。黃昏漆黑。應用諸品。斷絕供給。其影響於全國社會。彰彰明矣。美內務總長留衡氏曰。「石油者。天賜無價之寶也。宇宙之間。無他物可代於工商農業。及人生日用。不可或缺者也。」又英外交大臣白特福氏在英全國商業會演說曰。「回溯戰禍吃緊之時。石油之功用大矣。馬恆 (Marne) 之役。若瓦斯令缺乏。法必一敗塗地。巴利且陷於敵人之手。惟德將格勒克猛攻巴利之日。適法將高令奈將汽車轉運多數兵士。赴前敵之時。法大元帥玉芴氏遂得轉敗爲勝。」又曰。「試思戰時石油之價值。機械鎗砲諸廠。遍地林立。皆仰給於滑機油以動旋。他如運兵船隻。協約國之兵艦。載兵赴前敵之車。暨水陸軍需糧餉之輸運。莫不用石油為燃料。若無瓦斯令以給魚雷追趕艦。(Submarine Chaser) 則船隻被沉覆設者。必數十百倍於實沉之數。」該氏又報告歐戰前後。由美入口之瓦斯令及滑機油如下。

年份	瓦斯令(咖倫)	滑機油(咖倫)
1913(戰前)	29,000,000	103,000,000
1917(戰後)	300,000,000	400,000,000

石油之名義及其化式

石油之重要。既如上所述矣。乃吾國人漠然視之何哉。曰以其名之新異。知之不稔。遂疏忽而不加親愛。然則欲明其義。必有數字以釋之。蓋石油之名義。至為泛廣。今尚未有適當之定義。凡石層所產之油。蒸溜煤之油。頁岩蒸溜所得之油。及石油各種副產品。性質互殊。形視不一。概名之曰石油。按最新釋義。石油者。為宇宙間有經濟價值之輕炭。混液質。在尋常溫度。其狀有體液氣三體之殊。炭輕雖為石油主要。然偶亦含有少許成分硫淡諸氣因產地而異者也。石油化合種類雖至複雜。而要可分爲以下九種。

(一)炭$_{n}$輕$_{2n+2}$　(二)炭$_{n}$輕$_{2n}$　(三)炭$_{n}$輕$_{2n-2}$

(四)炭$_{n}$輕$_{2n-4}$　(五)炭$_{n}$輕$_{2n-6}$　(六)炭$_{n}$輕$_{2n-8}$

(七)炭$_{n}$輕$_{2n-10}$　(八)炭$_{n}$輕$_{2n-12}$　(九)炭$_{n}$輕$_{2n-14}$

以上各式。僅諸族類之代表耳。分析之甚繁雜。如(一)式炭$_{n}$輕$_{2n+2}$別名白蠟族類。(Paraffin Series) 自沼氣炭輕$_{4}$(Marsh Gas)起。餘如炭$_{2}$輕$_{6}$炭$_{4}$輕$_{10}$炭$_{5}$輕$_{12}$…………直至炭$_{35}$輕$_{72}$爲止。此中復有同分。(Homogenious) 同分異性。(Isometric) 同分異形。(Polymetric) 之別。按微點排列之不同。而成此就其裏性而言也。至其體形。一族類之內。亦有互殊。卽此白蠟族內。首數者爲氣形。中爲液形。末爲體形。(一)式如此。其餘八式可以類推。可知其非簡易之一端也。

各國油產表

世界產油諸國以美為首其餘諸國觀下表可知

國名	1907 咖倫	1908 咖倫	1909 咖倫	1910 咖倫	1911 產油名次	1911 咖倫	1911 米脫噸數	1911 總數百分數
美	166,095,335	178,527,356	183,170,874	209,557,248	1	220,449,391	29,393,059	63.80
俄	61,850,734	62,186,447	65,970,350	70,336,574	2	16,183,69	9,066,259	19.16
墨西哥	10,000,000	3,481,410	2,488,742	3,332,807	3	14,051,643	1,8735,59	4.07
荷蘭東印地	9,882,597	10,283,35	11,041,852	11 030,620	4	12,172 949	1,670,668	3.52
羅門尼亞	8,118,207	8,252,157	9,327,278	9,723,800	5	11,106,878	1,544 072	3.21
格利薩	8,455,841	12,612,295	14,932,799	12,673,688	6	10485,726	1 458 2	3.04
印度	4,344,162	5,047,038	6,676,517	6,137,990	7	6,451,203	897,184	1.87
日本	2 010,639	2,070,145	1,889,563	1,930,661	8	1,658,903	221,187	.48
顛路	756,226	1,011,180	1,316,118	1,330,105	9	1,398,036	186,405	.40
德	756,631	1,009,278	1,018,837	1,032,522	10	995,764	140,000	.29
坎拿大	788,872	527,987	420,755	315,895	11	291,096	38,813	.0
意大利	59,875	50,966	42,388	42,388	12	71 905	10 000	. 2
諸別國	30,000	30,000	30,000	30,000		100,000	26,607	.06
總數	264,249,119	285,089,615	298,326,073	327,474,204		345,512,185	46,526,334	100.00

29664

我國油產希望

夫美雖富於石油。而此物藏之無盡。用之不竭。勢必有告罄之時。今美國著名產油諸省。如烏克勒化瑪(Okalahoma)印地阿納(Indiana)噴西墳尼(Pennsylvania)等。皆有江河日下之勢。且歐戰以來。美供給協約國之用。其消耗石油之率度。倍蓰於平時。美國如斯。他邦更自顧不暇。然則我國將來如欲擴充海陸之軍。振興工商之業。石油之用。必不可仰給外人明矣。是以我國石油有無問題之解決。不容或緩。觀今日國人之性理。無不衆口一聲。曰我國無石油鑛。其理由蓋不外二端。

(一)如有石油當顯於地面。

(二)美孚公司採探延長油鑛失敗。遂謂我國無油鑛。然此等皆非充足之理由也。顯於地面之油。其池積必淺。所藏不多。即多亦已漏洩於已過之數千萬年中。有名油池。大半深藏不顯。蓋愈深則石層之保障愈固。無遺露之患。美國油池之大者二三千尺。極爲普通。今且有最深油井七八千尺者。此石油不顯於地面之無足恐也。至延長經美孚探勘失敗。更有未然。作者於民國六年。暑假期內．受某公司之聘．探勘石油於美之肯塔溪省．(Kentucky)是時美已加入戰團．注意石油．尤非尋常時可比．各油公司皆派地質學家．至各省探查石油．作者因獲絕好機會．與彼邦地質名家相會聚．中有某君曾爲美孚在延長探勘石油時地質主任．與之談論．盡得眞相．據云．我政府與美孚訂立合同．以兩年爲限．探查事須告竣．費用各任其半．惟我國素無地質家應用地圖．而探查非此不爲功．兩年之間．地質家之時機盡用於繪測地圖．掘試驗井七口．任地分置．未按地質學公理．以是而下中國無油之斷語．不啻走馬看花．而曰花中無佳品也．云云．觀某君之論調．謂延長無油者．謬矣．延長即無油．而曰全國無油．謬之甚者也．即以美之肯塔溪省而論．是邦業油者探採數十載．從未得滿意之油產．在我國人士．將屏棄而不道矣．而美人則曰．地質學之未盡研究．探查之未盡合法耳．是以不惜重貲．聘地質家之探勘於該省也．且天下之事．未有不求而來者．不覩我國之鑛產乎．煤鐵也．金銀也．以及他金屬也．層山累積．天藏無窮．然其成非成於近來數年之間．亙古以來．即有之矣。顧何以隆冬嚴寒．不掘煤以爲火．司農仰屋．不採金以圖富。豈不以堅信其地下之無煤鐵金銀及他金屬於地下乎。必待歐美强鄰之探尋．而後同聲附和．曰．我亦有煤鐵金銀諸鑛。然虎視耽耽．已爲捷足先登。今我國石油未加勘測．而遽斷其必無．又自棄其權利也。且我國之開採石油．及燃氣也。(Nat ral Gas) 爲世界各國之最早。今日各國鑿油井最新之器械．其製造法皆嬗脫於我國川蜀之火井。火井者．卽燃氣也。其流放已不知數千百年．而今猶昔．深者有二千尺左右。商者用以煑鹽。其餘油井．每日出四五百磅者．不下五六十具。以數千百年不輟之油氣井．左近必有深淵之油池可知。若加以資本．導地質．濟以機械．助以人工。安知不能得其源泉之日乎。

投資之輕易

難者曰．我國卽有石油．資本安籌。曰．各種實業．以石油資本爲最輕．而利息爲最厚。五金鑛也．製造廠也．機械公司也．動輒數千百萬而後可以經營。若油者．一井開鑿．爲費不多。(其費由人工深淺及運輸便利而定)小則一井亦利．大則巨富立致。

所謂能伸能屈者也。此石油業之所以較他業爲易舉也。

運輸之不足慮

難者又曰。油業資本易籌。固如子所言矣。然美國石油業已發達。其運輸便利。人所共知。我國即得油鑛。如蜀川之地。山川雜錯。轉運維艱。將何以與美人爭利乎。予笑曰。患不得油池耳。若既得之。他不足慮矣。美人之工資也。至少四五金洋一天。我國則一二百文耳。美人之運油。非以鐵道。而以鋼管。其價每尺數元至數十元。我國初辦之時。可以竹管代之。成本輕。而利用均也。如遇水利之處。可用舟楫之利。且石油僅用爲燃料。本爲拙計。若加蒸溜之後。即售其副產品。獲利可以數倍。如美孚售我之洋油。僅副產品中非昂貴之一種也。其銷售我國。年已數十兆金。他可知矣。故我國運輸。即不便利。於油鑛近處。可設蒸溜之廠。分析精練之後。再運出銷售。則生利更可操左劵。逮油業旺盛之後。亦用鋼管運輸之術。與各國並駕齊驅。未爲晚也。

結　論

總言之。我國不欲實業之振興。海陸軍之擴充則已。如其欲之。石油之業。必不可缺。與其出重貲以購。仰給於人。甯投資而自辦。與其聽外人走馬看花之評斷。甯遍山涉野而自尋其有無。此篇之作。欲國人知石油業之於吾民日用起居。商業戰守。皆有密切之關係。而早爲之計。至石油採探之術。鑽鑿之技。化鍊之法。各國產油名地之調查。與夫諸地質名家對於所以成石油之理想。斷非篇幅所能盡。身心稍暇。當分論之。國中注意實業諸公其亦有意於斯乎。跂予望之。

飛機[1]

黃壽恆

第一章　引言

蓋聞飛行之器·創自魯班·後起無繼·其說不傳焉。吾族具有發明能力者不少·第以無有系統之研究·乃致人亡術沒。至今證據多涉渺茫·欲在文明史上佔一位置·而不可得·不亦慨哉。往者無論矣。自今以後·果學會日臻發達·能作科學的有系統之研究·則將見神洲故國·於光輝德行之餘·發育物質文明·絕非夢想也。又安用自餒哉。

著者識

有物體焉·能不附地面·作平行於地面之運動·而於作此種運動之時間·又可無有下降運動·且無向地心之'變速率'·則此物體·謂之'飛體'。但所有外界之偶然的現象·對於上述諸等運動所生

1. 著者甚願於暇時照下列條目次第編刊:—

(一)引言。(二)飛機沿革。(三)飛機構造說明界說。(四)飛機原理·或曰空氣動力學。(五)飛機動力學。(六)飛機結構力學。(七)飛體推進器。(八)飛體引擎。

之變化·無論其性質如何·均不得計。[1]

近世'人造飛體'[2]確著成效者·約爲二種·體之平均重率大於空氣者有飛機·小於空氣者有飛艇。飛艇之載重力·特其氣囊中所貯氣質在空氣間之浮力·以氣囊體積之大·被風則艇之自由爲減·時致隕越。爲重量所限·氣囊多不甚堅·氣囊毀·艇或爲摧·不然亦必有損'平衡'(Equilibrium)。氣囊中所貯氣質·尋常類用輕氣·惟輕氣易於燃燒·囊破時每致危險。總言之·飛艇體大不靈·資本既巨·危險亦多·故於年來戰事·已少彩色·蓋與飛機相較·實已爲後者所戰勝。Lanchester 於其所著「飛體之軍用」書中·論之甚切·即供和平時運輸之用·飛艇亦不逮飛機。以其於大風時全失自由·駕駛既難·落地離地尤不易·因之藏艇室亦須特別計製·爲值極昂。飛艇載量之大·是其一長·但近來飛機

1. 此界說不包括'斜降機'(Glider)在內。美國空學諮詢會(Advisory Commitee for Aeronautics)定 Aircraft 之義·用體列體·包含斜降機。著者不取。

2. 除特別聲明或有他種明顯理由外·下文所稱飛體·概指人造飛體而言。

載量之進步亦速。(參觀章末)。次言飛機。飛機有翼。'引擎'(Engine, Prime Mover)推動。雙翼御風。其象如鳥。符於自然飛體。宜爲佳式。但尋常飛機之載重力。不係兩翼'搧動'(Flapping)所生。與鳥不同。曾有人議製'搧動飛機'(Ornithopter)。其機可不必用'推進器'(Propeller)。象鳥。藉兩翼之搧動。同時發生載重力與推進力。但此種飛機各部所受之力。必異常劇烈。且有'應力變向'(Reversal of Stress)。用現在所有之材料。恐不能製一輕堅合式者。即此種搧動之性質方程式(Characterstic Equations)。亦尚未有人能言其詳。故上述議論。迄未著實效。但有研究之價值耳。飛艇飛機而外。更有'螺旋飛體'(Helicopter)。具有竪軸推進器。器轉動則生載重力。此理至明。故發明亦早。第構造未精。未著成績。而運動複雜。'穩度'(Stability)亦未必佳。當不能與現在之飛艇飛機競爭。此外或有別種根據理論。製造他類飛體。然已顯有實行的價值者。祇上述之三類耳。

夫飛機於今日戰勝飛艇。固成定論矣。然臆其將來。則飛艇能容改良推廣之處較多。蓋相似形飛艇之'全載重力'(Gross Lift).與其'線度'(Linear Dimension)之立方(氣囊容積)為比例.其'自重'(Dead Weight)之增大較緩.若飛機之全載重力.則常與線度之平方(翼之面積)為比例.而其自重之增加較速.同時飛艇之'動阻'(Dynamical Resistance).與線度之平方(氣囊割面積)為比例.飛機之動阻.亦與線度之平方(全載重力)為比例.故大飛艇之速率較大.其'淨載重'(Useful Load)之百分率亦較大.飛機則反是.有人云.「就現在所有之材料而言.飛機'翼廣'(Span).不得過一百六十呎.過此.則淨載重有減無益」.若飛艇之脩.則蓋無材料理由限其極.近更有人創用'氦氣'(Helium).代輕.氦氣之重率.較輕氣微大.而無燃燒之虞.但現在大批製造該氣之法尚未精.刻英美俱極力研究.設能解決.則飛艇之重要弱點去其一.除大風時較危險外.將來用大飛艇.載巨重以行極遠.蓋非將來飛機所能與之抗衡.然駕駛靈.速率高.飛機亦自有其特色.而於適當距離之內.供重要之職務.飛機固極合於軍用.而於陸軍為尤宜.此其所以佔今日之優勝.請先以此篇言飛機.

第二章 飛機沿革[1]

荒古無稽。若新世界。則昔有 Gay-Lussac 與 Navier. 嘗著論。謂人造飛體不可實現。蓋爲當日所有之設想與物品所限。然使'內燃引擎' (Internal Combustion Engine)。不如近十數年來發達之速。俾每馬力之引擎重量大爲減少。則飛體原理縱臻至善。其實用之範圍必不如今日之廣。而於飛機爲尤信。

首研飛理者。羣推十六世紀初葉之達文斯.黨泰二氏(Leonardo da Vinci, Jean Baptiste Dante). 而語載黨泰氏曾製一'(保險)斜降機'[2](Glider)。乘人造鳥

1. 沿革變遷.常與時勢之要求.學說之進步相響應.讀過飛機構造之說明.飛機動力學.再讀此章.當能更有所會.

2. 保險斜降機與尋常所稱'保險傘' (Parachute) 不同.以保險傘之風面(受風之面)四面平衡(對於全傘之重心而言).故其下降也.無橫風時當保直向地心的.若斜降機風面之形狀.與其對於機的重心之位置.則頗類飛機之翼.或鳥翼.故其下降也.尋常有平行於地面之運動.以無適當之'發動力'(Motive Power).故不能如飛機之不下墜.是以斜降機於飛機沿革之關係.較保險傘為切.

翼。斜降某某湖之對岸云。此後研飛者頗不乏人。喬治開理 (Sir George Cayley) 於 1809 年製一甚大之斜降機。於機之'穩度'與'管理' (Control)。曾有所發明。循科學的方面研究者。則以法之亞德。英之默心。美之忍耐三氏 (M. Ader, Sir. H. Maxim, Prof. Samuel P. Langley) 爲最著。

忍耐氏始於 1887 年從事飛理。曾製有甚多之斜降機與'小飛體'(不載重者)。均著成績。1903 年。氏首製一載人之單葉飛機。於其年十月七日試飛。未克離地。墮水中。蓋以'離地設備' (Launching Device) 未善之故。美人云。原機於 1914 年經少許不主要之改變後。克鐵士君 (Glenn H. Curtiss) 乘之於紐約省黑濛口 (Hammondsport, N. Y.) 機身曾離水面云。巴拿瑪賽會場。建有忍耐氏首製飛機之記念碓。

1903 年十二月十七日。美之勵德氏 (Orville Wright) 乘其所製雙葉飛機離地。氏復於 1908 年乘雙葉飛機飛於法都巴黎附近。於是人雖身不附翼。而與鳥共享空間之自由矣。自此以後。飛機製造。始循有秩序的進步。

勷德機(圖一)1908年勷德所乘飛機·係雙葉式·載四筒水冷引擎(4 Cylinder Water-Cooled Engine)一·有推進器二·作背向之轉動(如㊀㊁式)·故無使機'滚

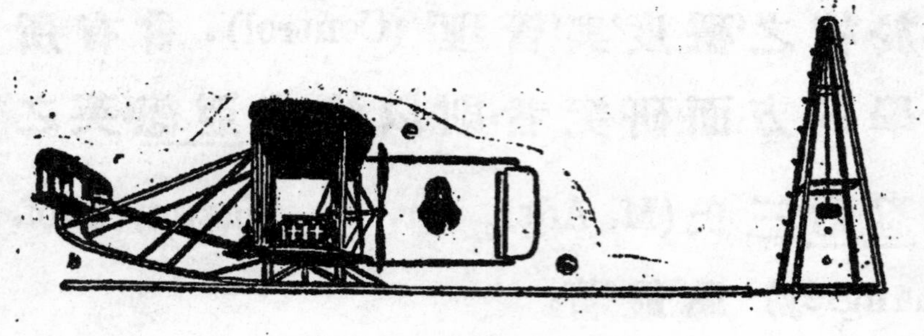

圖一 Wrgh',1903

轉'(Rolling)之趨向。機後無'橫尾'(Horizonta Tail)·與現在飛機不同。機尾有'竪舵'(Rudder)一·用以規正方向者。'昇降舵'(或日横舵 Elevator)在機首·亦係雙葉式·此種佈置·與穩度頗不相宜。勷氏飛機之每翼·可稍被扭轉·增減翼面與風向(此風乃飛機與空氣之關係運動)所成之角度·故每翼上之載力·因之可稍爲增加·而機之滚轉趨向遂得以規正。勷氏所用管理器·不甚自然·今已無用之者。勷德所用之離地該備·係載機以小車·車置軌上·車有適當之速率時·則機上昇。按忍耐氏1903年試飛·亦係用同種設備·但未奏效耳。

華生(Voisin)雙葉機(圖二)1908年五月二十一日·法人華生於巴黎附近飛行奏效·於其歲之九月·

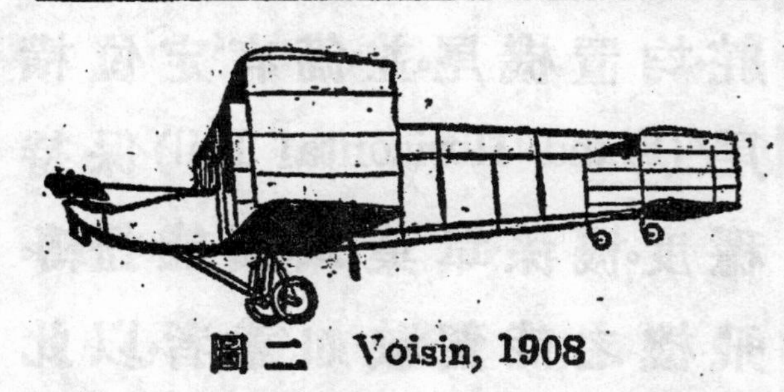
圖二 Voisin, 1908

復有人乘華生機繞某校場繼續飛行四十一哩。華生機之昇降舵，亦在機前。尾有上下二橫面，左右二豎面，載豎舵。華生以其機翼雙葉間所設備之豎面，能阻機之滾轉，故未用'扭轉機翼設備'。因之大風時，機之穩度不足，駕駛頗險。華生所用管理器頗自然，有類現在用之'桿製'(Stick Control)。1919年，華生機用格農轉式(Gnome Rotary)引擎。得倫敦漫却斯特(Manchester)飛行之獎。同年秋，萊姆(Rheims)舉行飛賽，華生機所作之長距離長時間之飛行，為世間前所未有。華生機備有'車牀'(Undercarriage)，用以行於地上，是以落地離地，較勵德機方便多矣。華生機之構造，用有甚多之鋼管，頗合於近年來之傾向。惟其機甚重，是其一短。該廠於1915年製有一種載炸彈與機關槍之大飛機，堅而且重，頗著成效。聞有一種華生機，能載發射一磅重砲彈之小砲云。

1909 白樂俚(Bleriot)單葉機(圖三)白樂俚飛機之推進器[1]在機首，開現代'引進飛機'之先聲。橫舵豎

29677

圖三 Bleriot, 1909 Type XI.

舵均置機尾。並備有'定位橫尾'(Fixed Horizontal Tail)保持穩度。機係單葉式。翼能扭轉。飛機之能駕駛如意者。以此爲最先。機中裝置白氏發明之桿掣。管理器爲一桿。推之向前則機首下降。向後則機首上昂。向左則左翼降。向右則右翼降。更有竪舵輪。以足踏之。左足用力則機向左轉。右足用力則機向右轉。動作均甚自然。現在戰鬥飛機。多用此種管理器。白氏飛機之機身。有象魚形。動阻減少。亦甚要進步。其車牀構造雖合用。而動阻甚大。自巨速爲必要後。白氏飛機遂不多見。白氏於 1909 年六月飛過英吉利海峽。同類機[2]亦曾於戰初供軍用。按飛機之用以'上下翻飛' (Looping the loop) 者。自白氏飛機始。1912 年流行時。

1909 年發懞(Farmen)雙葉機(圖四)發懞亨利氏於 1909 年製推進機。頗類 1908 年華生機式。但翼之

1. 航船所用之推進器。常在船後故名推進器。若器之置在機首者。當名曰引進器(Tractor)。習慣渾稱之曰推進器故從之。

2. 各種飛機與時進步。不必與其首製全同。

圖四　Farman, 1909

有無間葉雙豎面。機係木製。故較輕。其最要之進步。爲於每翼端之後面置小翼。名曰'掣翼'(Aileron, Controling Flap)。設機向左側。則可將左翼端之掣翼稍爲扯下。左翼上之載力。因之稍增。而機側囘矣。將右翼端之掣翼扯上。亦能使機側囘。尋常係左右掣翼同時動作。以保持'方位穩度'(Directiona. Stability)。故此種設備。於滾轉之規正。頗爲便利。自掣翼發明後。全翼可不必扭轉。於翼之構造上。利益極大。發懞機亦用桿掣。前後動作管理橫舵。左右動作管理掣翼。舵輪管理豎舵。除機首置有橫舵外。與現在飛機管理部分盡相契合。1911年。氏決計將機前橫舵除去。用尾部橫面之動作操縱昇降。發氏機之駕駛員座位在機首。少所憑依。狀似危險。(圖四a)自前面橫舵除去後。益覺顯然。1913年。氏參

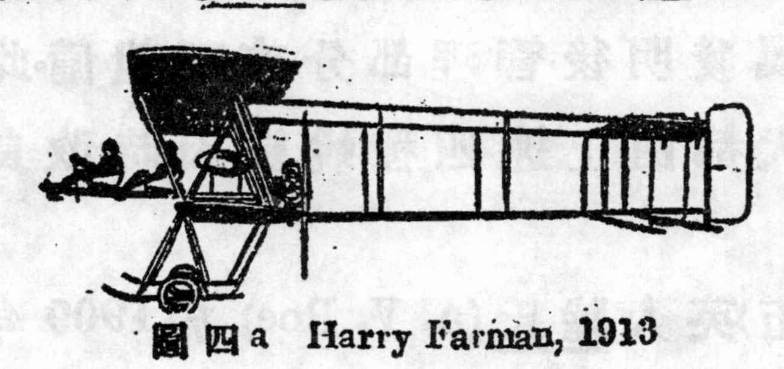
圖四a　Harry Farman, 1913

用其弟謀利司(Maurice)所製之1912年式飛機之意.(圖四b)於機首設欄杆數四.並將機前部用布遮沒.(按華生與

圖四b Maurice Faman, 1912

白氏飛機前部.亦均用布遮沒).動阻減少.駕駛員亦較適意。發氏機於1917年尙供操練通信之用.

1914年威克斯(Vickers)廠製之軍用飛機.名曰Gun Buss者.(圖四c)多取法發氏飛機。按座位在前.則乘飛機者眼界較廣.亦爲戰用飛機要素之一。

圖四c Gun Buss, 1915

至此飛機進步可告一段落.白樂俚單葉機.殊不愧爲佳製。擊翼發明後.管理部分亦稱粗備.此後製造之飛機.大都由上述四種蛻變.因時改良而已。

亞弗陸飛機(圖五)英人陸氏(A. V. Roe).於1909年

圖五　A. V. Reo 1909

首製引進三葉機。其所用引擎之量・祇九馬力・爲飛機引擎之最小者。其他無甚特別處。氏旋棄其三葉主義(此後至歐戰前無人製三葉機)。於1910年製一引進雙葉機・號稱輕堅。1914式哀非陸機・於戰初頗著功績・今則供操練用矣。輕・堅・減小阻力三目的・陸氏蓋未或忘焉。

1909年唵佗梵賴德(Antoinette)單葉機(圖六)此機爲法國著名工程師勒瓦瓦塞氏所計製。氏於引擎・飛機兩種知識均擅長。就工程與科學方面着想・此機可稱

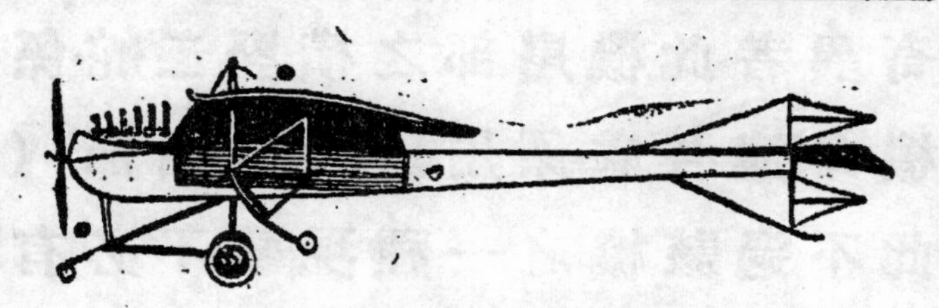

圖六　Antoinette 1909

佳製。機身形狀・曾經留意減少動阻。材料係用'三層木' (Three Ply Wood)。機尾有如箭翎。翼之構造・亦合工程法。全機狀極美觀。速率當甚大・而每以引擎誤事・未能顯實在成績。機內部製造不甚堅・每失事。管理器又不自然。遂於1912年後絕跡於世・但此爲應用科學製造之第一飛機・當在沿革

上佔一重要位置。而理想製造具美觀。蓋美之界說。宜而已。

1910年布徠該(Breguet)機(圖七)此機爲最初製之引進雙葉式。其構造多用鋼管。機身用鋁片遮沒。每葉祗有一'翼骨'(Spar)。雙葉間亦祗有一排'翼撑'(Interplane Struts)。車牀用有'油壓彈簧'(Cleo Pneumatic Spring).聞應用甚佳。此後試用同類彈簧者甚多。但均覺不甚合用。經時間之研究。或當有所發明。最奇異者。此機尾部之横竪二舵。係製成一片。其與機身連合處。係用一'大自由節'(Universal Joint)。此不過該機之一種現象。不必有何利益。全機甚重。但新式布徠該機速率甚大。載重尤佳。布氏於歐戰中製軍用飛機甚多。時有改良。其新近製之白日擲炸彈機。爲戰終時法國空中戰器之一佳品。後述機亦係引進雙葉式。其構造幾全用鋁製。機翼機身均係用帆布遮沒。有兩排翼撑。尾部構造。亦已改變。與尋常飛機無大異。空機重二千六百磅。能載淨重一千三百餘磅。布

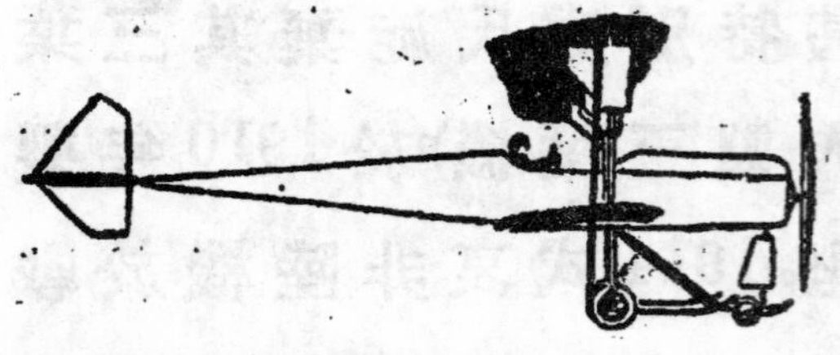
圖七 Breguet 1910

氏1910年式飛機所用之管理器爲一柱。柱之動作效驗,與桿掣之桿全同。惟柱首有一小輪,操縱竪舵。全器頗自然簡單。但飛行者多用慣足踏舵輪,已難變矣。

快機飛機既圓滿實現,增加其速率問題,遂同時發生。法人於1911年製成**紐泡特**(Nieuport)**單葉機**(圖八)用70馬力引擎,每小時能行80至90哩。機身甚肥,其目的係包括多數部分,以減少禦風面更將機身製成'流線形'(Streamline form),以減少動阻。(此種機身製造,爲後來高速飛機機身之模範。)乘機者祗露首機外。

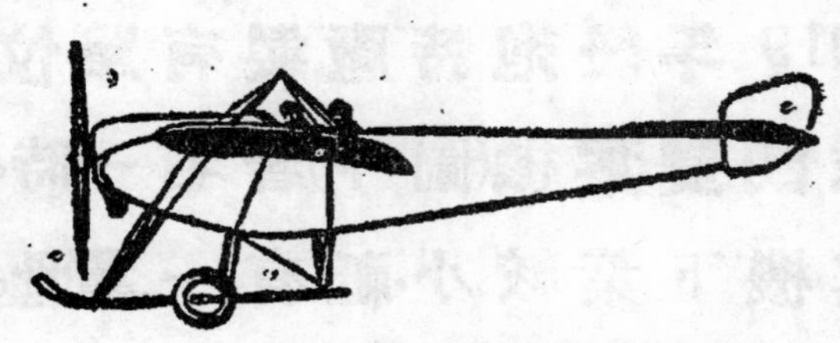

圖八　Nieuport 1911

1912**年達柏丟生**(Deperdusen)**單葉機**。(圖九)得萊姆飛賽速率首奬。此機用百馬力格農引擎,賽飛時速率成績爲每小時百二十六哩半。此在現代大馬力飛機中,亦得算高速率。全機部分,均經留意製成流線形。致於駕駛員頭後面設一流

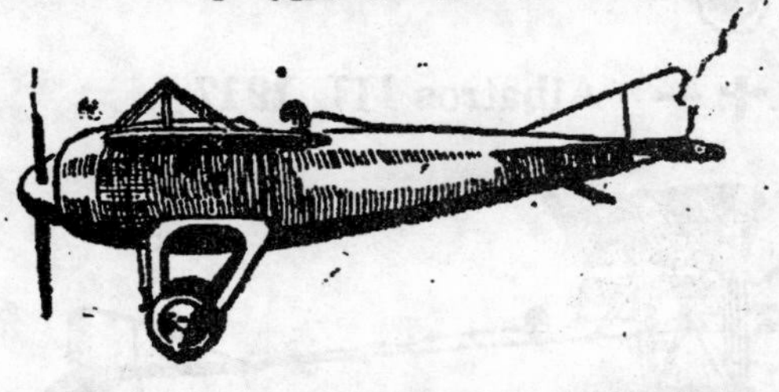

圖九　Deperdussin 1912

線形小樑·以減動阻。車牀祗二輪一軸。外用四根流線形割面(Section)的小撐·以連機身。此種簡單車牀·與現在通行飛機無異。機身係全用三層木製·縱橫堅韌(Longitudinal and Lateral Strength)近等·故內部未用拉絲(Internal Bracing Wires)。德國1916-17年戰鬥飛機·全用三層木製機身·近來他國亦有同樣之趨向。

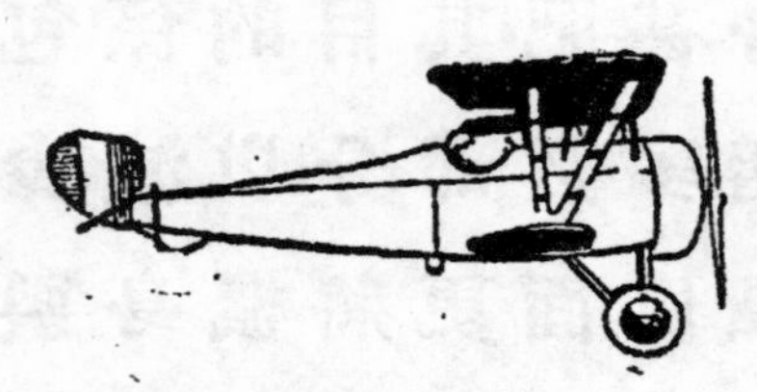

圖十 Nieuport 1916

1919 年紐泡特廠製有單位戰鬥雙葉機(圖十)著名一時。其機下葉較小·祗有一翼骨。翼撐如 V 狀。實一葉半機也。

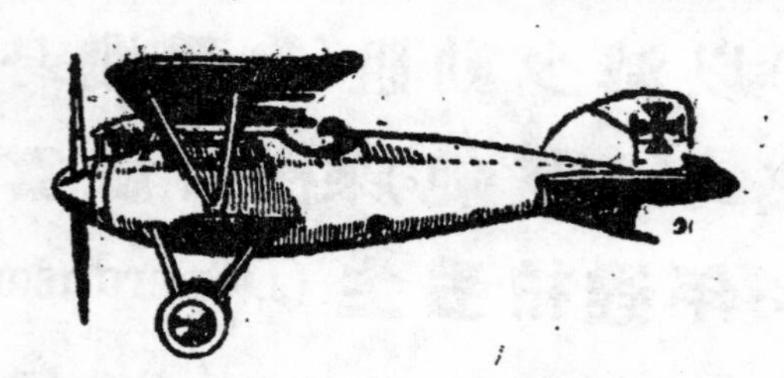

圖十一 Albatros III. 1917

德之1916年式亞爾拔濁(Albatros)(圖十一)飛機(圖十一a)亦係一葉半式。其他形狀則頗似達拍丟生。

圖十一a The Albatros

水用飛機美自1916年勵德飛行奏效後·於飛行術似無甚供獻。直至1912年克鐵士君首製'飛船'(Flying Boat)。(圖十二)克鐵士君曾於1909年萊姆飛賽時,乘劣製機得首獎。英之學特(Short)廠於1912年製'水

圖十二　Curtiss Flying Boat 1912

上飛機'(Hydroaeroplane)成功。(圖十三)按水上飛機與尋常飛機無大別,用行於水上之'載舟'(Pon-toon),代尋常飛機之車牀。致飛

圖十三　Short Seaplane, 1912

船則一載翼之舟而已。或言水上飛機之自重較輕,恆以爲飛船較簡單自然。聞歐戰中水上飛機曾備有魚雷管,能施放魚雷命中。英人云,用300馬力引擎,則凡減魚雷艇可至之處,水上飛機亦得行駛如意。此兩種水用飛機載量之進步頗速。克鐵士廠近製有飛船全載重二萬一千磅。

飛機之進步,蓋由於飛行者之好奇,資本家之投機。而各國軍政府之輔助,尤爲有力。然同時更有一班科學家,殫瘁其心思,於暗淡之書室或試

驗室中·冥搜關於飛體之學理·以求進步·其苦心亦自不可沒。蓋各國人士既預料飛機於將來戰事與交通之價值·莫不爭設試驗場·作科學的'潛究'(Research)·爲求進步之研究。此種試驗場之最著名者·則有法之私立哀野非爾(Fiffel)·英之國立物理試驗場·德之格挺根(Gottingen)試驗場·皆試驗'模型'(M del)·而應用'相似形例'(Law of Similitude)·以推測原身。作原身之試驗者·則有法巴黎大學之飛學試驗場。英國王家飛體廠·則更用眞實飛機·作辦得到的試驗。與物理試驗場彼此輔助·收效甚宏。美國海軍部與麻省理工學校亦備有模型試驗場。

法似較注意速率·而英德則嘗趨重'穩度'。1912時·英有'等'(Dunne)式·德有鴿(Taube)式(圖十四)皆以穩度爲主要目的。其最顯明之現象·則翼端甚後且向上·其

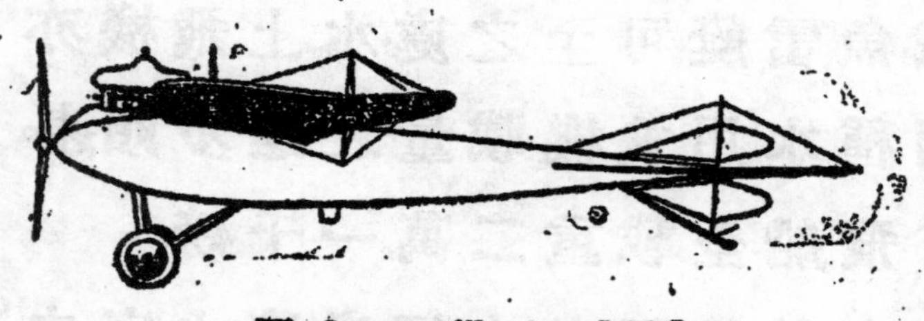

圖十四 Taube, 1912

效驗則穩度雖佳·而'效率'(Efficieney)較小·所需引擎馬力較大·故不甚合算。德之鴿式係單飛機·時

加改良·似較'等'式爲優。1915年時·鴿式尙供軍用·後遂不多見。英以物理試驗場與王家飛體廠合力研究之功·於1914年製成'眞穩'(Sta ility Jane)式。聞此種飛機離地後·駕駛員除規定方向外·可不必用管理器。其效率亦較前二式爲優。按飛機之有'方位穩度'者 (Directienal Stability)·常有逆風而行之趨勢·故遇有橫風時·納之於軌頗費力。穩者·不易變常態之謂也·故動作(Maneuvering)甚遲緩·而遇有震動時·其動挫'(Dampi g)甚速·駕駛員頗不適意·故法飛行家·要求機之穩度不必過佳。

1913年英製Sopwith大寶徠飛機(圖十五)·爲首製雙葉快機。其最要之改良·在留心流綫形與翼之構造·其優點甚多·故有大寶徠之名。Sopwith飛機供軍用者·有甚多種類。

圖十五　Sopwith Tabloip 1913

1915年·法人用多數引擎奏效·製成可庄(Cqu-

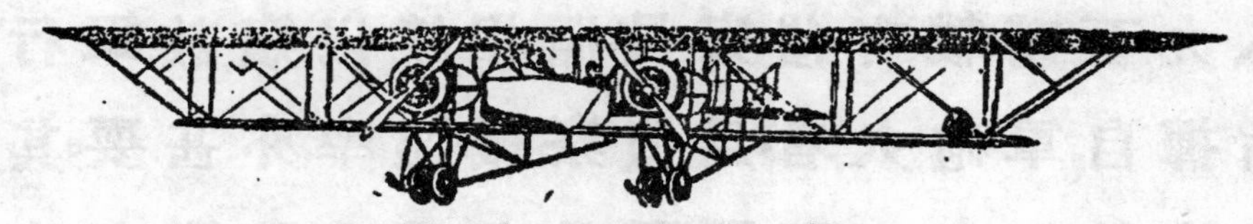
圖十六　Cqudron 1915

dron)雙葉機。(圖十六)載有二引擎。大飛機之製造自此始。

歐戰中殺人利器之進步．一日千里。飛機亦在此例。略可分爲四種。

(一)戰鬥追逐機 (Camdat Pursuit Machine) 小機高速。升高易。進退便。速率每句鐘至小百二十哩。載淨重四五百磅。法之1916年式紐泡特機1917年式司排脫(Spad)機．德之亞爾拔濁．福克爾(Foker)．(圖十七)英之S. E. 5,.(圖十八)義之S. V. A.. 皆名震

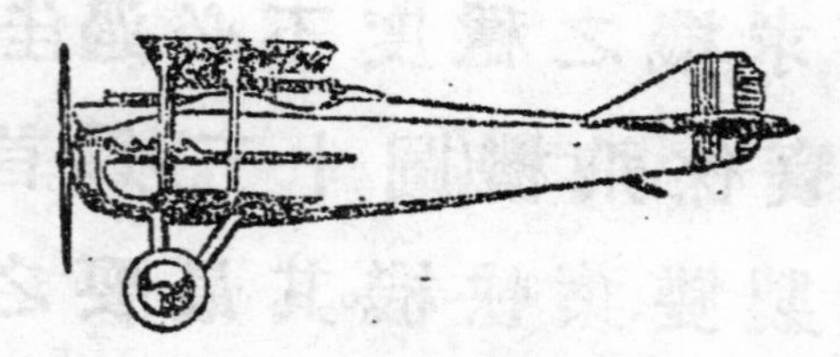

圖十七 Foker 1917

圖十八 S. F. 5, 1917

一時。美有克鐵士三飛機．近更有樓林(Leoning)單飛機．亦均佳製。

(二)偵察或大戰機(Reconaisence or Fighting Machine)速率每句鐘約百哩。能昇至高度以避敵。載淨重八九百磅。載有偵察員．照相鏡．以窺敵軍行動而指揮自軍砲火者．爲偵察機。速率亦甚要。其載機關槍數四．與二三戰鬥員者．爲大戰機。有時載

圖十九　The Bristel

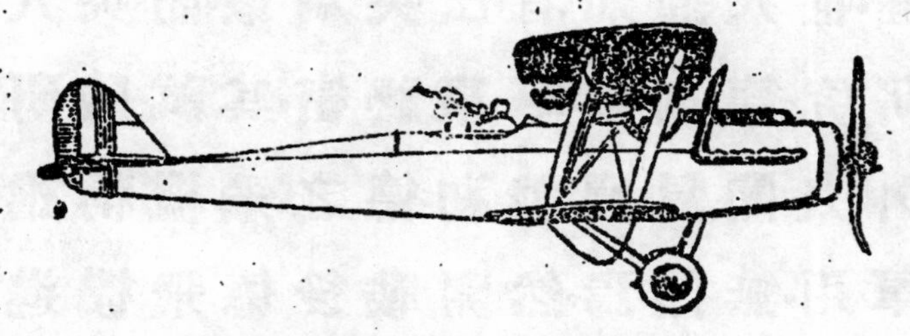
圖二十　Toe Rumpler

甲。法之華生.英之Bristol.(圖十九)德之Rumpler(圖二十)皆此類也。

(三)擲炸彈機(Bamber)白日用者.載重較小.速率須較大。若英之De Havillande.法之布徠該.德之Fricdrich Schafen A.E.G.,均甚馳名。夜間用者.載重甚大.速率不妨較小。若義之Caproni.英之Handley Page(圖二十一)德之徐伯林大飛機.Gotha.(圖二十二)均俱有巨大之毀壞力.速率至多不過每小時八九十哩。

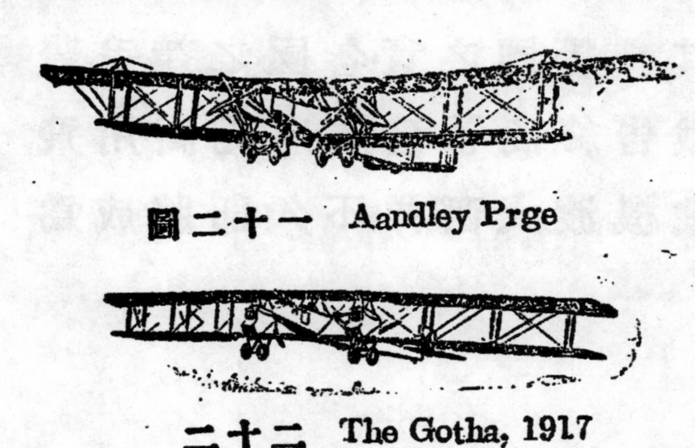
圖二十一　Aandley Prge

二十二　The Gotha, 1917

(四)水用飛機英美均於水用飛機有所研究。其於此次戰事之關係.則輔助封鎖德海岸.防潛艇.

護水道·功績有足錄者。英之 F-Coat. 美之 N.C.. 均佳製。

綜上所言。陸用水用飛機·均係美人首製。而戰前法人之進步獨多。即以現在之戰鬥機論·法亦當首屈。學理方面·世人通知者·法英爲最·而英人於穩度尤多所研究。德則以軍事祕密·其試驗研究結果·多不爲外人聞見。開戰初·德之飛機稱雄一時·旋以不合軍用·無聞焉。然開戰後德飛機進步之速·亦得與法英抗衡而無愧色。義大利 Caproni 大飛機·名震當時。德英亦各有佳製·使義無能專美。即俄奧亦莫不自出新奇·以與德義相角逐。而海軍國則又注意水用飛機。聞東鄰近亦竭力經營飛業·以附其一等國之實·各國之競爭·蓋如是其亟也。　兵戰告終。商戰已屆。將見商用飛體·日新月異。飛艇飛機渡大西洋·不久即將成爲事實。

Original Machine Flown by Wilbur and Orville Wright at Kitty Hawk, N. C., Dec. 17, 1903

第 一 圖　愛德兄弟第一次飛行之原機

第四圖　英製之四翼機

BURGESS FLYING BOAT

第六圖

鄧式Durme船形飛機

1.水平側翼
2 直舵

第八圖　美海軍部中M2

第 七 圖　標 準 廠 之 破 的 機 E2

1. 生力機　2. 燃油箱　3. 上翼　4. 下翼　5. 浮桶　6. 翼端浮桶　7. 螺旋器

第九圖　白倫加之雙翼機

第十圖　発登華愛脫之T4

第十一圖　加拉発之E-L2

第十二圖　馬丁之MIII在地上時

第二十一圖　扣梯司 JN4D

第十三圖
馬丁之MIII將飛去時

第十四圖　兵工廠之雙翼機

第十五圖　標準廠之EI

第十六圖　湯姆麻司之S4C

第十七圖　湯姆麻司S4C之正面

第十八圖　　扣梯司之 SE5A

第十九圖　　扣梯司造之 SPADCI

第二十圖　標準公司之E4

由訓練機改爲郵遞者

第二十二圖　福脫之斜面

第二十三圖　L. W. F. 之 G 2.

第二十四圖　拉丕爾之正面

第二十五圖　拉丕爾之後面

第二十六圖　扣梯司之三翼機正面

第二十七圖　扣梯司三翼機之側面

第二十八圖　勒林單翼機之正面

第二十九圖　勒林單翼機之後面

第三十圖　DH4A將出擲炸彈之圖

1.機關槍架　2.懸於翼下之炸彈

第三十一圖　U.S.D.9A甲

第三十一圖 DH4A之側面

第三十三圖　U. S. D. 9 A 乙

第三十四圖　克利司末司之飛彈

第三十五圖　馬丁擲彈機之前面

第三十六圖　馬丁擲彈機之側面

第三十七圖　馬丁擲彈機之後面

第三十八圖　客不羅呢（標準廠之E3也）

第四十一圖　漢発背巨之前面

第三十九圖　漢兌背巨之正面

第四十圖　漢兌背巨之側面

飛機淺說及美國飛機之近狀

王成志[1]

第一 發端

宇宙萬象。受歐戰之影響者。何止恆河沙數。而其間受直接之影響將來足以革命全球生活之狀態者。其惟航空術乎。航空之術甚多。(如 Airship, Airplane, Helicopter, Glides, Kites, baloon, 及 Oruithapter 等)今日之最有效者。僅飛機(Airplane or Aeroplane)及飛船(Airship)耳。至於'華直飛機'(Helicopter)及'自然飛機'(Oruithapter)等。則尚在試驗時代。將來或有成效之望。不可得而言矣。斯篇僅及飛機。

飛機之發明僅十數年耳。於一九〇三年冬十二月。美之萊愛脫(Wright)兄弟。始獲'重於空氣'飛機(Heavier than Air type Machine)飛行之效果。今則歐洲和議大會英意之大使。均乘之以往返。美國空中郵遞之線路。已佈全國。我國傳聞。亦有京滬

1. 本會會員美蔴省理工專門學校機械工科學士製造飛機科碩士前美標準飛機廠及L W.F.飛機製造廠工程師現美紐約格來明 Alexander Klemin 諮問工程師之總助 Chief Asistant

空中郵遞之說。大西洋之飛渡亦在目前。盛矣進步速之足以駭人也。以今日之飛機與萊愛脫（Wr'ght) 兄弟間架以成之十六馬力之飛機較。十六年之進步。又何異於尼加拉瀑布之一瀉千里哉。然非歐戰不致是。一九一四年歐釁未啓。各國航空之術。研究雖不憚煩。然較之今日其相去有何止霄壤耶。美國於戰前之航空事業。更不及歐洲列强。是後戰端開。各國知航空術爲海陸軍隊之目。全戰之勝負系之也。於是竭其精力智力財力以研究之以廓充之。一九一七年美國加入戰局。因其平素財力之富裕。原料之充足。坐收其他列强所精究之成效。英法意三國因賴其富源也。亦樂爲之助。兼之其人民復加以研究探討之工。及戰局告終。其航空事業遂亦與其財力海陸軍力爲世界冠。

第二 飛機之主部

於言美國今日飛機狀況之前。先述飛機大概之形狀。主要之部分。及其不同之種類等。

飛機之主部。可分爲之五。(參觀第二圖)

(一)翼部。(Wing Gronp) 飛機之翼有如鳥之翼。飛船

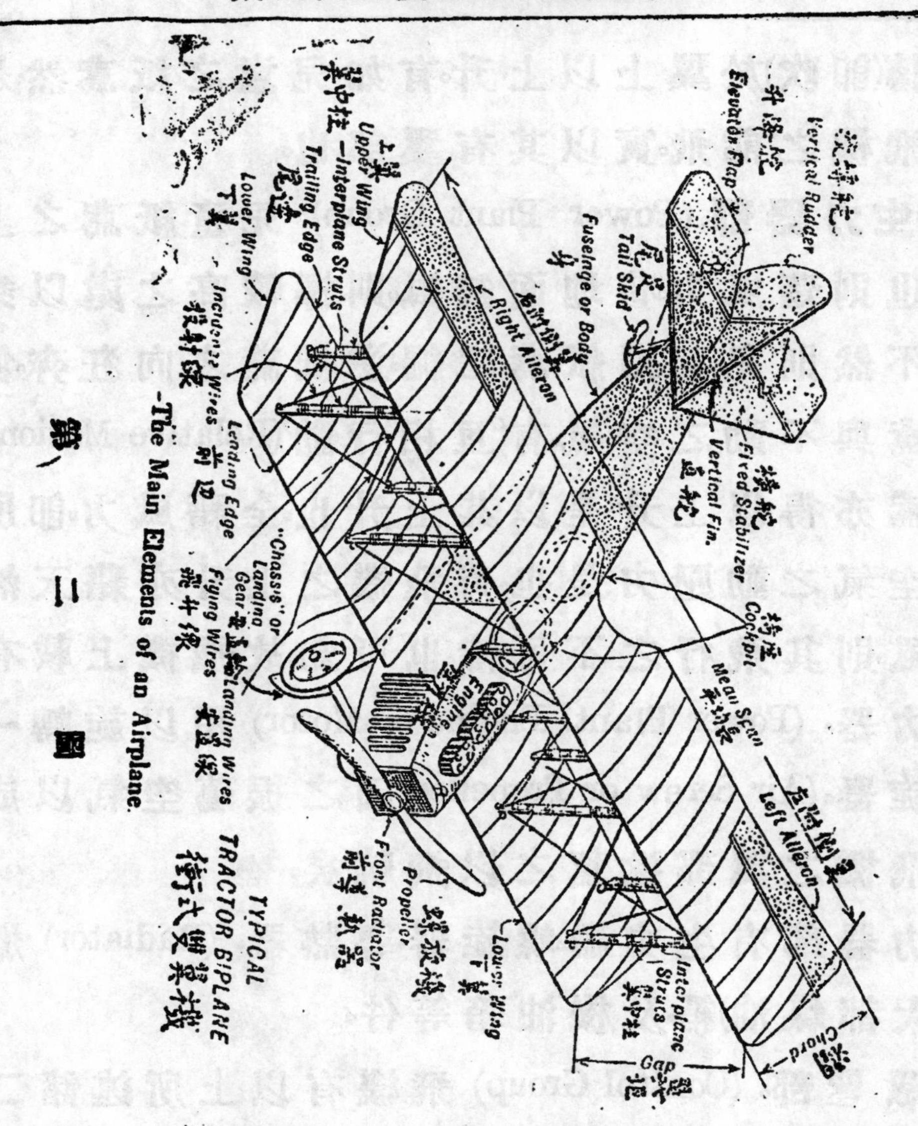

第二圖 -The Main Elements of an Airplane.

藉其氣囊中之氣體較空氣輕。因之上升。故其浮游於空氣中。有如木之浮於水中。其完全體積之重量較所排除空氣之重量輕。故謂'輕於空氣式'(Lighter than Air type) 之飛行。惟飛機則不然。其上升 (Lifting) 也。則藉空氣之動壓力(Dynamic Pressere)

擊搏(卽吹)於翼上以上升。有如兒童之紙鳶然。是以飛機之能飛。實以其有翼部也。

(二)生力器部。(Power Plant Gronp) 兒童紙鳶之上升也則藉風力。苟地面無風。則擇較高之處以乘風。不然則兒童攜紙鳶之繩。逆紙鳶之向狂奔。使紙鳶與不動之空氣。有'互相行動'(Relative Motion)紙鳶亦得以上升。是以其上升也。全藉風力。卽所謂空氣之動壓力是也。苟飛機之上升亦藉天然之風。則其飛行之不可恃也可知。故飛機上載有生力器。(Power Plant. Engine or Motor) 用以旋轉一螺旋器。(Air Screw or Propeller) 因之振蕩空氣以成風。飛機之翼部遂駕之以飛航矣。

生力器部有生力器。螺旋器.導熱器. (Radiator) 燃料(大都煤油)箱.及機油箱等件。

(三)馭駕部。(Control Group) 飛機有以上所述諸二部。僅能上升耳。故必具駕馭等件以駕馭之。使飛機得升降旋轉自如也。

機之欲升降也。有升降舵(Elevator)司其職。其欲左右旋轉也。有旋轉舵(Rudder) 司其職。其欲左右側也。有左右附側翼(Aileron) 司其職。此外尙有不動之直舵。(Fin) 其用則有如魚之背鰭。所以導飛機橫正飛行之方向[1]。與不動之橫舵。(Stabilizer) 所以校正飛機橫正飛行之角度。(與地平面或風之方向所成者)是以飛機載重不同時。與頭重或尾重(Nose Heavy or Tail Heavy)時。因橫舵與風所成之角度。致風力擊摶於舵上。向下或向上。與機之重力平衡。(Balance) 使機亦得橫正飛行。(參觀第三圖斯二不動舵。以其大小舵形之性質。(Characteristics of the Section) 及其與全機重心點之距離。以平衡飛機正飛行之飛勢[2]。((Attitude of Normal Flight) 致無靜

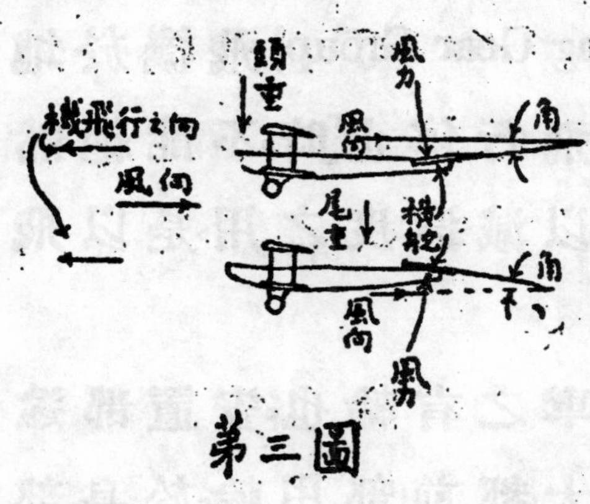

第三圖

1. 正飛行(Horizontal Normal Flight)飛機飛行平橫一直不藉旋轉舵及升降舵附側翼之助力之謂也。

2 正飛行者 (Normal Flight) 卽一直向前不變方向之飛行也飛勢者 (Attitude) 卽飛機飛行時之態度也如飛機翼弦(Wing Chord) 與風向所成之角度及飛行之速度等皆是也於平時正飛行中藉升降舵之助飛勢可變由負二度至正十四度(翼弦與風向所成之角所謂投射之角度(Incidence Angle) 是也)是以上述之横正飛行僅正飛行之特別者耳其角度爲〇。

29713

性覆側[1](Static Instability)之虞。

有上述諸部。飛機得以上升行動自如矣。

(四)身部。(Body or Fuselage Coroup)此部所以爲載機手(Pilot)乘客及貨物等之用而亦藉以連接構絡翼部生力器部及駕馭部等件者也。

(五)安置部。(Chassis or Landing Gear Group)飛機於地面上時亦須得行動自如。飛行停止時。不能絕然而止。亦得有輪轉着地上。以減速度之用。是以飛機有安置部。

飛機之有安置部。亦猶車之有輪也。安置部逐不同之飛機以異。陸地者大都前部用輪。於身部垂下數柱以連結之。復於身部之末。垂下一尾足。(Tail Skid)於是飛機得三安置點以鼎立矣。水面飛機無輪之必要。其安置則藉浮桶。(Pontoon)(參觀第七圖之五第八圖之一與二)前部浮桶或一或二。機尾之浮桶或有或無。逐各不同之計劃(Design)以異。去歲可抵司(Curtiss)飛機廠合併水

1. 平穩(Stability)覆側(Instability)可分爲二種動性的(Dynamic)及靜性的(Static)其中理論甚多非此篇所能及橫舵祗有助於靜性的平穩

面飛機之身部及安置部爲一。造機之身如船身。又可載物。又可作浮桶之用。誠一舉兩得。卽今盛行之'船形機飛' (Flying Boat) 也。(參觀第六圖)

下翼之二翼端。陸飛機有'翼足'。(Wing Skid) 水面飛機亦有小浮桶系之。亦屬此部。所以防飛機側時傷翼之用也。(參觀第七圖之六)

以上所述。卽可知所謂飛機者。其飛行非藉空氣之浮力。乃藉其螺旋機爲生力器旋轉。鼓蕩空氣成風擊搏於翼上。如風吹紙鳶然以上升。幷有駕馭等件。得以上下旋轉行動自如。有實體之建築。得以裝置人員物件。得以連接必須諸主部。得以安置全機於地上或水面者也。

第三 飛機構造上之分類

既陳飛機全體之大要。今請列其種類。因各部計劃之不同。於是有不同之飛機。機之單翼者。謂之單翼機。(Monoplane)機之多翼者。有雙翼(Biplane)有三翼(Triplane) 四翼 (Quadraupleplane) 之別。(參觀第四圖四翼機。二十六圖三翼機。第十圖雙翼機。第八圖單翼機。)機之僅有一生力器者。謂之單生力器之機。(Single Engine or Motor Machine) 此外尚有雙生力器之機。(Twin Engine Machine) 與三·四·五·七生力器之飛機之別。(參觀第三十一圖·三十八圖·三十九圖。)

因機身數目之不同。於是有單身機及雙身機之別。(如第四十圖漢特丕巨單身機也第三十八圖客拍羅尼雙身機也)

小飛機僅可乘一人或二人。大者乘人之外尚可載物。是以有單人機雙人機及輸運機之分。(第十四圖單人機·三十圖雙人機·三十五圖輸運機。)

飛機之螺旋器或有裝置於機之前以挽機行者。或有裝置於機身之後以推飛行者。因螺旋器裝置之不同。於是有'衝機' (Tractor) 及'推機' (Pusher) 之分。(參觀第七圖第十一圖推機也第二十三圖衝機也)

機之有輪能行於地面上者。謂之陸飛機。(Land Machine) 其裝置浮桶浮於水面者。謂之水飛機。(Seaplane, Hydroplane or Water plane) 其如上所述以身部作浮桶者。謂之船形飛機。(Flying Boat) 除三種以外。芝加哥之老倫司 (Lawrence) 公司計劃水陸共用之飛機則於機下浮桶之外復加二輪面

已。(參觀第八圖第六圖第十六圖等)

波士頓善其士(Burgess)公司曾造一種特異之飛機。不用駕馭舵。其升降旋轉均藉翼上之附側翼司其職。其靜性之平穩(Static Balance)則藉其翼之拗面(Warping)以爲之主持之。名曰鄧式機。(Durme Type)或謂此乃德之箭式飛機(Arrowplane or Pfeilflie-gers)之變形也。(參觀第五圖圖中示翼之拗面第六圖示善其士所造之鄧式飛機。第七圖示標準廠之E2亦用鄧式翼者也)

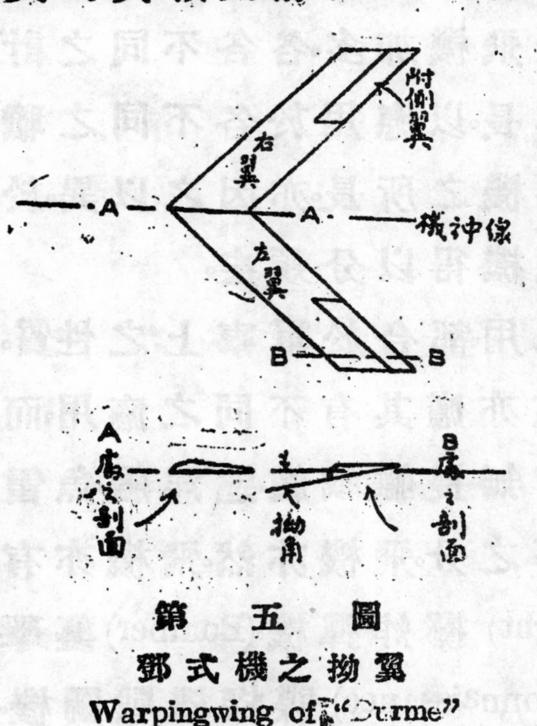

第五圖
鄧式機之拗翼
Warpingwing of "Durme"

第四 飛機應用上之分類

以上分類僅求其飛機之形狀及構造以區別之。飛機因其應用之不同。亦可以區別者。如其欲行速者有速飛機。其欲載重多者。有載重之飛機。今將戰時及現時飛機因應用之不同以分類者。

略述之。

一九一四年歐戰初興時。各國飛機之設備。常未週至。是以飛機於應用幾無分類之可言。遇要事時。無論其事之性質如何。攻敵守敵抑或巡弋敵。各機均可用之。及後飛機加多。各各不同之計劃亦層出。於是各求其長。以應用於各不同之職務上。因不同之計劃。各機之所長。亦因之以異。於是因其不同之應用。飛機得以分類矣。

戰時飛機其裝置應用。都合於軍事上之性質。其分類頗似軍艦。軍艦亦應其有不同之應用。而有不同之計劃。於是有無畏艦。戰艦。巡洋艦。魚雷艇。滅魚雷艇。運輸艦等之分。飛機亦然。飛機亦有無畏飛機。(Air Dreadaught) 擲炸彈機。(Bomber) 襲擊機。(Pursuit) 巡弋機。(Reconnaissance) 諜探機戰鬬機。(Fighter)及訓練機(Training Machine)等之別。

總上各名稱。其應用大別之爲四。

(一)用以戰襲者。(Airplane of Combat and Pursuit)

(二)用以巡游者。(Airplane of Obeservation and Reconnaissance)

(三)用以毀滅者。(Airplane of Destrnction and Harassment)

(四)用以爲特別用者·(Special type)

襲擊戰鬭之機·大都巧小輕捷·有單人者·有雙人者·翼伸長二十英尺至三十英尺左右·載重甚輕·除機手外·僅能帶應須之戰鬭置備·及必須之燃料·速力甚大·每小時自一百二十英里至一百五十英里以上·善於上升·約需於八分至十二分時間內上升至一萬英尺以上。飛機上升最高之度約於二萬英尺左右。蓋機之能升高而速者·則其臨敵也·都據上臨下之勢·是等機也·因其巧小輕捷·上下左右·駕馭甚爲靈敏·惟無載重之量耳(參觀下述戰襲機)

巡弋·諜探·訓練等機·其構造性質大都相同·訓練機用以訓練機手者也·巡弋諜探機·所以用以諜探敵人軍情游弋空中·以防敵機之襲擊·并指示自己軍情戰略等情者也·諜探機大都載有照相鏡·蓋以所攝得之影片·可以知敵人之砲位及其佈置·交通之路線·輜重之所在·地道之形狀·大本營之地位·軍隊之行動等情·以累日所得之影片·積之可以推度敵人軍隊之運行·所築地道之

變遣矣。是等機也。速力較襲擊及戰鬥機稍遜。每小時一百二十英里左右。載重量較大。機手軍械燃料合計約八九百磅。其上升之速力約十二分至十八分時間可升一萬英尺。有雙人者。有三人者。(參觀下述巡弋機及第十八圖二十圖二十五圖等)

無畏機及擲炸彈機之飛情 (Performance) 則較巡弋諜探機更遜。惟其載重之量遠過之。此等機計劃時。大都以其載重之量及其行程之遠近爲前題。因其載重量甚大。故全機之建築亦因之增大矣。全機之身長在四十英尺以上。翼伸長在六十尺以上。載重量在一噸以上。

擲炸彈機。又分爲白日飛行與晚間飛行二種。(Day Bomber and Night Bomber)白日飛行者。速力稍大。以免敵人追襲故也。其戰鬥軍械亦較多。所以可以對敵也。因之其載重量須減小。(參觀下述擲炸彈機。第三十圖三十二圖爲白日擲炸彈機。第三十八三十九圖。爲晚間擲炸彈之機。)

總上所述。可知飛機之速力及其載重量約成反比例。是以欲機行速者。其載重量必不能多。其欲載重量多者。則必少犧牲其行程之速度矣。

水面飛機。亦可因其應用之不同以區別爲巡弋。戰襲。毀滅及訓練等機之別。前大都造機之有浮桶者。今則多造船形飛機。其速力飛情及其載重量强弱之分配。以其不同之職守以異。與陸上飛機之分配約相同。

自歐洲平和後。世界萬象因之一變。航空事業亦然。前之重於戰爭者。今則須注意於輸運貨物矣。前之重於軍事者。今則須注意於商務冒險及游戲等事業矣。飛機之應用亦因之以異。大抵小式之飛機。無載重量者。可供個人或雙人游乘之用。稍大單人機之載重之一百磅者。或雙人之不載重者。則均可爲單人郵遞之用其更大者如擲炸彈機等。則可爲輸運貨物及郵遞多量之郵件等用。至於其將來之發達。則陸有汽車。水有汽輪。空有飛機。三界之中。各抒其所長。以造福於人類。固不待言。惟預料三者之應用於三界間。尤以飛機之爲用最廣。蓋汽車之不能涉水。與汽輪之不能行陸。盡人而知也。至於飛機則陸上有陸上飛機。水面有水面飛機。且其行程無築路之必要。無礁觸之可虞。至於以覆側為言。則飛機之發明尚未十六年也。他日精益求精。應用新智術新發明。航空如履康莊可斷言也。

第五　美國飛機之狀況

既述飛機至要之部分及其不同之分類。今將美國飛機之狀況及其著名之飛機一陳之。

重於空氣之飛行。雖為美人發明。然美國於飛機事業一項。戰前甚不發達。今將一九一三年各國對於飛機事業所費之金額列於下。即可瞭然矣。

法	7,400,000 元(美金)	德	5,000,000 元(美金)
俄	5,000,000 元(美金)	英	3,500,000 元(美金)
意	2,100,000 元(美金)	日	1,000,000 元(美金)
美	140,000 元(美金)		

以上表可知美之飛機事業於戰前幾等於無有。僅有一二學校作為研究之科。三數私家會社作為游藝之具。及後戰事既開。歐洲列強固擴充其航空力不遺餘力。即美亦稍稍加之意焉。及一九一七年美國加入戰局。協約諸國之欲速奏成功也。於是盡告其列年所得之成效。不特遣送工

程師匠人等以爲造機之助。又贈送列年所得試驗之結果。數著名飛機之圖樣。甚有以一全飛機。送美以作模樣者。美固天之驕國。以其素有財力。物產。原料。人工等。加以各國之參助。復講求出品法。(The Way of Production) 是以美國參入戰局不數月。而美製之飛機卽得盡職於戰場矣。

故自美參入戰局。及戰局告終之際。美國出產之飛機及輸入歐土作戰事之用者。大都爲歐洲列邦之計劃(Design) 及式樣。其間雖有數完全美國計劃之飛飛。要亦寥若晨星不得多見耳。然則美之工程家。豈僅日以倣造爲事不研求自製新機耶。此則又不然。不觀乎一九一九年之月美紐約飛機之賽會(Aero Show)乎。其間美自製之新式樣。固充斥場上也。蓋倣造之事易。故不數月美製之他國式飛機卽運輸入歐土。自計劃新機則難。非數月之精研。數月之計劃。數月之試驗。其結果尙不可以預度。又安冀其能超越列年精硏之歐土列邦耶。故自美參入戰局及戰局告終之際。美國出產之機及輸入歐土作戰事者。大都爲列邦之計劃及試樣。及戰局告終。美國自製之新機新穎之發明。經年月之精研計劃試驗。始放光於美國之飛機事業上。(如勒林之單翼機。扣梯司之三翼機。克利廝司之無柱式機。馬丁之擲炸彈機等皆是也。)參觀下說明及表上第二十三·二十四·三十·三十一等機。第二十六·二十八·三十四·三十五等圖。雖不克及時效力戰場上。以一試其實力。然總核其正式試驗之結果。較歐洲列邦之機自有超異之點也。

今將美國各各不同著名之飛機略述如下。殿之以各機之比較表。俾工程家有所鏡覽焉。

(甲) 小式飛機與遊戲飛機。

(一)標準飛機廠之E2。 此機爲著者爲一九一八年五月。於標準飛機廠工程部中所計劃者。誠爲世界最小之飛機也。機之翼爲上第七頁所述之鄧式 (Durme Type) 是。以此機不用駕馭舵。能自保其靜性平穩。機不備機乎。蓋所以爲襲飛機砲。(Antiaircraft Gun) 練習砲擊之用者也。故名曰砲的機。(Targeting Machine) 其上升也。則載有適量之燃油。吾人安置其附側翼於一定之地位。開生力機。則此機卽翱翔作螺旋形以上。及燃油盡。乃循原

程而下。全機重不踰二百磅。第七圖卽試放是機之攝影也。(參觀表中機目一)

(二)美海軍部之M2。此機爲勒林(Loening)所造。爲現今最小乘人之水中飛機也。勒林爲紐約之諮問工程師。(Consulting Engineer)機爲單翼。有二浮桶。(參觀第八圖)浮桶以鋁合金(Aluminum)爲之。乃一新異之點也。翼柱與浮桶柱之結構甚簡潔。可由圖上見之。

(三)白倫加(Bellenca)之雙翼機。第一機於一九一八年二月卽落成。當時卽於紐約長島之中央公園(Central Park)飛行。甚爲有效。全機重七百七十餘磅。計劃甚爲簡潔。觀第九圖卽可知矣。據計劃者言。全機最小之安全率。(Factor of Safety)在機身有十二云。

(四)兌登萊變脫(Dayton Wright)之T4。此機又名信客。(Messenger)本爲英陸軍部定造。用以於軍中傳報軍情者。此次於一九一九年三月之紐約航空賽會(Aero Show)陳列。第十圖所示者卽是也。

(五)加拉兌(Gallaudet)之E—L2。此機又名飛舞。(Chummy Flyabout)於一九一九年三月之紐約航空賽會中始見之。第十一圖卽示此有趣味之機也。機可乘二人。二人可並肩坐。單人機飛行固甚閒闃。雙人機之前後座者交談亦不易。是以有此二人並肩座之設。苟有知侶並肩飛舞空中。及至雲端平穩其駕馭。擊掌談故。下視塵土。其胸襟之暢舒可知矣。其有趣之點不及此也。其安置輪之底半隱於身部中。其以二生力機置身之前部。用橫軸連結轉左右各一之螺旋機於翼後。(致成爲推式機)斯二者亦新穎之點也。

(六)馬丁之MIII。 此機又名青鳥。(Blue Bird) 爲隊長馬丁 (Martin) 所造。全機重五百七十磅。爲陸地飛機之最輕者。此機可注意者有三。一。其附側翼在上全翼之兩端。(參觀第十二圖)非如他機之附於翼之尾邊者。(參觀第二圖)二。其安置輪可以收入身內。第十二圖卽示安置之輪之半隱入身中時。第十三圖則示全輪架起時也。此種安置輪謂之活動安置輪。(Movable Landing Corear)' 飛機於飛行時。將安置輪隱入身中。可以減少迎風之阻力也。三。翼部之建築。大都用二柱中交以交角線。惟此機則不然。其建築用一柱與二線成K字形。

與第十三圖可以見之。

(乙) 單人訓練機。(Single Seater Training Machines)

此種飛機大半預備爲政府訓練手之用.故其佈置均依照政府所預備之說明書 (Specification) 而造。後表雖列四種。其形像計劃則大都相同。參觀第十四圖.第十五圖.及第十六圖卽可知也。

(丙) 單人戰鬭機 (Single Seater Pursuit Machine)

第十八圖爲扣梯司所造之SE5A乃屬於此種飛機之一也。此式飛機與上述之訓練機約略相同。僅此式機之速力較上者强。且可多帶軍械以爲戰鬬之用。是以機較訓練機亦稍大。備有較强之生力機。(參觀後表)第十九圖爲法國所計劃之司板(Spad)爲扣梯司所造。其可注意之點。卽二翼之距離甚近也。

(丁) 雙人訓練機。(Two Seater Training Machine)

此種飛機。亦依照美政府所預備之說明書以造。是以各機都大同小異。機分二種。一爲初步訓練之用。二爲高等訓練之用。表上共列五式。其三爲標準公司所造。著者均親與監造之責。其二爲扣梯司所造。與上三者相似。又一爲福脫(Vought)所造。乃此式機之最後落成者。自戰事止後。各機都收爲郵遞之用。以一人駕駛。以餘一人之重量。以爲載郵件之用。第二十圖卽標準公司之E4。本爲訓練及巡戈之用。今則收爲郵遞之機矣。可載郵件約二百磅。第二十一圖爲扣梯司之JN4D之側面也。第二十二圖爲福脫之斜面也。

(戊) 雙人戰鬬巡弋及白日擲炸彈機

(Two Seater Fighter, Reconnaissance and Day Bomber)

(二十)L. W. F. 之 G. 2. 此機經一年有半之計劃始克有成。爲長島L. W. F. 飛機廠所造。大都爲工程師白拉克 (Black) 之力。惜造成時歐戰已停止不克以顯其所長。此機每十時可飛一百四十英里。當時雙翼機之最快者也。第二十三圖卽示此機之側面。機關槍高座。卽可知其爲戰鬬機矣。

(二十二)拉丕爾。(Lepere) 此機爲法國原製。後由拍加 (Packard) 公司承造。此機特異之點。爲不用投射線。(Quadence Wire)(參觀第二圖)二翼之間作特別之木架。(Veneer Frame work) 以代投射線與翼中柱。(Inter plane stuts) 觀第二十四及二十五圖卽可知矣。

(二十三)扣梯司之三翼機。18—T. 此機不特爲美製三翼機之最有效者。抑亦超絕其他各國所造者。其飛行之最快速力。爲每十時一百六十英里。迄今日仍爲最速之飛機。此機用四片螺旋機。其生力機之導熱器。則安置於身部之外於中翼及下翼之間。一新異之點也。(參觀二十六。二十七圖)

(二十四)勒林之單翼機。(Leoning Monoplane) 此機亦爲最近一特色之建築。爲今日雙人機飛行至最高度之機。其速力每十時有一百四十五英里。亦今日最速飛機之一也。觀二十八及二十九圖。卽可知此機計劃之精巧矣。

(二十五)D. H. 4. A. 此機爲英國原造。實戰場最普通之飛機也。全美出產此機之數。在一萬以上。由標準·兌登·萊愛脫等衆飛機廠承造。此機可作戰鬪機(第三十一圖)之用。又可作擲炸彈機之用。(第三十四圖)又可作巡戈之用。今則又作爲郵遞之用。均以其所裝載之置備以異。誠今日最完善之機也。

(二十六)D. H. 9. A. 此機亦爲英原造。後爲美陸軍部之試驗部及探託部(Experimental Department and Research Department at Dayton, Ohio)大加修改。較上機D. H. 4. A. 稍大。惟爲同一系之機。由後表上卽可知矣。(參觀三十二及三十三二圖)

(二十七)D. H. 10. A.　此機乃脫胎於D. H. 9. A.。惟較之更大。置有二生力機。僅爲白日擲炸彈之用。造成時歐戰已止。亦不克施其實力惜哉。

(三十)克利末司之無柱機。　此機叉名飛彈。(Bullet)爲克利末司博士所計劃。此機新異之點。在二翼不用柱及線相結構。(參觀三十四圖)二翼左右相懸。有如屋檐然。作檐樑(Cantilever)之建築。機飛行甚速。每十小時在二百英里左右。誠今日最速之飛機也。

(己)　擲炸彈機(Night Bomber)

此等機載重量甚大。常在千磅以上。因之其速力減小。其形狀亦較其他飛機偉大。常具有數生力機。苟有一二生力機有意外時。則此等仍可藉其他之數生力機飛行。於較低之速力於戰時。此等機備有戰鬬器具炸彈等。今則棄去戰時置備。稍加修正。卽可爲郵遞載客輸貨之用矣。美所造此等式。僅有三式。以其計劃非易建造復須年月也三式中(一)爲美自製者。馬丁 (Martin Bomber) 是也。(二)爲意式。卽客不羅呢 (Caproni) 是也。(三)爲英式。卽漢兌背巨(Hardley Page)是也。此外雖有在計劃者。如長島之L.W.F.工程公司之H式飛機。則建築須時。其造成尙不知何日也。

(三十一)馬丁。(Mortin Bomber)　此機裝有二生力機。近聞格蘭馬丁 (Glew Martin) 公司有改爲三生力機之說。則新機之飛情及載重量當較今日更勝矣。今機爲美三式擲炸彈機之最小者。其計劃有數優勝之點也。(一)生力機與其身部相連之建築之簡單結實。(二)生力機座之機翼柱上之穩健參觀第三十七圖)(三)安置輪計劃之簡單。(參觀)第三十五圖及三十六圖)玆數者均非他機所能及也。

(三十二)客不羅呢。(Caproni)　此機爲意大利客不羅呢飛廠所原造。該廠久已著名於世。其所製造之機均名客不羅呢。有雙翼者。有三翼者。有三生力機者。有四生力機者。有五生力機者。有名小孩者。(Baby)以其小也。有名長人者。(Giant)以其大也。

此廠所造之機尤以偉大者爲著名。美國承造者爲雙翼三生力機式。上述馬丁之機。爲單身式之飛機。即謂翼部與駕馭部之連結。僅藉一身部也。此爲普通之計劃。惟此機則以左右二身部以駕機尾之駕馭部。美之製機。爲由意大利將全本圖樣。送美陸軍部。由標準飛機廠承造。第一機及第二機造時。著者適在廠中工程部充工程師之責。故知之特詳。他日當再作文詳述之。(參觀三十八圖)

(三十三)漢兌背巨。 此機爲英漢兌背巨(Hardley Page)公司所原造。美加入戰爭後。英遂送此機完全圖樣與美陸軍部。亦由標準飛機廠 (Standard Aero Corpratder) 接造。當時著者適在工程部中。實施督造之責。對之頗詳悉。他日當與上機同作文專說之。第一機之造成。適爲美國慶日七月四號。(一九一八年)於七月六號於伊立日不司(Elizabeth, N. J.)之廠地上作正式之飛昇。美總統以疾不克臨會。陸軍總長倍劃 (Baker) 及一時飛行界之名流均與焉。正式飛行之時。環顧者數萬人。可謂極一時之盛矣。第一機之造成。費時六月之久。其

機長(英尺) Overall Length	機高(英尺) Overall Height	附側翼面積(英方尺) Ailerons Area	横舵面積(英方尺) Stabilizer Area	升降舵面積(英方尺) Elevator Area	直舵面積(英方尺) Fin Area	旋轉舵面積(英方尺) Rudder Area		燃料量(喀倫) Fuel Capacity (Gal)	機油量(喀倫) Oil Capacity (Gal)	機目 No
9'	4'8"	5(2)	0	0	6(2)	0		1	[illegible]	1
13'	—	—	—	—	—	—		12	—	2
17'7"	6'3"	—	—	—	—	—		30	—	3
17'6"	6'1"	—	—	—	—	—		12	—	4
18'7"	5'	—	12	8.5	2.0	4.0		8	—	5
13'3"	7'4"	5.0	9.5	6.7	0	4.9		9	—	6
—	—	—	12	12'7	2'6	6'8		—	—	7
18'10"	9'1"	23'2	12	12'7	2'6	6'8		29'5	5	8
19'9"	8'7"	56	—	—	—	—		—	—	9
20'5"	8'6"	—	—	—	—	—		—	—	10
—	—	—	—	—	—	—	—	—	—	11
—	—	—	—	—	—	—	—	—	—	12
20'4"	7'[illegible]	—	—	—	—	—	—	—	—	13
27'4"	9'11"	—	—	—	—	—	—	—	—	14
26'[illegible]	10'3"	54	23.7	22	3.7	10	10	31	3	15
—	—	—	—	—	—	—	—	—	—	16
26'7"	10'10"	54	23.7	22	3.7	10	10	31	3	17
26'2"	9'8"	48	23.7	22	4.6	10.1	0.1	45	4	18
22'4"	8'7"	38	19.0	17	2.3	7.8	7.8	31	3	19
29'1"	9'9"	50.08	29.15	27.7	3.2	14		90	6	20
25'5"	8'3"	86.68	21.8	17.0	9.7	7		50		21
25'3"	9'7"	64.4	17.0	33.4	3.4	13.1		70		22
28'3"	9'10"	21.6	14.3	13.0	5.2	13.0		37		23
23'9"	6'8"	24.0	14.9	15.0	8.8	9.[illegible]		55	4	24
29'11"	9'8"	70.56	38.5	24.0	6	13.5		63	10	25
,,	9'8"	,,	,,	,,	6	,,		68	10	26
30'3"	10'6"	72.28	39.1	23.6	5.2	13.5		142	14	
,,	,,	,,	,,	,,	5.2	,,		142	14	
39'9"	12'11"	118	75.5	33	10	25.7		170	25	
46'	14'7"	136	[illegible]8.3	43.2	17.6	33		—	—	
41'8"	14'8"	160	77.7	51.0	0	52.5		390	50	
62'10"	22'0"	172	111.6	68	14.7	46		280	31	

生力機载重（每馬力磅數）	翼伸長（英尺）	翼寬	翼距離	飛		情		
				速力（每小時英里）	高度（英尺）	上升時間（分）	最高度（英尺）	低速力每小時英里
Powr Loading	Span	Chord	Gap	Speed	Level	Climb	Ceiling	Landing Speed
17.3	18.5'	2½'	2½'	50		—	—	40
8.3	19'	4'	—	—		—	—	7
22.1	26'0" / 26'6"	4'0" / 2'4"	3'9"	85 76 70	0 3300 4600	0 10 14	—	34
17.2	19'3'	—	—	85		—	—	37
27.0	33'	4'6"	—	—		—	—	—
12.7	18' / 15'	3'6"	4'6"	—		—	—	—
14.7	25' / 25'	46"	40"	96 100	10000 0	20'20 0	14500	—
14.8	24'	3'6"	48"	95 85	5500 10000	8' 0	14500	—
15.0	26'7" / 25'3"	66" / 51"	54"	90	0 5000	10'	—	—
14.7	24'5"	4'6"	4'5"	88.3 75	0 10000	0 28'26"	13000	—
11.4	26'5"	5'	4'10"	121.6 117 103	0 10000 15000	0 18' 22'10"	20400	—
—	26'1"	—	—	— 128 121	0 6500 15000	0,'6,'21'	19000	—
8.15	26'3"	—	—	135 127 116	5500 10000 20000	4'40" 8'	22300	—
21.4	43'7"	4'11"	5'1"	—	— 3700	— 10'	11000	—
22.5	43'10" / 32'	6"	6'	70 6	6500 10000	38'30" 50'	15800	38.3
14.8	43'7"	—	—	—	— 0	— 0	18000	—
14.8	42'10" / 31'	6'	6'	86	10000 15000	20 52	16500	42
13.3	31'4"	6'	5'6"	100	0 5850 10000	0 10 22	18000	—
11.4	34'3"	4'7"	4'9"	116 105 94	0 10000 20000	0 11'50" 43'	22000	—
9.3	42' / 33'4"	—	6	138 130	0 10000	0 9'18"	21000	—
9.7	39'4"	5'6"	5'5"	113.6 10.76 101.0	6000 10000 15000	5'35" 10'45" 19'30"	23000	—
9.35	41'7"	—	5'5"	130.4 127 6 94	5000 10000 20000	4'15" 17'30" 36 35"	20200	—
7.25	31'11"	3'6"	3'6" / 2'11½'	151 —	0 18125	0 10	—	—
7	33'11"	42"	0	145 0 114.5 —	0 20000	0 20	23000	53
9.45	42'7"	5'6"	5'6"	120 5 114 107	0 10000 15000	13 45"	190 0	—
10.1	,,	5'6"	5'6"	117.8 107 85	0 10000 15000	0 17'	15800	—
11 3	45'11"	5'9"	6'1"	126 120 107	6500 10000 15000	9' 16·40	17000	—
12.5	,,	5'9"	6'1"	121 114 85	0 10000 15000	0 22·40"	14300	—
10.7	65'6"	7'	7'	114.5 106	10000 15000	16' 35'	165 0	—
13.4	71'5"	7'1"	8'6"	113.3	0 6500 10000	0 10·45" 21 25"	—	—
13.0	76'9"	9'2"	9'1"	103	0 10000 13000	0 28 40" 46 30"	150.0	—
17.9	10' / 70'	10'	11'	93 90 83	0 5000 10000	0 12 32	12000	—

空機重	燃料及油重	軍械重	人員重	翼面積（英方尺）	翼形	翼載重（每英方尺磅數）
Wt Empty With Water	Fuel and Oil	Military Load	Crew	Total Wing area Incl. Ailerons	Wing Curve	Wing Loading
188	8	0	0	90	鄧式R.A.F.4	2,18
260	75	0	165	72	—	7,00
400	200	0	175	150	Eiffel 32	5.1
400	76	0	160	106	—	6.0
600	60	0	340	130	R.A.F. 15	8.3
350	52	0	170	101,3	—	5,65
845	120	20	170	180	R.A.F. 15	6,5
861	130	28	179	153	R.A.F. 15	7.75
—	—	—	180	241	—	5.4
789	—	—	180	204	—	5,76
1485	239	155	180	245	—	8,4
		553				
—	—			245	—	—
—	—	—	—	215	—	8.45
訓練機						
1436	160	—	3 0	352,5	—	5,45
1557	183	—	330	429 0	R A.F. 3.	48
1695	220	—	330	[illegible]	—	6,1
1460	207	—	366	40[illegible]	U.S.A. 6	5,3
1562	264	94	340	332	R.A.F. 15	6,7
1392	181	—	360	299	—	6,5
Reconnaissance, or Day Bomber Machines.)						
2793	527	302	330	516	L.W.F. 1	7,8
1842	344	364	360	229	, ,	7,85
2561	483	341	360	415	Sopw	9,05
1825	445	301	330	309	Sloane	9.4
1328	360	350	330	239	—	10,0
2591	457	430	334	440	R.A.F. 15	8,6
2591	457	619	334	440	, ,	9,1
2815	933	427	360	490	R.A.F. 15	9.2
2815	933	764	360	490	, ,	10,2
5600	1430	927	540	837	—	10,6
5862	1492	1769	540	1070	—	9
7700	2250	1486	715	1384	Eiffel	9,3
7894	2500	3300	610	6148	R.A.F. 6	8.7

機目 No	建造者 英名 Manufacturer	建造者 譯名	樣式 Type	機中人員 No. of Crew	生力機之造者及數目 No. and make of Engines	馬力及機轉 H.P. at R.P.M.	生力機重(磅) Wt. of Engines	導熱器及水重(磅) Wt. of Radiator & Water	全機重 Gross Weight
(甲)		小式飛機 Small Machines 及游戲飛機 Sporting machines							
1	Standard	標準	E2(雙翼)水	0	1-Hendersp n	12馬力 2400轉	76	空氣冷	196
2	Navey	海軍部	M2(一翼)水	1	1-Lawrance	60 1600	132	,,	500
3	Bellanca	白倫加	一(雙翼)陸	1	1-Auzain	35 1500	120	,,	775
4	Dayton-Wringht	兌登萊愛脫	T4 雙翼)陸	1	1-Depalma	57 2000	140	;,	636
5	Gallaudet	加拉兌	E-L2 (一翼)陸	2	2-Motorcycle Engine	36 —	—	,,	1080
6	J. V. Matin	馬丁	K5(雙翼)陸	1	1-Guat	45 1950	86	,,	572
(乙)		單人訓練機 (Single Seater Training Machines)							
7	Ordinance	兵工廠	Scout (雙翼)	1	1-Le Rhone	80/1200	301	空氣冷	1161
8	Standard	標準	E1 ,,	1	,,	,,	,,	,,	1188
9	ThomasMorse	湯姆麼司	S4C ,,	1	,,	,,	,,	,,	1300
10	U.S.A.Bristo	美之白力司多	Scout ,,	1	,,	,,	,,	,,	1175
(丙)		單人戰鬬機 (Single Seater Pursuit Machine)							
11	Curtiss	扣梯司	SE5 (雙翼)	1	1-Hispano Suiza	170/1700	—	—	2060
12	,,	,,	SE5A (″)	1	,,	200/2000	—	—	1953
13	,,	,,	Spadel (″)	1	,,	20/2150	—	—	1820
(丁)		雙人訓練機 (Two Seater Training Machine) Primarg 初步							
14	Curtiss	扣梯司	JN4D (雙)	2	1-Curtiss	92/1300	434	100	1920
15	Standard	標準	J1(雙)	2	,,	92/1300	434	100	2020
		Advanced 高等訓練機							
16	Curtiss	扣梯司	JN4H (雙)	2	1-Hispano Suiza	150/1600	482	—	2145
17	Standard	標準	JR1 (雙)	2	,,	,,	482	116	2160
18	Standard	,,	E4 雙)	2	,,	170/1700	482	149.5	2260
19	Vought	扁脫	VE7 (雙)	2	,,	,,	482	—	1900
(戊)		雙人戰鬬·巡戈及白日擲炸彈 (Two Seater Fighter, Combat,							
20	L. W. F.	L. W. F.	G-2(雙)	2	1-Liberty 12A	410/1800	950	—	4023
21	U. S. A. Bristol	美之白力司多	U. S.-B1 (雙)	2	1-Hispano Suiza	810/1800	596	—	2910
22	Packard-Lepere	拉丕爾	C-II(雙)	2	1-Liberty 12A	400/1700	950	—	3745
23	Curtiss	扣梯司	18-T(三)	2	1-Curtiss K12	400/2250	740	—	2901
24	Leouing	勒林	單翼	2	1-Hispano Suiza	340/1800	618	148	2368
25	Dayton Wright	兌登萊愛脫	DH4A (雙)戰鬥	2	1-Liberty 12A	397/1700	901	240	3782
26	,, ,,	,,	DH4A (雙)擲彈	2	,,	,,	901	240	4001
27	U. S. A.	美陸軍部	DH9A (雙)巡戈	—	1-Liberty 12A	397/1700	910	240	4521
28	U. S. A.	,,	DH9A (雙)擲彈	2	,,	,,	910	240	4872
29	U. S. A.	,,	DH10A (雙)擲彈	3	3-Liberty 12A	,,	200	—	8500
30	Christmaso	克利司末司	無柱式						
(己)		晚間擲炸彈機 (Night Bmbe Mochines)							
31	GlennMatin	格蘭瑪丁	雙翼	3	2-Liberty 12-A	397/1700	—	—	9663
32	Standard [oni Fischer, Capa	標準及非須	E3 (雙)	4	3-,,	,,	880	810	12340
33	Standard Handley Page	標準	O 400 (雙)	3	2-,,	,,	979	524	14300

完全畫樣尙由英國供給者。可知一機之成之不易矣。第三十九圖爲機之正圖。旁列一七人式之汽車。可以鑒其大小矣。第四十圖爲機之側面。此機之翼左右伸者。可以向後旋轉。所以省藏貯地之面積也。圖中所示乃機翼尙未展伸時。翼循箭端所示之向繞軸而轉卽得展開矣。

此篇未完。下尙有水面飛機之詳情等續出。　著者附誌

組織滬港航空公司芻議

江超西

航空轉運生財大道

（八萬資本月息可得三千一百元）

航空轉運較郵局快信為便宜

航空轉運較電報為快速

人類飛行。在二十年之前。為幻想之象。處十年之間。為履險事業。時至今日。成為國防必要。世所共知。然以航空轉運。可為交通之利。生財之道。以促世界商業發達。則知之者較鮮。是篇以組織上海香港兩地航空公司為題。讀者得勿謂吾國工程幼稺。生計甚低。此議雖成。此業恐不暢茂。而所謂滬港航空公司者。行將虧本倒閉。成為笑柄。其實不然。航空轉運。在歐美成績既著。而在吾國。利更大焉。請詳陳之。

(一)功倍　歐美先進諸雄。國中鐵路。軌道如鯽。而每句鐘速度達至六十英里之火車。又非所罕見。姑以華盛頓紐約兩地言之。兩地相距百九十英里。以火車五句鐘可達。若以飛機。則兩句鐘可矣。

是飛機效果。較火車速兩倍。吾國全國鐵路路線。歷歷可數。設以相距百九十英里商埠如上海甯波之間。或內地如重慶宜昌之間。及其他數日舟楫僅達之區。行以兩句鐘之飛機。其功效果何如乎。

㈡費省　或曰飛機快速。功效。其在吾國。既已明瞭。而尚有疑團未釋者。則吾國生計如此之低。而飛機則爲最新品具。其昂貴自不待言。以貧困之人。置高價之品。吾未見其不自斃。超西曰。此實不然。吾國惟其生計甚低。而創辦航空公司原費及常費亦低。而況吾國飛機人才。率能愛國之士。得爲國家效力。薪俸所不甚計。例如同一飛機工程師位置。在美非月俸四五百金。無人過問。而在吾國。二三百元。或就之而甘焉。(吾國留美學生中。飛機特色。年來在美廠任總工程師。年俸萬金者。亦有幾人。此段詳情。可參觀國中各報。及僕之美洲課餘十廠實習記等。)不特此也。物料低廉。汽油富出。故吾國航空轉運費。只爲美國五分之一。茲將所擬本公司應用各原費常費及利得款項等。細列於左。以證諸高明工程師。

29739

(甲)創辦費　吾國飛行界人才，雖濟濟多士，然開設製造飛機廠肆，余意此非其時，姑俟本航空公司成立以後，示國民以航空便利，信用既立，資本亦充，是廠易設矣，故第一批本公司所用之機，先購自外洋，茲定美洲馬丁K—3機五架，每架價美金二千圓，五架一萬元，合銀二萬元左右，發動機十件，約價萬六千元，運費四千元，修理器械及駕駛盤表一萬元，此外，飛機場七所，七千元，修理室，七千元，雜費，一萬及公司存款八千元，共八萬元左右

(乙)每月維持費　飛行家十人，月薪共二千五百元，機匠六人，五百元，工手十人，五百元，郵差三十人，一千元，汽油消耗，(五十五匹馬力之機)每咖倫可飛二十英里，今每日自港至滬及自滬至港各兩度，是𣲖飛之里，共四千英里，所耗汽油爲二百咖倫，約銀一百元，每月共三千元，滑油之費，約爲汽油八分之一，是爲四百元，此外雜耗，千一百元共九千元，此外，加入萬，每月利息八百元，保險，二千一百元，機器損壞預存費，二千元，政府稅課及意外等款共一千元是每月總開銷當爲萬四千

九百元。

(丙)入欵　自香港至上海所過之站共六。今每兩郵件過三站者。收費乙毛。在三站以內者。每兩物件費五分。每機所載之重。爲百五十磅。設一半爲過三站以外者。是每度收費爲(八十乘十二乘五分)加(七十五乘十二乘一毛)共百四十四元。一日四度。共五百七十六元。每月總入爲萬七千二百元。除萬四千九百元之維持費外。本公司實得之利每月爲二千三百元。是設立本公司除一分月息外。尚有三分實利。以上各節。既已明算。惟有否主顧。吾人應爲預料。吾國平常郵件。每封郵資三分。快信十三分。今航空快信過一省者。收資五分過三省者收資十分。是少快信一爲八分。一爲三分。爲價既廉。何樂不爲。若論時間。此項飛機快信。且可與電報一較。例如甯波上海間。兩句鐘達之。電報遞送遲緩時。且不及此。簡而言之。爲時甚速。爲價甚廉。本公司發達。豈待論哉。推飛機之功而。用之。不特轉遞信函。卽轉遞包裹。亦無不可。設港中有人焉。欲購閩廣藥材果品。四句鐘內。仙丹佳果。可立致之。用費不貲。抑有進焉。前時夏間旅滬。

想吃閩中荔枝不得。因託友人代帶。火輪由閩至滬行三天。荔枝損失殆盡。竊歎交通不速。今果飛機得行。滬上人士。豈患不得荔枝耶。此事雖小。可證飛機之功。又若巨商富紳。公事忙碌。有欲奔走。不費時日者。飛機亦可爲之大助。閩滬間須時四句鐘。耗費七十二元。港滬間須時八句鐘。耗費百四十四元。樂試之者。吾知其不乏人也。

本公司航路特選港滬。以港滬兩地。爲吾國巨埠之擘。商業茂盛。兼之鐵路未通。業易發達。收效最大。所謂事半功倍也。開辦以後。果有成效。航空路線。儘可延展全國。以期全國收利。列路線圖如下。

滬港航空路線圖

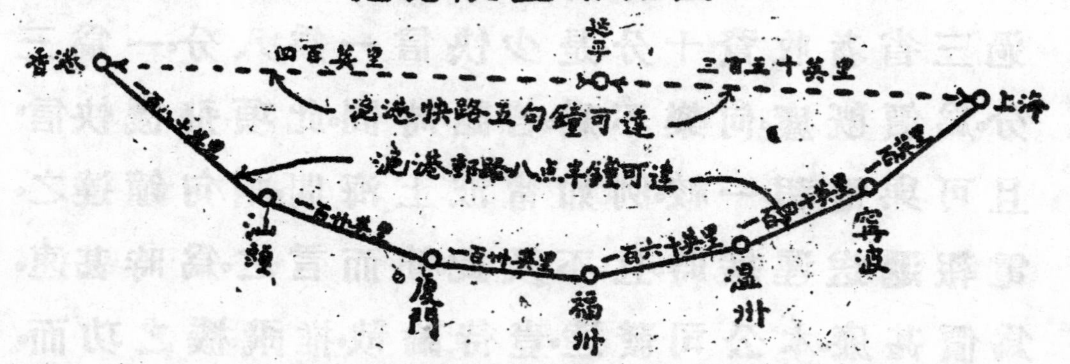

圖中全線爲平常郵路每日飛行數次(每時飛百哩)斷線爲快路有一遊客即飛一次(每時飛百五十哩

歐戰四年間美國化製工業進步之概要原因及其將來之影響

吳潤東

近世之戰爭·一化學與機械之戰爭也·化學者·研究萬物變遷之原委·及其狀態·而機械者·乃能爲人力之所不能爲·盡人工之所不能盡·今利用機械之豪力·以歸化學之理論於實際·則化製工業尙矣·其於戰爭·更稱首要·火藥也·炸彈也·兵凶戰危之利器·糧食也·被服也·人類生活之必需·飛行機·潛水艇之成功·敷傷藥·避毒品之效果·凡此者觸目皆是·擢髮難數·誰實賴之·曰化製工業是矣·化製工業發達與否·兵家勝負不難豫定·德國慘憺經營·數十有載·至後王霸稱雄·俯仰一世·以有歐洲大戰爭·其所恃爲金城之固·關中之險·而敢顚頏全球·至四年之久者·果何物耶·人民儉樸·勤勉性成·團體堅固·號令風行·德人之美德也·全國皆兵·强健活潑·法令嚴厲·秩序服從·德國之軍壯也·是足恃乎·曰唯唯否否·人民之美德·軍隊之壯嚴·尙不盡足恃也·四面圍困·天產缺乏·人民之

衣食·軍隊之器械·將何以供給之·物各有原·豈能無中生有·然仙丹雖屬夢想·而物質變化無窮·究能實行·無硝化物以製火藥·空氣之源源不竭可固定之·缺棉麻原料以爲紡織·木紙之出產尙富·可替代之·德國恃其化製家之獨步前程·以爲無他人所能望其萬一也·驕傲自誇·至於窮兵黷武·抑知德國之外·尙有能以最新最速發達之化製工業與爲仇讎乎·

英也·法也·意也·俄也·瑞典也·皆化學先進之國·其所貢獻於學術與工業者甚多·而近世以來·進步之速·發達之盛·不能與德比肩·若美則後進之國也·其於工程上與電學上·急起直追·足與英法德齊肩·或且駕而上之·以言化學及化製工業則瞠乎其後矣·所有藥材·顏料·鉀灰·(Potash)·玻璃·磁器等·多賴輸入之貨·而由德船者·更居大宗·自一九一四年歐洲戰起·德貨缺乏·更自次年英艦封港後·德貨幾絕·一時何異幼子喪養·忽失所依·不得不自爲謀·力求獨立之道·同時聯軍諸國·左挫右傷·幾至力急聲嘶·非有少年美國·血氣方剛·供給糧食·製造軍火·則德之勝利·誠難以道里計·俟

後一九一七年·美國以民主之精神·人道之幸福·召號天下·加入聯軍·出其天產之富·兵丁之壯·以與協約諸國·決一勝負·卒至不及二載·奧匈分裂·突厥退敗·德國求和·暴皇出奔·割地賠款·凱旋勝捷·美功居首。吾人於此·不禁大有讚嘉·而推本求原·則多由美國化製工業之發達與膨脹新而且速·足於美國工藝史上開一新紀元。羨慕之不已·必求其過去與現在之細情·與其將來之影響及關係·并其所以能致此之原因·知乎此則我當取爲效法·而更求所以駕而上之之方矣。今先敍其各種最緊要化製工業進步之情。槪材料過多·篇幅有限·只能言其略如左。

一國工業之盛衰·常於其出口貨與入口貨之多寡而定之。美國自歐戰以來·出口貨至歐洲者以食物及軍火爲大宗·至他洲者則以各種日用製造品爲多。平時諸處之賴歐洲出貨者·至今美貨之通銷均頗興旺。若入口貨則以各種原料爲

1. Journal of Industrial and Eugineering chemistry, vol. 10, P. 692–, 1918 "Effect of war on American Chemical Trade".

最.蓋美國羅致之用.製爲成貨也.計出口貨自"商歷"(Fiscalcaleuder)一九一四年至一九一八年,由2330百萬美圓加增至5,928百萬圓.入口貨則由1,894百萬圓加增至2,946百萬圓.出口貨之加增爲百分之一百五十四.入口貨爲百分之五十五.再其出口貨與入口貨加增之比率爲百分之二百八十.其中以化製品商業之加增.爲最可注意者.計出口化製品之加增.乃由493百萬圓至1454百萬圓.爲百分之二百.入口之加增則由573百萬圓至1176百萬圓.爲百分之一百零五再其出口貨與入口貨加增之比率爲百分之二百.大約入口加增之故.乃係購辦橡皮及植物油等甚多.若出口之加增.則除炸藥外當首推銅.石油.及製造炸藥之化品等.其他若紙,漆,顏料,藥材之出口加增.雖爲數無多.而頗緊要.蓋昔時外國市場之賴歐洲出貨者今則轉向美供給.出口與入口皆減少者則肥料爲最顯著.然下表所列肥料.乃專指現成肥料而言.其硝酸鈉之用爲製肥料者則附於化品之內.其中硝化物之用爲製炸藥者.占多數云.

1914－1918年美國化製藥品出口及入口略表				
	入口		出口	
	1914	1918	1914	1918
類別	百萬美圓	百萬美圓	百萬美圓	百萬美圓
酸,鹽類及其他化品	61	97	15	129
藥材及藥劑	9	11	11	21
天然及人造顏料	10	9	(a)[1]	17
炸藥	1	8	6	379
肥料	28	5	12	6
橡皮及樹膠等	88	227	20	11
金類,鑛物及泥類	132	286	175	327
油,脂,及蠟	79	200	194	378
漆,彩色等	2	1	7	17
製革料	5	7	1	4
紙及紙料	30	66	6	30
雜物(成貨)	120	253	44	132
雜料(生貨)	8	6	2	3
總數	573	1176	493	144

[1] (a) $400,000美圓

美國外國商務之膨脹·既如上述·而其國內工業之忽然繁盛·自必與之成比例·其重要化製工

業之進步·受歐戰直捷之影響最彰明而昭著者·可分述之。

(一)炸藥　炸藥於平時之用途·乃供開鑛採石·所需不富。若戰時則化製工業之最盛者莫炸藥矣。當美國尙守中立之時·製造種種炸藥以私售於聯軍政府·而爲富翁者·已屈指難計·自美國加入歐戰以後·炸藥之製造·乃更興盛。一九一八年·除供給美國遠征軍之用外·其供給聯軍者比一九一四年全數炸藥出口·不啻有四百倍之多·凡此乃指成貨而言。其輸出化品·以爲炸藥製造之原料者·尙不在內。炸藥之通用者有硝酸鉀(KNO_3),硝酸鈉($NaNO_3$)及硝酸錏(NH_4NO_3)爲一類。硝化甘油(Nitroglycerin)爲一類。硝化胞絲"(Nitr! cellulose),火綿(Gun-cotton)爲一類。"TNT" (Trinitrotoluene), "TNA" (Tetraintroaniline)苦酸"(picric Acid)爲一類。雷酸汞(Mercury Fulminate)又爲一類。諸類互相混合·或與他物混合·乃成爲各種强烈之炸藥·如無烟火藥·無光火藥·膠狀爆藥·黑藥·及轟發藥等·各國軍隊所用之成分不同·而其强烈之高度·與其特別性質·亦因之而殊。各類炸藥所用原料除硫酸,硝酸及鉀鈉等化合物將另述外。甘油乃由油脂等分解而出。大半爲肥皂及蠟燭工業之副產物。胞絲。乃取自紙料及棉絲。棉絲比紙料爲淨。故上等無烟火藥必用之。雷酸汞則由水銀與硝酸及火酒化合而成。製造時最爲危險。TNA及苦酸均賴𩐰(Benzene)爲原料。若TNT由𩐰(Toluene)製出。苦酸及其銨化合物。昔者乃由煤膠所產之酥醋(Phenol)而成。然因天然酥醋不淨。所製炸藥,因之較差。現新法製造"酥醋"乃以"𩐰"爲原料。名曰"人造酥醋"。一九一四年美國無所謂"人造酥醋"也。至一九一七年出貨有64,200,000磅[1]之多。價值$23,720,000美圓。製造TNA所用之"𩐰油"(Aniline oil)者。在一九一四年。只有一廠。至一九一七年。乃增至二十三廠。出貨28,800,000磅。價值$6,760,000美圓。一九一四年美國只可由"煤膠"而得"𩐰"4,500,000咖啥,(Gallon)"𩐰"1,500,000咖啥。至一九一七年。實出"𩐰"40,200,000咖啥,"𩐰"10,200,000咖啥所有"𩐰"與"𩐰"大半用爲製造炸藥之用。至一九一八年。用新法

1. Journal of industrial and Engineering Chemistry, vol 10, P 783, 1918 "War disturbances and peace readjustment in the Chemical industries".

29749

由各種煤氣所洗得者必大加增.此外新法由石油及由所謂"亞硫鹽松油"(Sulphite Turpentine)所得者,亦漸有起色."亞硫鹽松油"者乃亞硫鹽造紙法之副產物也.製造炸藥所須之他種化品尙多.其最要者首推"有機溶劑"當別論之.故因製造炸藥而誘引多數相關工業之發達,至深且廣也.

(二)毒氣[2] 近世戰爭之器械.最鋒利而最新穎者.莫毒氣若矣.而美國毒氣工業發達之速.誠爲神妙.當一九一七年春.美國加入歐戰時.聯軍各國,以及協約各國皆用毒氣以相殘害.而尤以德奧爲最.美國人民與政府,尙茫然於其製造之原料.與其詳細之方法也.至本年各政府始竭力籌謀.毒氣廠.盡心研究.後由英法政府各派代表來美相助,幷遣人至歐洲戰場考察.於是美國毒氣工業之基以立.關於製造毒之工廠.次第設立.至一九一八年六月間.所造毒氣除供裝彈之外.尙

2. Journal of Industrial and Engineering Chemistry, vol. 11, P 5, 1919 "Gas offense in the United States".

The Canadian Chemical Journal, vol. 2, P. 305, 1918 "Commercial Uses of Chlorine"

有運往歐洲以補歐洲聯軍之不足。嗣後陸續不絕。殆歐洲停戰。而美國毒氣之製造。已登完美之境。而以阨遂沃兵工廠(Edgewood Arsenal)規模宏大。工程精美。出產富足。辦理得宜。此兵工廠之組織共分七部。一曰“綠”廠。製造“綠液”(Liquid Chlorine)及鹼類化合物。二曰毒氣廠。專製各種軍用毒氣及毒藥等。三曰裝彈廠。專裝毒藥於各種手彈。開花彈等。四曰工造部。專爲構築,修理諸事。五曰軍事部。專司毒彈之應用於戰爭,及其功率等。六曰軍醫部。專司禦毒,防毒及工人衞生諸事。七曰管理部。專司組織,財政,產業賣買,契約,用人等。除政府所設兵工廠外,尙有其他私立工廠。願與政府以補助。各盡所能以製造政府兵工廠之所無及其不足此種工廠散布東部及北部者不下七座云。

毒氣由“綠”製造而成者可占百分之九十五。“綠”俱有一種特別刺戟臭味。甚毒。最易毀喉,鼻,及肺之薄膜。吸之而咳,終至吐血。若吸入較多。則有性命之憂。“綠”亦曾用於疆場。然因其重率尙過輕,故每製爲各種綠化合物。或較輕或較重,或較濃或較淡可以調和之。蓋毒氣之應用，對於風之方向，地之高低，放出之速度，停留之時間等，均宜細審詳察也。毒氣之最通用於歐洲戰場，而美亦製造甚多者有三。即"綠化炭養"(Cocl₂ Phosgene), (Chloricrin)及"芥氣"(Mustard gas)是也。綠化炭養性甚毒傷心致死之氣也。製法乃通淨純之"炭養一"與"綠"一種於炭"媒劑"而得。熱度有定，不宜過高。再冷凝此氣而爲液，以實毒彈。"綠化"亦爲致命之氣，若稀少則爲泌洌劑。於通常熱壓時，乃爲液體，故須用最烈之拋射物。製法乃任苦酸"鈣"(Calcium Picvate)與漂白粉相和，漂白粉放出"綠"以變鈣化物而爲綠化合以成綠化若熱度非低和，而且適宜，則漂白粉放出養氣不利也。實彈時可專用之，或與"綠化炭養"相混或與綠化錫($Sncl_4$)相混均可。芥氣爲 Dichordiethylsulfide 即$(C_2H_4Cl)_2S$。吸入後甚毒，成肺炎症外遇則發泡最凶。能通過衣服數層，而令皮肉爛傷。更能暫時致盲。其製法乃通過乾燥而淨純之"亞爐"(Ethylene)於綠化硫(Sulphur Chloride)。熱度比前二者更宜調和得宜。不然，鹽酸與其他複雜之毒氣因之而生，無法可以制束而處理之。除綠化合物外可用爲毒氣者尙有溴化合物。毒氣之外更用發烟之物如燐，鍗綠四(Ticl$_4$)及矽綠四(Sicl$_4$)等以實彈。所謂煙蔽戰爭者乃用之。至於防禦毒氣。乃用假面具。(Mask)多賴各種菓核之炭。有收毒氣之能力。

(三)顏料[1] 人造顏料。乃發明於英。而興盛於德。佩矜(liliam Henry Perkin)於一八五六年由"較"製得一種鮮豔之紫色顏料卽名曰"佩矜紫"實爲煤膠顏色之始祖。而開有機化學研究之新紀元。嗣後新發明繹絡不絕。至有今日之盛。蓋不獨顏料工業受其賜。其他藥材，炸藥，照相等等胥賴之焉。美國於歐戰以前，全賴德貨。雖國內亦間有自製者，而所有"熟料"皆德國舶來品。計一九一四年。美國共有七廠。出貨6,000,000磅。價値$2,500,000圓。自一九一五年春。英艦封港後。所有美國染織工業。乃大受其創。於是化製家。與資本家同心協力圖謀顏料工廠。至今乃能卓然獨立於世。觀其

1. The Journal of Industrial and Engineering Chemisty, vol 10, p789, 1918 "Symposium on Chemistry of Dyskuffs" at the 56th meeting of American Chemical Society.

四年間入口與出口顏料之統計誠可實也。

入口	1914	$ 5,965,537(美圓)
	1916	$ 849
	1917	$ 464,499
	1918	$ 3,048
出口	1914	$ 400,000
	1916	$ 5,102,002
	1917	$11,709,287
	1918	$16,921,888

一九一五年春。美國自製顏料只有十六種。一九一六年春。增至四十種。至一九一七年。乃增至一百五十種。計有百餘廠。共出46,000,000磅。價值$57,000,000美圓。一九一八年所出者。至少有一百七十餘種之多。靛青及茜丹。(Alizarin)頗難製造者。而亦上市矣。計戰前由德輸入者。不下三四百種。今美國所能者。不過其一半耳。然其重要顏料。均足供所求而且輸出漸多。雖品質尚不能與德貨相頡頏。而研究改良。蒸蒸日上焉。且製顏料原料。與製炸藥相同者頗多。德國顏料工業操縱全球。自戰起後乃變顏料工廠而爲炸藥工廠。今美

國戰爭而炸藥之製造興旺。戰停後不難變炸藥工廠而為顏料工廠。出其全力以製造種種。以煤膠為原料之無機化品。則將來顏料工業之發達可預決之。

天然顏料。自古尙之。動物,植物,鑛物,俱備。而以植物為首。自人造顏料發達後,天然顏料。已退居無關緊要之地位。因其品質不及人造之純淨也。一九一五年至一九一六年為美國人造顏料青黃不接之秋,故天然顏料補助之功甚大。計通用者有蘇木紅 (Logwood and hematine) ,茶青 (Flavine),苔紫 (Archil) 等等。天然顏料,如精煉之法改良。亦可得較淨者。以與人造顏料相驪騁。數年來美國天造顏料頗為重要。將來之用。或更推廣。亦未可知。

(四)藥材· 藥劑與香水之製造均加增。雖美厥輸入之"甘草根" (Licorice root) 大減。而運往中國之洋參則有起色。計一九一四年。洋參出口共有224,605 磅。價值 $1,832,686 美圓。約占藥材出口全數六分之一。一九一八年洋參出口共 259,892 磅。價值 $1,717,548 美圓,占藥材出口全數十分之一。

美國於藥材之製造雖加增,而其進步尚少。自一九一八年冬·提議振興藥材工業之道·擬專設特別研究所·以解決化製藥材之法。蓋戰爭已停·炸藥無市·長於有機化學者·正可出其心靈智能。以從事藥材之發明也。

(五)普通化品 硫酸稱爲化界大王·誠非虛語所有上列諸工業如炸藥·顏料·藥材以及其他肥料,硝酸,鹽酸,鹼類,煉油等之製造·莫不賴之爲起點。凡大宗工業·各工廠多自製硫酸,以供已用。故其實在出產·無從可考。惟必與他種化製工業。同時而增。新設者多用"媒觸法"。(Contact Process) 然用鉛房法 (Lead Chamber Process) 者·尚占重要之位置。其出口自一九一四年至一九一八年·乃由12,000,000磅,增至68,000,000磅。

硝酸[1] 於工業之用途亦廣。炸藥與肥料當居首。美國出產一九一四年·有89,000噸·銷用硝酸鈉160,000噸。其由智利入口硝酸鈉全數有560,000噸。除製硝酸外·有400,000噸·大半用於肥料。一九

1. Journal of In lust:r.al and Engin·ering chemistry, vol 10, No 10, oct 1918 "Conferendes on a.:ias and Chemica's" 4th. P63 Exposition of Chemical Industrials, Sept 1918

一八年硝酸鈉入口共1,600,000磅。其用於製硝酸者至少·只有1,000,000磅·合得硝酸650,000磅。其中六分之五乃供炸藥之用。製法亦大改良。其效率已由78-80%增至92-94%。由空氣固定硝酸·用電弧法(Arc Process)者·有三工廠。惟頗小規模未備·出產不豐。故無甚緊要。至於氣化法(Ammonia Process)較爲完善·頗受注意。一九一六年·始有以此·法製造硝酸之工廠。至一九一八年·已有數起。用青磠法(Cyanamid Process)之工廠。亦有數座。俟諸工廠完全造成後。據名人豫算·一九一九年美國硝酸出產·由空氣固定者應有225,000噸。由硝酸鈉而得者有650,000噸。合計應有875,000噸·比戰前所銷用者·有九倍之多。戰後由智利輸入之硝酸鈉。可以減少·而美國硝化物工業·可以獨立矣。

鹽酸亦重要酸類之一。多爲由食鹽製造各種鹼類之副產物。鹼類之出產·亦因戰爭之影響而加增·索路費(Solvay)之氣化法·製出貨品比勒白丹(LeBlanc)法·較爲淨純·故多用之。電化法之用亦頗廣。所得綠乃冷凝爲液·以供製造毒氣及

其他綠化合物•鹼類出口•一九一四年以前無有也至一九一八年達三百餘萬磅•

鉀灰[1] (Potash) 工業•庶爲德國所控制•因其有最富之使塔司波 (Stassburg) 鑛也•鉀用於肥料頗多•工業應用之鉀化合物•近年大半以鈉化合物代之•昔者鉀灰乃由燒木爲灰而得故名•後因有德貨之廉而淨•羣爭趨之•自歐戰以來新法取鉀•爲美國最新工業之一•太平洋沿岸海帶(KelP)繁•殖•約含養化鉀(K_2O) 1.3%•刈而切之再乾焦之•以爲肥料•此舊法也•新法於一九一五年始發明•可得淨純之鉀化合物•以供化製工業上之應用•并可得數種可寶貴之有機溶劑•當別論之•凡製鐵原料與製黏泥 (Cement) 原料均含少許鉀化合物•燒後則皆蒸發爲塵•而與所生之炭氣等相混合•近來用郭梯槐 (Cottrell) "電力沉澱"新法•可由含鉀之炭氣等中收取鉀化物•豫算每年由黏泥廠可得鉀灰五萬磅•由製鐵噴爐可得二三十萬磅•一

1. Journal of Industrial and Engineering Chemistry, Vol 10, P832, 1918 "Potash Symposium" at the 4th National Exposition of Chemical Industries.

九一八年添設電力沉澱機者。已有數家。此外於美國西部發見鹽湖數處。含鉀化物頗富。供現時出產百分之六十。在沃他省(Utah)更發見一種鉛鉀鑛物(Alumite)。雖製鉀工業尙未大發達。而數年亦頗有進步。一九一四年幾無自製者。一九一五年乃出1000噸養化鉀。一九一六年增至9,720噸。一九一七年增至 32,000 噸。夫原料既富。則將來鉀物工業之發達。未可限量也。

(六)有機溶劑　酒精 (Ethyl Alcohol) 爲有機化物之原。蓋由酒精爲起點可製造無數有機化合物。用爲溶劑者甚衆。乃製造炸藥。顏料。藥品等所不可少之物。自歐戰以來大爲發達。所謂"工業酒精"者。乃雜以毒液。俾不能作爲飲料而專供工業上之需也。此種酒精。各國皆有免稅之律。舊法酒精乃由穀類釀成。新法用"糖漿"(Molasses)而酸酵之。糖漿者爲製糖所餘之膠汁。似漿。雖尙含糖質。而不能煉爲純糖。故甚賤。多由古巴 (Cuba) 運入。糖漿一分。和以水五六分。再加麴(Yeast)令其酸酵至七十二時之久。而後蒸之。由木屑造酒之法。進步甚緩。因工業上困難之故。初"水化" (Hydrolyse)

木屑為糖類。再以麴釀成酒精。言之簡單。而製之則非易事。

與酒精工業相連系者有醋酸及醋醯(Acetone)。酒精若養化之則成醋酸。醋酸與石灰化合而成醋酸鈣(Calcium Acetate)。再乾蒸之則得醋醯。醋酸與醋醯皆有機工業上緊要化品。而醋醯更為強烈炸藥所必須。二者皆可由木蒸得。其法已舊。最新之法。乃以海帶為原料。"許曲力"炸藥廠(Hercules Powder Company)之新發明。一九一五年夏季。此炸藥廠因醋醯求過於供。乃另求他法製造。至次年春而建設海帶工業廠於加省(California)大平洋沿岸。數月而竣工。海帶高出海面十呎至十六呎。根生海底岸石。用"鐮刈機"斬至海面下六尺。每年可收穫三四次。故供給不息。約每日需用海帶千噸。榨壓而裁切之。置於紅木槽中。令其醱酵。計

1. Journal of Industrial and Engineering Chemistry, Vol 10, P8.8, 1918 "Solvents form kelp"

Chemical and metallurgical Engineering, Vol 18, P576, 1918 C li-forvia Kelp operation of Hercules Powoler company.

Chemicals from Kelp Published by Hercules Powder Company, 4th. National Exposition of chemical Industries,

New york, U.S.A. 1918.

共一百五十槽。每槽直徑二十五尺。容量50,000咖喻。所用熱度爲華氏表九十度。至十日或十四日後。加入石灰而後濾去其未化之物。得澄清液。蒸濃之。得第一次沉澱物。和以硫酸與酒精而成醋酸燼(Ethyl acetate),䣝酸燼(Ethyl Propionate)及酺酸燼(Ethyl Budy rate)等皆貴重之溶劑也。其液汁再蒸濃之。得第二次沉澱。乾蒸之而得醋醛主要之物也。其殘滓中有石灰與鹽酸鉀。後者易溶解於水。故別之甚易。第二次所餘之液汁。更蒸濃之而得第三次沉澱。含碘酸鉀最富。與"綠"化合後得碘。又一副產物也。若詳加分化。數十種化品。不難得之。惟不能盡於工業上占相富之位置耳。因其量額多甚少也。醋酸烒(Amyl Acetate)爲製飛行機漆之用。及造皮革亦賴之。乃由醋酸鈣製成。醋酸烌(Methyl acetate)亦可用同法製造。其他有機溶液。如炭綠四(Ccl_4)爲抽油之需。"醕精"(Ether)爲假絲,樹膠,脂肪等之溶劑。及'木酒精"等(Wood Alcohol)之製造亦有加增。

(七)油脂　美國石油(Petroleum)工業。應推世界獨一。而俄國次之。一九一四年,全球出產共400,

000,000英桶(Barrel),美油有265,762,000桶。占全數三分之二。俄油有67,000,000桶。占全數16,7%。自歐戰後。俄海頓減。於是聯軍各國。全賴美海。由石油中可分出汽油(Gasoline),煤油(Kerosene),潤滑油(Lubricating oil),及蠟質等。而以汽油爲用最巨。凡自動汽車(Automobile),飛行艇,曳引機皆行軍與轉運所不可缺者。非有汽油不爲功。汽油銷耗過多。故舊法製造。已不足供給。蓋汽油,乃石油之一部分。沸點由攝氏表七十度。至九十度而具重率自.66至.69之。炭輕化合物。新法可劈裂(Cracking)較重之石油。而爲較輕之石油。重石油乃含更復雜之炭輕化合物。而輕石油則含較簡單之化合物。故劈裂法者。卽由復雜化合物而得簡單化合物之法也。美孚公司(Standard oil Company)之波堂法(Burdon Process),今已大用力貼門法(Rittmaun Proeess)尙未完善。麥亞費法(Mc Affee Proeess)屬"海灣煉製公司"。(Gulf Refining Company)乃乃鹽酸鋁爲媒劑。所得之汽油。甚爲淨純。可不再以硫酸煉之。天然

1. Journal of Industrial and Engineering chemistry, Vol 10, P854, 1918 "Symposium on Iudustrial Orgonic chemistry".

氣(Natual gas)中亦有汽油之炭輕化合物。可用壓縮法及冷凍法。或用相當之溶劑以取之。美國西部更發見所謂油頁巖(Oil Shale)者。蒸之可得汽油。煤油及蠟質物。更因其含氮。可製硫酸銨以爲副產物。

動物油及植物油工業。亦因戰爭而大變更。自英國禁止甘油(Glycerine)原料出口後。大豆油(Soya Bean oil)之入口大增皆由滿洲。

1914年............12,500,000磅

1917年..........264,900,000磅

1918年..........336,824,646磅

而本國亦自種531,000畝(Acres)大豆。大豆油多用以製胰皂及油漆并製假猪脂及"假牛油"(Oleo-margarine)。豆滓以供獸飼及肥料。美人尙少以大豆爲食品。惟近亦知其爲最良營養物之一。含蛋白質(Protein)比花生及棉子爲富。所含油質。亦與棉子相等。而殘滓則只花生與棉子四分之一。棉子油,昔於工業製造。頗爲重要今則多用爲食物。

以大豆油代工業上之應用。花生油之應用於胰

皂及食用者亦大加。美國自出者頗有加增。而入口者。則於此四年間。加增至六倍之多。戰前美國無蓖麻子 (Castor) 也。今則政府以數千英畝之地。以種植之而供製蓖麻油之用。桐油以爲製漆。比麻子油 (Linsed oil) 爲强。近多用之。亦由中國輸入者也。魚油之入口亦大加增。凡液體油可以新法輕化 (Hydrogenation) 而爲固體。如硬脂然。多供胰皂之原料。而由胰皂工廠更可爲甘油。乃最貴重之副產物。製造炸藥用之最多。計一九一八年輸與聯軍以製"硝化甘油"者巳有二十一百萬磅云。其用於藥材者因之頓爲減少焉。

芳油 (Essential oils) 如松油之由木而得者曰"木松油"(Wood terpentine)以別於由松膠而得之膠松油也。木松油乃由亞硫酸造紙法所得。昔者視爲污水而廢棄之。今則大紙廠多製造之以供韡之原料。炸藥如TNT者可以賴之。芳油之最新用途。乃於以"漂浮法"(Flotation)冶銅及鋅。比他種油爲較强。故銷暢頗旺。

據上以觀。美國化製工業之膨脹。能若是其速而且大也。是曷故哉。資本雄原。巨萬之費。不難立集·雖云國富·而金融流通·信用堅固·資本家與工程家能互相爲用·合力同心·於是無論建設新工廠與擴充舊工廠·均可應需求之多寡而伸縮·欲舉卽成·不爲貧困所掣制也·機械精良·足代人工·隨機器之大小·或可爲十人,百人,千人或萬人之事業·更有非手工所善爲,非人力所能爲者·而機器優爲之·世界各國,機器應用之廣·未有若美者矣·實由人工過貴之所致·然而製造巨多額量·非有最精之機械·決不能成功也·且組織得宜·管理完善·皆賴有專門人才·政府保護之·社會歡迎之·亦無所不至·激於外界之刺戟·發於愛國之熱誠·知自由幸福·民主精神之保存·端在兵强國富·事事物物不賴他人·庶然後工業獨立·外患敵寇時·不難抵禦而掃除之·昇平治安日·又能操縱世界之商業·地球之大·誰爲盟主·物擇夫競·富强乃存·此美國近年來之覺悟·而孜孜以求之者也·然此皆就普通而言·人人知之·無庸多贅·其於化製工業之發達·有直接之功效·而非此則振興實業·挽回利權者·終屬夢想·無他則研究是矣·德國工業之能居首座者·乃刻苦磨勵而成·所由有日矣·非研究則無發見.非研究則無發明.無發見與發明,則只能拾人皮毛,或退居粗陋.又何工業之足云.美國亦曾尙研究矣.於化學上最有成績者,則電化工業是也.自歐戰以來.而研究之風愈盛.範圍亦愈廣.化學工業之研究所,最有價值者.可得而言之.約分五類.甲屬於海陸軍者.乙屬於"文政"各部者.丙屬於公立者.丁屬於工廠者.戊屬於學校者.

(甲) 屬於海陸軍者. 美國於歐戰以後,即有海軍諮議館(Naval Consulting Board)之設.其中官員,皆國內碩學通儒.科學上與工業上之泰斗.而以最大發明家安迭生(Thomas A. Edison)爲總理.專爲海軍部研究一切最困難問題.應用材學與工業之才能者.甚守祕密.然於海軍上貢獻必大.其他海軍部管轄之下,所有製造廠船廠等亦皆化學研究所焉.

最近陸軍部所設之"化戰軍".(Chemical Warfare

---

1. Journal of Industrial and Engineering chemirstry
(1) "Chemical warfare Service" Vol 10, P675, 1918
(2) "Chemists in the Warfare" Vol 10, P776
(3) "The work of technical Divison, chemi Cal narfare service". Vol 11, P18, 1919

Service)功效卓著。初研究毒氣戰爭之職，乃歸內務部之鑛務局。後以其爲戰爭最利之器，始獨行組織。於一九一八年六月，化戰軍正式成立，與工程軍同隸陸軍管轄之下。以研究及製造毒氣，防毒器械，氣彈及其他與毒戰有直接或間接之關係者。其完全組織，乃爲若干股。管理，用人，訂約，財政，運輸等股屬內部。氣攻，氣禦，實驗，研究，檢察，軍需，醫藥等股屬外部。而以軍長及副軍長主其大成。

此外陸軍所轄更有軍械科。其關於化製者，專研究，製造，及試驗各種炸藥，彈丸以及化製原料與鋼鐵金類，用以製槍砲之用者。其中最有成效者莫若硝酸鹽製造之研究。因其與戰爭大有關係，而固定硝氣又爲美國新工業也。軍醫科研究食物衛生及兵卒營養問題，於軍之壯盛與健康大有效驗焉。此外更有特別飛機製造研究所，搜求製造飛機之原料，漆物及其他種種新法。

(乙)屬於“文政”(Civilian)各部者　內務部之下有鑛務局焉，研究各種採鑛，冶金及無機化學重要問題，於毒氣之製造，亦有所貢獻。農林部除林產農物試驗場及研究所外·更有化學局·於化學上之成績甚多。商務部之標準局則研究種種試驗法,分析法,以及各物之理化性質。財政部亦有化學實驗所。凡此者皆戰前已有之局·各以成績刊行全國·俾衆利用。戰起以後·曾代政府解決軍用化學疑難之處甚多。

(丙)屬於公立者　自歐戰起後。美國工業上重要人物·卽組織一特別戰時工業會·專研究原料之購獲,出產之分布,定樣之標準,價值之劃一等。其附助政府,聯軍及人民便利之處甚多。又有全國研究參議所·專設法代政府及聯軍解決化學上難題。多分發各大學校學生及教授研究。

其專事研究之學院·最著者如卡乃奇學院之"地質物理"研究所(Geophysical Laboratory of Carnegei Inslidute) 自開戰以來·卽從事戰用物之研究。於"光鏡玻璃",(Optical glass) 大有改良·軍隊受賜不少。麥倫工業研究院 (Mellon Institute of Industrial Research) 乃聘請通儒·以專代各工廠解決·關於工業上及化學上一切難題。落機發勞醫藥研究院 (Rockefeller Institute of medical Research)乃專研醫病及藥材等。凡此者與皆工業及化學之發達具有功焉。

(丁)屬於工廠者　向者美國工廠鄙夷研究。甘首門封。數年來態度大變。研究漸重。資本雄厚之廠不惜以重金延聘精通化學者。改良舊法。發明新法。以致能商業發達。贏利加增。今舉其成效最著工司數家。以概其餘。

(1)National Aniline and Chemical Company　精於顏料

(2)Barrett company　精於顏料及其他"煤膠"化品

(3)Hercules Powder Company　精於炸藥溶劑

(4)Du Pont De nemours and Company　精於炸藥及其他假象牙製造日用品物與漆類。

(5)Eastm an Kodak Company　精於照相機器及照相化品等。

(6)General Electric Company　精於電機之製造及電用器械。

(7)Buffalo Foundry and Machine Company　精於製造化製工廠所用機械。

(戊)屬於學校者　美國大學校及工業專門學校之有化學科及化工科者甚多。大要可類別如次。然各類互相出入之處不少。

(a)專尙純粹化學之研究而於化製上無直捷之關係者。

(b)研究純粹化學問題而能直捷應用於化製工業者。

(c)專研究應用化學問題。解決後卽能於工業上有重要之價值者。

(d)不尙研究·而只與學生以淺近化學及機械之智識·俾其能入廠爲工頭·(Foreman) 或只有淺近化學俾學生能入工廠實驗室而作尋常分析之用。

(e)不尙高深之研究·而與學生以應有盡有之化學物理等智識·俾能自修。

(f) 不尙高深之研究。而與學生以應有盡有之化學·實業化學·工程化學以及物理機械·俾能入廠漸升爲化製師。

(g)有名爲化學科·而拘守舊說·不諳近世化學之進步者。

(h)有名爲化學工程科·而只與學生以化學及機械工程數門·於化製之法盲然也。

(i)有名爲化學工程科·而實乃機械工程兼讀化學數門而已於化學之智識太缺乏也。

由是觀之。(b)或(c)類能獨行研究·乃已具(e)或(f)類之資格·於工業上最爲重要。然(e)及(f)類之程度·已足供發憤者之自勉前進而爲工業上之重要人物·其前途與(b)及(c)類均未可限量也。若其他類則各有缺點。於化製工業教育下恐難有特別之貢獻也。美國學校中之從事於化工之研究而代政府及工廠解决難題者亦頗多·惟學生頓減。教授之仍留者。則研究甚忙云。

此四年間美國工業之進步·乃屬變例。自和平後·工廠之停閉者有之·而減少工人·縮小範圍者則甚多。是乃專賴戰爭之工業·故不能持久。即其他不專賴戰爭之工業·亦必大有變遷。其趨向大約可分三步而言。

(一)國內化製工業之獨立　戰爭以前·美國之化製物品·由歐洲輸入者甚多·前已詳述。自經戰爭影響工業發達·漸進於工業獨立之境。而猶未盡也。例如顏料·美國所製者·尙不能與向者由德國輸入之貨相比。灰色較劣·樣數尙少。故不得不更力求進步·否則恐難與德貨相頡頏於商場·而受天然淘汰之例矣·其他若鉀灰若硝酸等工業·礙難之處尙多·然則欲眞求國內化製工業之獨立·其前程猶遠也·故其第一趨向·乃變其製造炸藥之能力以製造種種國內必須之化品·俾其不賴輸入之貨·

(二)南美中美之商業膨脹　向者南美中美之商業·多爲德英所占·所謂"大美利堅主義"者無異紙上空文·自歐戰以後·德之勢力漸消·英人亦無暇兼顧·於是美國之商業·漸於南美及中美占重要之位置·故其第二趨向·乃製造化品及尋常日用之物·輸入南美及中美各國·而專擅利權焉·

(三)東亞與歐洲之商業膨脹　歐戰時·美國國外商業·在歐洲者·無過於軍火食品之盛·戰後則决無興旺之理·惟當百孔千瘡·元氣未復之際,美國可供給歐洲所缺之製造品·此不過暫時而已·不能久也·至於東亞之商業·應爲英德日所籠斷·美國遠居人後·雖經此戰·而美國商業·尙不能盛·然知幾之輩·已豫備將來發展美國商業於東亞·以與英日等抗衡·故其最後趨向·乃製造化品及尋常日用之物·以輸人亞洲·而實行商戰主義焉。

今試反觀我國·固無刻不在敵國外患之間也。富藏於地·財散於民。苟善用之·則急起直追·猶未爲晚。然其進步之速率·須比歐戰四年間之美國·猶且過之。不然·則終居後進之地位矣。其勉之哉。

記美政府氣硝廠

張貽志

美合衆國於未參戰之前。素以無軍備聞。其加入戰團也。德人方視爲無足輕重。乃參戰後。未幾何時。其全國之地位一變。軍備之盛。震驚世界。此無他。以其工業發達。財力雄厚。制度整齊。人民敏銳。故百事易舉也。其備戰之成績。特殊可記者甚多。而氣硝廠尤其最著者之一。作者曾居該廠充化學副工程師八閱月。就觀察所及。爰撮記之。

炸藥於軍事上之重要。無待言。歐戰中。兩方掘壕爲戰。軍人避禦子彈之術甚工。故軍火之糜費甚巨。尤非有大宗供給不可。然炸藥之源出於硝。欲製炸藥必先有硝。世界最大之產硝地。爲南美智利。合衆國一切硝之來源。悉仰給於彼。在平時固一航可及。輸入甚便。在戰時則船舶寶貴。輸運甚艱。且本國無獨立之來源。悉仰給於人。萬一敵人能以强大之海軍。封鎖我海港。則輸運之路絕。勢將坐以待斃。故美之有識者憂之。乃求助於人造硝。

硝者·淡氣之化合物也·淡氣之來源·最大者莫過於空氣·空氣中之淡氣·在宇宙間有無盡之藏·環繞大地之空氣·其最大成分卽爲淡氣·以容量言·佔空氣百分之七十八·以重量言·佔空氣百分之七十五有半·地面上每一方里·載淡氣兩千萬噸·按現今淡氣之銷耗量計·卽此一方里之淡氣·可供給全世界之用五十年·然此無盡藏之淡氣·除一極微少之成分·可供動植物之營養料外·餘均置於無用之地·蓋淡氣之爲用·全在於淡氣之化合物·此空氣中之淡氣·在化學各元素中·爲甚不活動之元素·與其他元素化合甚難·在天然界中·僅恃電力及微生虫力·可以使一小成分之淡氣·與他元素化合而成化合物·苟有法焉·能不恃天然力·而能使淡氣·爲化合物·則世界淡氣之供給可大增·其有功於人類者乃至巨·故自十九世紀以來·科學大明後·如何可以利用空氣中之淡氣·遂常縈迴於化學家之腦際·而爲化學上之一大問題·近數十年·經歐美化學士之專門研究·及試驗·前仆後繼·屢蹶不衰·此固淡法(卽用人力使空氣中淡氣成化合物法)遂大明·

固淡法最便利而適實用者有三。(一)電弧法。Arc Process (二)哈褒法。Haber Process (三)灰炭法。Cyanamide Process 電弧法·仿天然電力之固淡法·通空氣於極熱之電弧間·淡氣受此作用·與養氣化合·而成淡化養·然後使此淡化養·與水化合·而成硝酸·此法需用最强之電力·非其地有極大之水力·可以發生甚强之電力·則此法不經濟。故世界僅有諾威國可以盛行·此法以其有天然極大之瀑布也。哈褒法爲德教授哈褒所發明·法以定成分之淡氣·與輕氣接觸於稀金屬之鋨或鈾(Osmium or Uranium)上·加以極大之熱力·與壓力·於是輕淡化合而成輕三淡 NH_3 卽氫。Ammonia 然後通氫於加熱之白金簾·氫乃養化·而成淡化養。此淡化養爲水所吸收·卽爲硝酸。此法盛用於德國·使德人無此法·則智利硝之來源絕·炸藥無由得·德人之不支·不待四年餘之歐戰矣。

灰炭法·用石灰與焦炭置於最大之電爐內燒之·得鈣化炭。CaC_2 其化合式爲

$$CaO+3C=CaC_2+CO$$

復以鈣化炭·置於另一種電爐內·通以淡氣·此

鈣化炭有吸收淡氣之特殊作用·而成鈣化淡炭。$CaCN_2$其化合式爲

$$CaC_2+N_2=CaCN_2+C$$

此鈣化淡炭與蒸汽化合得氫·其化合式爲

$$CaCN_2+3H_2O=CaCO_3+2NH_3$$

由氫再養化爲硝酸·其法與哈褒法同·其所經過之化學變化如下

$$4NH_3+5O_2=4NO+6H_2O$$

$$2NO+O_2=2NO_2$$

$$2NO_2+H_2O=HNO_3+HNO_2$$

$$HNO_2+NO_2=HNO_3+NO$$

以上三法·各有短長。何法之擇·要視各地情形及用途而異。當美國未加入歐戰之前其政府已稍稍注意國防·知硝之供給·於國防上有極重要之關係·於是特派其國內最著名之化學士·研究人造硝工業·並赴歐陸已有之工廠調查。及加入歐戰後·遂決意大建工廠·製造人造硝。(或曰氣硝)電弧法以無大水力不能用。於是同時試辦第二第三兩法·由國會陸續撥款在八千萬以上·爲兩廠之建築費。惟哈褒法雖在德國頗著成效·然

美國從未辦過·政府不欲虛糜巨費爲嘗試·而灰炭法·則美國有一私立工廠·已於十年前試行之·專製鈣化炭淡·爲肥料之用·成效尙佳·故政府特注全力於此法·其經費之大宗·亦悉用於此廠·茲篇所記卽專指此廠·

此氣硝廠屬於美陸軍部·軍械司·廠設於阿那巴麻省之筋灣 Muscle Shoals, Alabama 爲合衆國之南部·其設廠於此·一則以其僻在內地·有軍事上之安全·二則以其近呑利昔河 Jennessee River 可利用其水力·三則以南方實業發達·遠遜南北方·藉此可以拓植南省·四則以其人工較賤·且多原料·五則以南省農業繁盛·將來戰事停止·該廠所出之硝·卽可供該地肥料之用·該地未有廠之前·悉爲荒區·或植棉地·平地起樓台·其工作之浩大可想·建築開始於一九一七年之十二月·於翌年之十月工程已大致完竣·開始製造·未及一年·一片荒涼之壤·一變而爲工業繁盛之區·人傑則地靈·此之謂乎·

該廠共佔地兩千二百英畝·工廠分十大部·每部之大·可以爲一獨立工廠而有餘·其十部爲

(一)機力廠 The Power Plant

(二)鈣化炭原料廠 The Carbide-Materials Department

(三)鈣化炭電爐廠 The Carbide Furnace Department

(四)鈣化炭磨機廠 The Carbide Mill Dcpartment

(五)淡氣廠 The Nitrogen Department

(六)灰淡廠 The Lime-Nitrogen Department

(七)灰淡磨機廠 The Lime-Nitrogen Mill Department

(八)氬氣廠 The AmmoniaGas Department

(九)硝酸廠 The Nitric Acid Department

(十)氬化硝酸廠 The Ammonium Nitrate Deartment

以上十廠·其內部之設備·及工作·限於篇幅·非茲篇所能詳記·茲撮其要者·略述之於下。

(一)機力廠 全廠中所需用之電力甚多·故政府擬利用呑利昔河之水力·建築一水力發電廠。惟該廠之工程浩大·須於河中建一世界最長之堤·非一時所能告竣。於戰事中·須用瀛硝甚亟·故先建一瀛力廠。分爲兩部·甲部可以發生六萬KW電力·乙部三萬KW電力·甲部有蒸鍋十二·(B&W stirling Type)每蒸鍋可以出一千五百馬力·其汽機爲旋輪機·Turbine其生電機爲間流式·A.C.60

Cycle. 12000, Volt. 其他各種附設之機械甚多。與尋常之機力廠大同小異。不過規模稍大耳。其乙部則方開始建築。

(二)鈣化炭原料廠　此廠之功用有三。(一)磨煤使碎。用爲燃料。(二)煅灰石爲快灰。(三)磨炭使碎。且烘乾之。本廠所用之灰石。採自附近之灰石鑛。有煅灰爐七。爐爲長圓筒形。徑八英尺。長一百二十五英尺。爐爲鋼殼。內鑲以火磚。兩端有齒輪。用磨托以轉動之。與燒黏泥之轉爐同。爐橫置。稍傾。成斜角。灰石由高端加入。研細之煤灰。則由低端用空氣噴入。以作燃料。爐內之熱度。在華氏表一千四百度至兩千度之間。由灰石煅爲快灰。約費時在三小時與四小時之間。每轉爐於二十四小時。可煅灰二百噸。故全廠每日可煅灰一千四百噸至一千六百噸。

此煅成之灰。由轉爐放入冷爐內。冷爐亦爲長圓筒形。徑五英尺。長五十英尺。亦爲旋轉式。其轉速率爲每秒鐘三轉。灰冷後。送入原料室儲置。

碎煤室。在煅灰室之旁。煅灰所用之煤。即在此室先用粗磨機研成小塊。然後送入烘爐內烘乾。

此烘爐亦爲旋轉式之鋼殼·爐徑三尺半·長四十二尺。由外面加煤熱之。此烘乾之煤·再送入細磨機·研爲極細末·以備煅灰爐之用·

在煅灰室之東·有焦炭烘乾室。在此室內·焦炭先研細·然後烘乾·其工作與碎煤室大致相同。

原料儲存室·在煅灰室之南·爲熟快灰及已研焦炭之用。此室須無濕氣。焦炭與快灰·即在此按化合重量秤出·而拌和之·以便送入電爐·

(三)鈣化炭電爐廠　本廠有電爐十二具·爐作長方形·長縱二十二尺·橫十二尺·深六尺·外面爲熌殼·內鑲以火磚。所用之電極爲炭塊·方十六寸·長六尺五寸·重七千磅。每爐用電極三·電極在電爐內之深度·可以自行控治·爐內所用之電流·爲一萬五千至兩萬 Amp· 所用之電壓爲一百三十 Volt. 爐內之熱度可至攝氏表三千度。每次加入之焦炭及快灰·其重量爲六百與一千之比(即焦炭六百磅·快灰千磅)此炭灰雜質·由人力加入爐內·至滿然後通以電流·歷六小時·化合作用完畢·而成鈣化炭。由爐邊用電極鎔成一洞·使此液質流出·事竣復將洞封閉·隨出隨添原料·其工作爲

繼續的·每四十五分鐘·開放一次·每次可出鈣化炭約兩噸·

(四)鈣化炭磨機廠 鈣化炭初由電爐內放出時爲液質·稍冷·即凝結爲固體·此固體冷後·即送入粗磨機·磨爲小塊·約一寸餘·復送入細磨機·磨爲灰·最後送入極細磨機·磨成極細灰·以備用·當經過各種磨機時·機內不能有濕氣及養氣·蓋鈣化炭與濕氣化合·變爲氬·Acety lene 此氬氣與空氣中之養氣接·有焚燒爆裂之虞·甚險·故機中空氣·須驅除淨盡·以淡氣代之·

(五)淼氣廠 本廠取淡氣用液體空氣法·即使空氣受極高度之壓力·復使其發漲·變冷·化爲液體·然後分級蒸發·淡氣之沸度(攝氏表零度下百九十五度)低於養氣之沸度·(零度下百八十二度)故淡氣先由液化氣·因與養氣分開·所用之空氣·由廠外用吹機吸入·所取之淡氣·必須潔淨無雜質·故吸入之空氣·須先用化學法則洗淨·以除去其炭酸氣等·通空氣於無數洗塔·塔內噴以苛性曹達水·炭酸氣爲此水所吸去·已洗淨之空氣·吸入大氣壓機·本廠有大機十五·可以壓空氣至

六百磅壓力。(卽每一方英寸有壓力六百磅也)此具高壓之空氣·送入淡氣塔內·使其澎漲·由六百磅減至五十磅壓力·當澎漲時·空氣放出·熱力於四週·自身變冷·至零度下百四十度以下·復以小部分具六百磅壓力之空氣加入·其已冷之空氣受此壓力·遂凝結爲液體。然後使其逐漸蒸發·淡氣沸度較低·其大部分先沸而化氣·養氣仍爲液體·故至塔頂時·可得最純潔之淡氣以備用。

(六)灰淡廠　是廠有爐千五百三十六具·爐爲長圓筒形·外徑四尺四寸·內徑二尺十寸·深五尺四寸·爐爲鋼壳·鑲以火磚。中隔以硬紙筒·徑二尺六寸。紙筒之中心有小紙管一·徑三寸。鈣化炭卽加於紙筒與紙管之間·每次可加千六百磅·炭製之電極·卽加入於紙管之中。淡氣由爐底小管通入·所用之電流·爲二百至二百五十Amp.一日Volt。電流加入後歷時二十分卽減至五十 Volt 與百 Amp。歷十二時電流停止。蓋鈣化炭與淡氣化合爲放熱的化學功用·故化合開始後·卽無須借助於外界之電力。電流停後·凡二十八小時·化合作用完竣·爐內之熱度約至華氏表兩千度·鈣化炭吸收淡氣·變爲鈣化炭淡。

(七)灰淡磨機廠　鈣化炭淡·由爐內取出·爲大塊之固體·先使之冷·冷後·加入粗磨機內·磨成小塊復送入細磨機·磨爲細粉。其工作及機械·概與鈣化炭磨機廠同。

(八)氫氣廠　由鈣化炭淡與蒸汽化合·變爲氫氣其化合所需之機械·最要者爲機桶。Autoclave 桶爲鋼製作長圓筒形·徑八尺·長二十尺·中有旋轉器以攪動桶內之物質·本廠有桶五十六具。當工作時·桶內先加入甚淡之苛性曹達水·(百分之二液)約佔桶至九尺·復加曹達灰三百磅。此曹達水與灰·用以促化合作用·自身無變化。於是乃加入鈣化炭淡·約八千磅。然後通入蒸汽。所生之氫氣由導管通出。當化合時·所生之壓力甚大·故桶之構造須極堅。且氫氣發生之速率·與壓力關係甚大·故壓力高下之控治·尤爲重要。

(九)硝酸廠　硝酸廠最重要之部·爲助化室 Catelyzer Building 共有助化室六·每室分四行·每行有助化器二十九具·每具相距約五尺。助化器爲鋁片製之扁方箱·寬十四寸·橫二尺四寸·高五尺·

中空。器之高端·有鐵管·錏氣與空氣之雜質·由斯管導入。（錏氣由錏氣廠來時先導入密閉之鋼桶內·在此與空氣和合。其和合量通常爲錏氣佔全氣體重量百分之十。）在鋁箱之低端·有白金簾一·其大小適合箱底。（此白金簾爲極細之白金線織成·如織布然·每簾約值美金六百元。）此白金簾用電流燒熱。錏氣由導管經過此簾·白金有特別助化作用·錏氣遂與空氣中之養氣養化·而成淡化養。此簾之細·約每方寸有八十孔。器內之熱度約爲攝氏表七百五十度·電流爲三百七十五 Amp 二十一 Volt。此淡化養由白金簾導入大鐵管內·復由是通入冷塔使冷·冷後·復導入養化塔。、使由低級之淡化養·變爲高級之淡化養·(NON_2O_3)然後與水合·而成硝酸。

(十)錏化硝酸廠　廠分兩部·一爲鹽化室·Neutralizing Building 一爲結晶室·Crystallizing Building 在鹽化室內·有鹽化桶·內貯硝酸·通以錏氣·化合而成錏化硝酸鹽(簡稱曰錏化硝)此錏化硝仍爲液質·故由此導入結晶室之蒸發器內·蒸去其水分·而成結晶體之固質·此錏化硝·即現今猛裂炸藥

三種之一也。

本廠於一九一八年十月建築工事粗竣。即開始製造。惟未久而歐陸停戰。本廠遂於本年二月暫停工。雖於歐戰中未奏若何效力。然合衆國有此巨大之氣硝廠。無論何時均可製造。於軍備上所增之勢力甚大。且本廠所出之鈣化炭淡。及氫化硝。均爲極好之肥料。平時用途亦甚大。故該廠雖暫時停閉。將來終須繼續開辦。可斷言也。

日本政府於去冬特派化學士多人到該廠攷察。聞已與美某建築公司訂立合同。建一甚大之氣硝廠。不久即將開辦云。

吾國產硝甚微。去智利遠。且無海軍。氣硝之供給。於國防上尤有亟大關係。且吾爲農業國。肥料之需要尤多。氣硝廠之設。尤爲當務之亟。倘數年後。能有一氣硝廠出現。如本篇所記。是則作者所日夕蘄望者也。

述製革業情形

侯德榜

製革之業肇始上古·游牧人民未知嫁嬙·已知製革之術。蓋取走獸之皮以爲衣·乃游牧社會人民之習慣。惟其最妙者·卽彼時所用製革之法今人尙有沿用之者。(見下油脂鞣法)後太初之民·雖未有科學·尙知從試驗閱歷上求其製法·故製革之業必爲人類最先事業之一無疑。其自古以來發達之歷史·非本篇所能詳及。茲惟舉其業之普通情形論之·蓋本篇之作·在使一般普通人民知製革業之緊要·非爲製革界諸子作也。

製革之業可謂利甲廢物之業·或轉化較無用之物而成人類大有用之品之業也。殺牲宰畜·爲食其肉·而皮之量居畜生全身有幾·則視之爲食品·實屬極微。若用以製革得一物品·其堅勁其耐久在在足以製各項物具·蓋其最佳性質卽兼具堅勁與柔軟兩性·世間物質兼有此兩性者蓋鮮·鋼鐵金屬諸物·堅矣·而未能柔軟·布帛紡織之物·柔軟矣·而未如皮之堅勁耐久。今試觀吾人足所穿之皮鞋·手所著之皮套·身所藏之皮摺·家內物具之皮墊·車上之皮裝·馬上之皮鞍·旅行之皮箱提包·機器輪之皮帶·何一非用皮爲之·此尙爲和平時代之需要也·至行軍用兵之時·槍上之皮帶·馬上之皮韁·兵士足所著之皮鞋皮靴·脛所著之皮膝·其他軍械之構造莫不需皮·則皮之用不可謂不廣·究其實因皮用之廣·往往出不敷用·今人因創製種種假皮以補皮之不給·

製皮之法上古人民已知之·大抵草昧之人·獵得一獸·剝其皮·卽取其脂塗之·然後置諸日光中漸漸晒乾·此卽今日之「油脂鞣法」·惟吾人今日所用之油·多係鱉魚肝油耳·後世製革之術逐漸發達·始知某種樹植之皮·之木·之葉·之實·浸漬得水溶液·可用以製革·由是「植物鞣法」興焉·此種樹植用以鞣皮者·有五倍子·橡樹皮·鹽膚木·椶椰膏·栗木·南北美松樹之木·或其皮等等·樹植之種類甚多·所用樹木中之部份(或實或葉或木等)不同·而用途亦有異·最近四十稔以還·自以鉻鹽製革之法發現·製革界別開生面·由是以知重鉻酸鈉·明礬·硫酸鋁·等無機金屬鹽可用以製革·此法

製革·需時短·需工少·且潔淨·所得之皮且强勁·其初此法祗用於輕薄皮張·最近趨向則無論厚薄大小之皮均用之。此法名曰「金屬鹽鞣法」·惟其尤妙者卽可用兩種鞣法合參·如取皮先置於鉻鹽液中鞣之·後復置於樹植單寧液中·則所得之皮兼具兩法之佳質。

此外尙有用有機化學品如阿爾地海地等惟其用尙未廣。

製皮之術我國名曰「鞣皮」「硝皮」。鞣者柔也使皮永而不腐且能柔潤也。蓋未鞣之皮不數日則腐臭不堪。及其乾也復硬如殭不能適用。「硝皮」者由其所用之硝石得名·(硝石卽硝酸鈉)我國舊法用硝製皮·究竟所得之品如何·作者不知·惟其法似非歐美所曾用者·殆爲我國所獨發明歟。

畜生之皮大者如牛皮·用以製鞋底·馬韁·機輪皮帶衣箱等·若切作數薄片·亦可以裝飾家內物具·次如馬皮·(分前半身·後半身·)可用作鞋面及其他粗用之皮·復次如牲皮·用作鞋面提包等·小者如綿羊·山羊之皮·用作婦女鞋面·鹿皮羔皮用

作手套以及輕稚物品·猪皮·前此多烹煑而食·近來漸多剝下以製家具·馬鞍·及行滕·等皮·其他如海狗·海馬·鱷魚·等穿有之皮不過供作婦女銀袋及身上裝飾之品·最近因有歐戰影響·前此棄擲之物如獅魚皮鯨魚腸·等亦設法取用·

以上普通畜生·我國出產極多·前此不知取用故見有外人收買不啻樂而與之·近後我國人漸注意及之·製革廠興設於我國境土者漸多·究多由外人興設者·至出口到外皮張·多爲日人所承領·外人欲買中國皮料者·居然向日本商人定購蓋我國人在外與外人直接經商者甚缺也·

然以生皮出口·再由外買熟皮進口·實乃商業上虧損之事·蓋實業最能獲利之處乃在化生貨爲熟貨之一層·往往農人以生貨售與製造廠·所得之利·居成品價値中極微之份·以生皮賣人·而買人之熟皮·猶以鑛沙賣人·而買人之鋼鐵·商業上虧損可以明是·惟製革之廠·由我國自設自辦·此興辦他項實業較易·何者·生皮由我國自產·各處皆有採買原料易也·製革廠可大可小·小資(三數萬元)可以興辦·大資可以擴張·非如他業必待

有多少資本方可開辦也。開辦之後有機器多置機器。無機器多用人工。非如他業必賴機器也。其實歐美諸先進之國製革之法除數層間用機器外尙多用手工。

洋紙之歷史及製造法大要

周萃機

混沌初開。乾坤始奠。衣毛茹血。穴居洞棲。民智不開。百物不備。厥後結繩爲治。削簡以紀。遂留古代文明之濫觴。蔡倫造紙。更開空前絕後之偉業。全球上推爲鼻祖。誠我國化學史上之光榮。吾人所宜自矜者也。

造紙術之發明於我國。雖屬漢代。而傳播於泰西。則自第八世紀之中葉。亞喇伯人始得其法。乃介紹於埃及。希臘等國。至十二世紀時。摹而斯人復導入西班牙。當十字軍第二之際。又入於意大利。嗣後自意而法蘭西。而德意志。而英吉利。於是乎蔓延於全歐。更佈於新大陸之美利堅焉。至今則紙業之發達。當首推美英德匈牙利。腦威瑞典諸國。我國爲造紙發祥之所。然因拘守舊法。數千載如一日。不崇科學。凡事悉聽自然。二十年來。固有紙業。幾爲外貨所轉移。喧賓奪主。莫此爲甚。新設紙廠。寥若晨星。若日本則努力推廣。紙廠林立。幾執東亞之牛耳。而且於歐戰中。更有運輸歐美者矣。吾儕可不勉旃。今將機器造紙。化學原理。約略言之。

迄十九世紀之初。紙章之成。全賴人力。至一七九八年。有魯備氏 (Louis Robert) 者。法人也。特出心裁。發明一機。爲連續不斷之紙。然惜其不克奏膚功。而英人方獨令氏 (Fourdrinier) 者。殫精竭慮。犧牲產業。復得有名機械工程師道夌氏 (Donkin) 之助。乃竟成厥志。於是造紙法呈一新紀元。全球遂推方氏之造紙機爲盡善盡美之利器焉。至今各紙廠猶多用之。

後德人克路 (Keller) 創一磨機。然因經濟困難。轉售專利於浮脫 (Volter) 氏者以成其偉業。於是浮氏磨機。著於彼時。及經氏損之益之。遂成今日造新聞紙最要之器械。蓋造新聞紙料。不施化學藥品。及浮白粉。全賴磨石之運用。而將樹木研成爲漿。故其紙微黃。且不甚佳。時而現樹筋及纖維於紙中。然其値甚低耳。

上述二機。爲造紙上至重要者。其他機器之應用者甚多。非本篇所能及。

造紙原用麻。碎布。竹。草。等原料。至一七一九年律墨氏(Reamus)首倡以樹木造紙之說。蓋根據蜂巢之構造而立論。適其時有人解折蜂巢之結構。而又以實驗證之。深韙其議。於是柳,桑,松,栢,槲,櫟等木皆用之。而紙之原料以此大增。

植物之組織至一八五〇年間。始引起化學家之研究樹所含之胞絲 (Cellulose) 爲紙之元脈。至今猶未知此化合物含有炭,輕,養若干。抱爲深憾。惟知鹼類能毀木等所含之非胞絲質。(Non-cellulose) 而留胞絲質於後爲紙料。

造紙之法。通用者有四。其一曰硫酸鹽法(Sulphate Process),其二曰亞硫酸鹽法,(Suphite Process),其三曰鈉鹼法 (Soda Process),其四曰機力法 (Mechanical Process)。機力法前已提及。即不用藥品。專以磨石旋轉,研木成漿也。其他三法。均用藥品烹煑。故亦總稱曰化力法(Chemical Process),

泰西諸國。普通用紙多以樹。所用之法。以樹而稍殊焉。如硫酸鹽法。以槍爲主。亞硫酸鹽法以樅爲主。鈉鹼法以松栢爲主。三法大同小異。藥品更換。而其程序,則一也。

樹木運自林間。先鋸成短塊。置於剝皮機中以去其皮。更以機切成小片。再運裝煑釜。賴藥品變化作用。而胞絲與非胞絲。遂相分解爲二。浸漬約數時之久。湯氣壓力一百餘磅。煑畢。乃放開釜中漿水。送至大水槽洗清之。務使去其非胞絲原質。後乃以碎機研之。加入礬水，漂白粉等。不久盡成雪白之紙漿矣。將此白漿送入吸水管。使吸去其水。所留於管上者。乃半乾之紙漿也。預藏之爲。將來造紙之原料。

電力扇動。機聲唧唧。人工蝟集。於是造紙廠之工大作矣。紙漿運至打機。加入澱粉亞膠。并調和顏色。後通此淡薄之紙漿於方氏造紙機。於是紙張源源而出。陸續不絕。即由熱筒烘乾之。巨捆大束。可以上市矣。

由樹木所製之紙。價值亦廉。若上等紙如公債票文憑，官牘，信紙等。皆以碎布舊繩爲之。但其值頗昂。故每雜以樹質幾分。竹之爲紙料。乃東亞特色。其胞絲品質，亦不亞樹木。而良於草稈。繁殖甚易。長發期短。十年樹木。一年栽竹。故我國之竹紙大有振興之望焉。

作者在美國緬省大學(University of Maine, Orono,

Me., U.S.H.)專攻造紙新法。復曾在本省"東方製造公司" (Eastrn Manufacturing Co., Brewers, Me.)之造紙廠。實地練習。頗有重整我國紙業之心。同志之士。其與起乎。

中國紙之製造法及概況

李雄冠

紙之歷史

稽紙之發明。自東漢龍亭侯蔡倫始。蔡倫授之庶民。製造之法。幾遍全國。利用厚生。垂數千載而不朽。至後文化日進。製造漸精。遂有粗紙。細紙。之分別。粗者牙黃粗糙。細者潔白細嫩。製造之法。漸加改良。而名目。自此亦繁多矣。

晉武帝時。南越獻側理紙。是以海苔製者。其理縱橫斜側。故名側理紙。武帝以賜張華。寫博物志。漢人又訛稱爲涉釐紙。今無之。故知者寡。

唐代薛濤能詩畫。閨閣無事。玩弄翰墨。以胭脂戲塗粉紙。作桃花色。嬌豔可愛。自此薛濤作桃花紙。美人名士用以吟哢。流傳至今。世故名爲桃花箋。又名薛濤箋。顏色紙之名自此始。嗣後紅。黃。藍。青。硃砂。珊瑚。泥金。各色紙。遂相繼發明。

六朝宣城詩文大家謝眺。以宣城。小陵曹。所產之紙。雪白而細嫩。輒取之以寫屏聯。世人多效之。

宣城紙之名。乃大噪。卽名爲宣紙。書家。畫家。至今流傳不衰。宣紙出後。商人愈加研究。大有進步。則鳳紙。花紋。奏本。玉版。雪雲。海燕。海月。亦相繼發明。

嗣後出產愈多。用者愈廣。中國紙。幾有供不應求之勢。

溯自前清與外洋通商以來。洋紙進口。供應吾國之需求。爲數甚鉅。故中國之紙業。由是頓衰。迨至德。奧。與各協約國開戰後。外國工廠職員與工人。多執戈從戎。營業停頓。瑞典。奧。德。英。法。美。之紙。來源既少。東洋紙。乘機猛進。無不利市百倍。愛國之士。日夕高呼提倡國貨。振興實業。然貪廉取巧者。仍乎不顧。

然中國用機械造紙廠。祗上海。華章。龍章。及漢陽造紙廠。鎭江造紙廠。而已。如上海華章在歐戰以前。已被日商收買。後。已利市千倍。如上海龍章紙廠。似魯殿靈光。竟一線耳。繼思漢陽鎭江造紙廠。仍覺成效匪著。實業之不振。由於舊道德浸衰。新道德又壞。人存私念。不顧公利。當軸又祗知重征叠稅。對商漠不關心。故鮮有不至敗者矣。

紙之原料

中國製紙之原料·以竹爲主·以稻草爲輔·餘外以楮皮·桑皮·棉稿·而已·查蔡倫時代·亦曾以敗布製紙·後以布貴而廢之·

竹料　春·冬·發生·初生爲笋·可以供食·至長大及有枝葉·則爲竹·可以製器·並專爲製紙之原料·以清新柔嫩者·製細紙·以粗老堅硬者·製粗紙·均由山戸鑒別取材·

稻草　每年清明後播種·由花而結穀實·穀爲民食·至七八月而收穫·其草由山廠鑒別收買·以細嫩者一成·至多以二成·或三成·參做細紙·然上上之細紙·不用稻草·粗紙需用稻草更多·至少需三成·至多以八九成爲止·故稻草亦爲製紙原料之必要·

楮皮　楮樹·生養數年·枝幹偉大·每至春·夏·枝葉葱蘢·至冬·剝其皮·及新生細嫩之新枝·專供製造皮紙之用·皮紙·祗供包裹·昔時亦作書簡·故函中恆有「謹肅寸楮」云·

桑皮　桑樹以杭州餘姚臨安於潛產者最優·至二三月·其葉菁茂·可以養蠶·至冬·削其皮·亦供製造皮紙之用·故桑皮紙·亦以杭州出產爲最佳·

棉稿 棉生於二三月至八九月農人取花市之即爲棉花供紡織衣服之用再取其嫩稿爲製造棉紙之用棉紙比皮紙細嫩輕薄亦供包裹及信封之用

製紙器具

山廠 凡廠屋之位置大都背山面水每廠約有十餘椽或五六椽內備水槽水碓洗料塘漂白塘製紙水筐壓紙榨烘紙室摺紙案堆紙室原料室廠主辦事室廠主住宅辦事人及做紙司臥室此即名爲山廠

廠主或辦事人收買竹料稻草楮皮棉藁時用人力挑入廠內存儲之此爲原料入廠之始

製簾 中國製紙之法紙簾爲必要之器具其簾用竹絲編成以竹爲經以線爲緯上等細紙之簾竹經小如絲細嫩精巧手工絕倫粗紙之簾經緯較粗手工稍劣簾之大小定紙之長短闊狹如簾長二尺一寸簾闊一尺六寸則所做成之紙長短闊狹亦如之然各種粗細紙類皆有規定之程式不得任意短長如粉連橫三尺二寸直一尺八寸毛邊橫三尺六寸七直一尺六寸三川連橫二尺

零四。直七寸四分。黃表。橫一尺一寸五。直九寸。其餘視花色而異。闊狹長短不能一律。且名目繁多。不能類舉。

紙之製造法

製料 原料入廠之後。取原料二千斤。分十層放置水槽內。每層淹以石灰。灌以溪水。或一月。或二三月。則視下石灰量之輕重。爲遲速之標準。至原料體質腐軟如綿絲。其色卽由此漸變。卽爲淹料。

料漿 其料受石灰酸液之染觸。遍身若爛泥。卽由水槽移入洗料塘內。洗淨之。洗料塘。爲長斜形。一面受谿水之灌輸。一面排除汚水。約二三晝夜。卽完全清潔。再取出。用水碓椿之。粉爛如漿。名爲料漿。

分紙藥 料漿既成。移入製紙水筐。乃將分製藥水冲入。其藥水。乃槽戶就山上採取草藥二三種。用土法製之。若無此藥水。濕紙出筐。不能相和。和則仍變爲料漿。故必用此藥水。始能分成張片。誠爲天然出產之藥料。此藥料爲何名。槽戶均不爲外人道。視爲祕傳。但有人說爲蔡倫草。因無紀載。似不可考。但將此分紙藥水冲入製紙水筐後。用杵攪之使勻。其藥之功用。在使出筐成張之紙。濕濕相加。不覆腐爛。

漂白法 粗紙不加漂白。仍作牙黃色。細紙必加漂白。漂白之法。以料漿移入漂白池內。用中國土礆。或卜內門洋礆。或用漂白粉。不數日。黃色不潔之料漿。即變成雪白如雲之玉液。凡屬上等粉白之細紙。非漂白不可。

成張 漂白既竣。再移入製紙水筐。取細紙長大之竹簾。用清水洗去塵埃。由製紙司二人。雙手平平端捧竹簾。輕輕浸入製紙水筐。使料漿浮滿簾面。一浪來。一盪去。即將簾。平平提托出筐。即成潔白如玉之紙。然張片之厚薄。即視出筐遲速爲定。每日成紙。約六七百張。或八九百張。視製紙司眼銳手靈。則出數爲多。如製紙司目鈍手笨。則出數必少。手足之敏鈍。工資之低昂。乃以成張多寡爲標準。

小簾細紙。及小簾粗紙。以一紙司爲之。出筐更易。每日可成三四千張。

烘晒 紙做成張片之後。天晴出晒山上。或平地。如天雨。即入烘紙室。烘焙之。以二三分鐘爲度。即揭出。置摺紙案上。由摺紙司。摺疊成刀。用榨平之。粗紙。每刀百張。每十刀爲一擔。細紙。每十二刀爲一擔。或十刀爲一擔。名爲槽擔。由廠主出售之。

鑑別　廠主將槽紙出售於紙號。號主與配紙司。研究紙張之優劣。償以時值。譬如盡竹絲造成之紙。油面光滑而細結。色白而精亮。以火焚之。灰色清白。飛揚空際。竹料之中。如或摻以稻草。及雜質。雖白而無光。雖滑而不結。擧光照之。茅莖黑點。胜雜不淨。水泡漏槽。首尾不勻。短張少數。尤爲大病。

配削　配紙司二三人。削紙司三四十人。用人之多寡。以出產多少爲衡。其細紙。由配紙司分別上身。中身。下身。上破。下破。發給削紙司。選提剔削。如粉連。以九十五張。爲一刀。以十五刀。爲一块。如毛邊。以百九十五張。爲一刀。以五刀。爲一块。或以六刀半。爲一块。川連。以七十八張。爲一刀。以四十四刀。爲一块。料半。以三百八十張。爲一刀。以十四刀。爲一块。花尖。以八十八張。爲一刀。以七十二刀。爲一块。元表。以九十五張。爲一刀。以二十四刀。爲一块。表芯。以三十六張。爲一刀。以八十刀。爲一块。貢川。以九十五張。爲一刀。以七十五刀。爲一块。大元書·以九十張·爲一刀·以五十四刀·爲一块·小元書·以九十張·爲一刀·以五十二刀·爲一块·龍屏·以九十張·爲一刀·以四十四刀·爲一块·大京放·以百九十五張·爲一刀·以九刀·爲一块·小京放·以二百張·爲一刀·以十三刀半·爲一块·時仄·以一百張·爲一刀·以二十五刀·爲一块·毛六·以百五十五張·爲一刀·以十二刀·爲一块·毛八·以百九十五張·爲一刀·以十二刀·爲一块·關山·以百五十五張·爲一刀·以十二刀·爲一块·奏本·以百九十五張·爲一刀·以五刀·爲一块·其餘不及詳載·惟粗紙·不須配紙司之配發·祗由削紙司·單獨剔削·凡無破者·爲正紙·有破缺者·爲破紙·分別成块·

榨紙 由削紙司配削成块之後·發交榨紙司·放入榨板上·下以板盛之·用榨壓平·

蓋印 用榨壓平之後·粗紙由榨紙司·蓋紅印·或墨印·於兩端·即某某牌號·細紙之印·乃由削紙司於成刀時·蓋紅硃印於刀口·即爲某某牌號·以堅顧客之信用·昭垂久遠·無怠無荒·他人亦不敢假冒影戤·

相篓 篓紙司·即爲裝紙工人·又名套篓·凡蓋印

之後。細紙則用油紙包裹。復圍以箬葉。或竹葉。用繩緊紮之。以防浸水濕。外又以篾編成簍子。用粽印標明牌號。則做紙之能事畢矣。再將染色及印花之工藝言之。

顏色紙之製造法

染色　大凡染色之紙。由色紙作坊選購。細嫩潔白之紙。如毛邊。大廣。等之類。其色之配置。如大紅。粉紅。橘紅。桃花紅。荷花紅。玫瑰紅。雄丹。黃丹。金黃。菊黃。臘黃。淡黃。古銅。紫銅。大綠。水綠。淺綠。深藍。淺藍。月藍。銀白。月白。檳榔。栗色。靛青。天青。竹青。淡青。茶青。玫瑰。紫色。之類。由刷紙司。將配成之色。刷上紙面。在烘紙室。用文火烘乾之。再過膠水一次。雖稍受水濕。亦不退色。珊瑚。泥金。硃砂。必用奏本。粉連。先行夾裱。其次或用毛邊。大廣。等紙。

硃砂箋。配定硃砂色。刷於紙面。用文火烘乾之。

珊瑚箋。配定硃砂色。刷於紙面。文火烘乾之。過淡薄膠水。後。遍洒泥金。卽爲洒金珊瑚。

泥金箋。上薄膠水。後。滿洒泥金於紙面。遍擦勻之。卽爲泥金箋。凡製珊瑚。泥金之紙。手工大有優劣。必須洒得勻。擦得薄。始可減輕料本。因泥金與珊瑚甚貴。故資本奇昂。當然珍貴。

在山廠之染色。祗黃箋、黃表、烟表、三種。黃箋、黃表、於原料製成料漿時。即加以姜黃汁。濃淡聽便。此紙全爲供神之用。烟表、於原料製成料漿時。即加以洋紅、或洋綠、兩色。濃淡悉便。此紙專供包裹之用。

印花紙之製造法

印花 印花紙、產自廣東。他省無之。以木板、或石板、鐫刻花紋。各種樣式。匀配顏色。用古法摩印之。自前清通商後。多數用機器印花。出產多。而人工省。此宗印花紙。花色繁多。各省均能行銷。大約亦爲供神、及裝璜之用。

玉版雪雲海燕海月製造法

製造簡單。惟手工須極精細。都是細貨店製造。(即扇箋紙店)精選最上上、之上等名牌粉連。如信禮仁記信、禮蓋加、文盛本莊、文盛蓋加、中和本莊、中和蓋加、同和加魁、同和榮記、同德加魁、同德本號、其餘均不適用。製紙之器具。用摩漆退光案板一座。細毛絨排刷、大小兩個。清水稀薄粉糊一盆。僱最精細裱工、裱背之。至厚者三重。薄者兩重。面子須壓光之。即成潔白細嫩光豔之紙。然亦有印刷彩色細巧之花紋。其各紙之製法。大致同此。銷路只屏聯信箋。近日莊票及匯票。間有行用。因信價過昂。銷路滋少。

皮紙之製造法

皮紙　原料最廣。竹料。棉稿。桑皮。楮皮。蔴皮。均可製造。其法。與前論紙之製造法。大致相同。細皮紙。輕結細嫩。白膩光明。粗皮紙。厚硬粗糙。毛點不清。細粗之分。視地而易。其效用。均屬包紮。其產地。乃在四川湖南廣東浙江福建。銷路則互遍中國。

油紙之製造法

油紙　以皮紙爲胚胎。浸刷以油。而已。其油須用藥料數種熬煮一次。以適度爲止。即以紙浸刷一面。使油透亮爲度。不日晒。不火烘。使油自乾。即爲油紙。油面。極光滑油潤。製成之後。以百張爲一刀。以五刀爲一捆。此紙出售。以每刀計算。價值亦有高下。凡爲油紙。浸水不透。可免潮濕。均供給包裹貨物之用。暢銷全國。

輸運銷售情形

自槽戶製造。及裝配。諸已先後具論。裝船。運銷當爲必要之手續。凡產紙之區。多在鄉鎮村落之間。運銷通商之埠。必由竹筏及帆船運出。然後或由火車。或由輪船。轉往他埠。發售。但自山內裝運。須就出產之區。向稅局完納釐稅。收執稅票。始能放行。如出省界。經過鄰省。仍須完納通過稅。如遇洋關。轉載出口。尙須完納正稅。迄達銷售地。後報告進口。仍加完納半稅。如甲埠轉售乙埠。若達乙埠後。又需一加完進口半稅。再轉丙埠。丁埠。進口半稅。亦如之。我國無統稅辦法。科稅之重。人民怨之。不若洋紙進口。完納一統稅後。運至他省界內。完一子口稅。卽可通行無阻。優待洋商。苛遇國民。致使天然之國產。日見式微。

茲將紙之稅則列左

稅則	上等紙	二等紙	三等紙
釐稅	錢八十文	錢四十文	錢四十文
正稅	銀七錢	銀四錢	銀二錢
半稅	銀三錢五	銀二錢	銀一錢
落地捐	銀三分五	銀二分	銀一分

附註　厘稅以一簍計算。正半稅。落地捐。是以每百觔計算。其銀一律歸庫平紋算。

統計表

地名	細紙	粗紙
福建	念五萬件	六十萬件
江西	十一萬件	六十萬件
浙江	十萬件	四十萬件
湖南	十萬件	三十萬件
四川	十萬件	四十萬件
安徽	三萬件	未明
河南	未明	未明
陜西	未明	未明
廣東	未明	未明
廣西	未明	未明
貴州	未明	未明
雲南	未明	未明

中國產紙件額。原無統計。故調查無所依據。以上所列之表。爲各山詢訪所得。然不免差誤。尙望海內同志。留心振興國產者。各就產紙區城。確實調查示知。以資考鏡。如能將各紙名目。件額。以及現在之牌號。一一詳載。更爲良善。

紙之名目

各紙花色之繁多。不易詳載。且同一之紙。同一名稱。易省而異名。但個人不能規定。須合全國紙商。聯合開會。互相討論。始克規定之。然各處紙商均無正式團體。萬難集合。規定名詞。且習慣上亦辦不到。茲就記者所識。參配言之。仍不免誤漏。閱者指正。

細紙名目表

陳坊粉連　外山粉連　邵武表連　汀州毛邊
汀州重邊　甯化毛邊　甯化重邊　陳坊毛邊
桂山毛邊　松溪毛邊　歸化毛邊　古城毛邊
市牛重　行牛重　雙夾宣　單夾宣　川毛貢
海月　海燕　玉版　奏本　雪雲　玉霜　銀素
鳳紙　花紋　雪文　大廣　官堆　籐田　山貝
關山　川連　料半　切邊　花佩　大貢　貢川
中貢　夾貢　延莊　重太　生太　毛太　毛鹿

粗紙名目表

大京放　小京放　大黃尖　小黃尖　大元書
小元書　杭本屏　龍晒屏　高把屏　中把屏
濾漆紙　抄缸紙　粗川紙
白錢　時仄　大海　小海　老甲　東甲　大則

中則　光古　大廠　小廠　扳興　徽豢　江箋

廣箋　龍屏　湖屏　金屏　杜屏　黑屏　亘屏

江折　城折　方高　如本　新坑　奉新　礬紙

草本　元表　川表　加表　表芯　夾紙　籐紙

斗方　花箋　古箋　連七　毛八　毛九　小切

顏色紙名目表

清水珊瑚　洒金珊瑚　清水泥金　清水朱丹

一品紅　三雅紅　五鳳紅　燈花紅　綠梅花

黃梅花　一品藍　眞硃砂　冲硃砂　冲珊瑚

大紅　木紅　紅丹　粉紅　梅紅　桃紅　朱赤

深黃　淡黃　雄黃　黃丹　杏花　脂黃　瓊瑯

玫瑰　荷花　油黃　蛋黃　金黃　紫銅　古銅

大綠　蕊綠　水綠　大藍　小藍　二藍　玉藍

翠藍　建藍　寶藍　雲藍　天青　元青　墨青

紫色　皂色　栗色　冬青　靛青　青湖　雪湖

湘妃　斑竹　竹青　霞青　泥金　白銀　湖綠

皮紙名目表

湖南皮紙　陝西皮紙　昌化皮紙　東陽皮紙

四川皮紙　萊陽皮紙　廣東皮紙

細棉紙　傘棉紙

29811

春皮　銀皮　參皮　麗皮　棉紙

油紙名目表

四川油紙　湖南油紙　漢口油紙　杭州油紙

廣東油紙

比紙質優劣法

(一)用盡竹絲造成之紙一方。再用有稻草料。或雜質。造成之紙一方。復用機器造成之最上等洋紙一方。同時分三起焚之。則見竹料之紙灰。隨空氣流轉。飛揚不定。竹料摻加稻草。或雜質之紙灰。不甚飛揚。用口吹之。始克流轉。其灰跡亦不甚白。至如最上等潔白之洋紙。其灰似結成灰殼。口吹之不動。卽扇之亦難流轉。而氣臭薰人。

(二)中國茶葉。爲全球最上之佳品。用中國紙包裹半觔。試藏一月。取茶烹之。仍清香可口。色味不變。又用洋紙包裹茶葉半觔。亦藏一月。取茶烹之。不獨清香全無。反覺有一種雜氣。謂予不信。請嘗試之。

(三)試向書店。購取中國連史書一册。又最上等洋紙書一册。並陳列於一室。約半年。取觀之。洋紙書色變油黃。中紙書仍鮮豔潔白而不變。各界諒早知之。其餘試驗之法尚多。不及備載。

中國植物油製造法及概況

羅　驤

吾國植物油所產甚夥。而其用途亦廣。有用之爲漆料者。塗之於家用器皿。及房屋楹壁。或作燈火之燃料。或爲食品之油味。種種推用。筆難盡述。而植物油大約可分爲二宗。一爲樹木油。一爲花菓油。今試扯雜誌之。俾留心國產者。得以研究之。

樹木油之樹。可分二種。一爲桐油樹。一爲木油樹。木樹產諸於廣西梧州方小。桐樹則中部與西部各省均有種植。考吾國輸出品中之樹木油。其十分之九爲桐油。是桐油爲樹木油之重要者也。木油樹之花。與葉同時並開。其實似雞蛋而尖。桐油樹之花則開於葉未發生以前。其實頗如蘋菓。此二種樹大抵生長於山邊。或數千尺之山巔。間有於雨水稀少及氣候寒冷之處。亦能生殖。惟氣候在二十四度以下。則不能結實。此種樹之高度。約有二丈。直徑自六寸至一尺不等。其花葉於春生秋落。與他樹同。桐樹之質頗堅韌。塗油漆於上。則永無曲屈之虞。故以之作音樂器具及箱類者甚夥。當春季之時。將桐子二顆置入三寸至五尺直徑之穴。一年中卽可長至三四尺。并能移植於他處。惟移植不善。或至夭亡。每年如有三尺雨水。卽可生長矣。近年美國對於此種樹油。頗爲注意。竭力研究種植之法。吾國本爲此種樹之產地。他人稱爲吾國之國家樹。安可漠不關心。任其故步自封乎。按此樹結實之多寡。遲早。當視其地土而定。大抵結實時期在四年與六年齡之間。結實之期限。爲十年。如培植良善尙可延長。

桐樹之實。係包於角形之堅壳內。至熟時卽破裂。其實卽散落於地。故植者因預防其實熟後破裂。致有散失之虞。特用器具承接樹下。以火爇之。使壳裂而實落於器內。然後將實置於磨槽。磨碎之而成粒。再將粒置於蒸籠內。待至適當熱度。卽加壓力於其上。而油滴遂下。惟熱度太高。油色帶黃。於成時。其中不無渣滓。尙須灑淸。其渣滓可作肥料餅。以供農家之用。惟舊式製油法。本可出百分之五十三者。只能出百分之四十。是製造法之急宜改良者也。日本亦產桐油。其價雖較廉。然乏擬著力。其銷路甚微。不能與我國競。

吾國國產桐油之處·爲四川·貴州·湖南·湖北·江西·等省·其出口數目·據民國七年之調查·漢口一處·有四十七萬九千六百四十擔·約佔是口額十分之七其餘如長沙·宜昌·沙市·南甯·等處·亦有出口·自民國成立以來·內亂頻仍·出口頗有不振之概·按民國元年出口有五十八萬二千八百十六擔·嗣後未有此鉅額·即以長沙而論·民國六年·出口僅十五擔·民國七年·出口僅一百五十一擔·蓋受亂事之影響·彰彰然矣·茲將近數年間出口貿易狀況述之如下·

年份	出口擔額	海關兩價值
民國三年	438,867	3,736,275
民國四年	310,344	3,012,343
民國五年	515,173	5,511,418
民國六年	401,361	4,835,908
民國七年	488,852	5,975,926

桐油輸出·乃往美英德瑞典諸國·但以往美國者爲最多·據去年之統計·銷於美國者爲全數百分之七十九·若論每年每擔之平均價值·六年爲十二兩四錢七分·去年爲十兩一錢七分·今年四

月間漲至十二兩二錢·五月間至十九兩六錢。是桐油大有發達之希望焉。

近來棉花產額日增·而棉實油出品因之日夥。其主要產地·當視其原料棉產地之區域以爲衡就中以上海爲中心·揚子江下流區域·如通州·太倉·崇明·寗波·紹興·杭州·等處·爲最盛。以漢口爲中心·如兩湖低地之沙市荆州武昌黃州漢陽德安·常德·諸處爲最旺。近年北部產棉之額亦漸增加·以天津爲中心矣。茲先將棉花之產額·及歷年輸出海外之額列之如下。

各主要地棉花之產額

上海及浦東附近	3,100,000擔
通州	2,100,000擔
寗波	1,300,000擔
太倉	500,000擔
湖北	2,800,000擔
總計	9,800,000擔

歷年輸出海外額

民國四年	124,763擔
民國五年	109,555擔

民國六年 615,803擔

民國七年 135,245擔

若棉實之產額·由揚子江沿岸之產棉豐富區域推算·每年當得九十八萬擔左右。至榨油之法。則尙多用舊法。其用新式榨油法者·只上海之大有·恆裕·同昌·大德·立德·及上海製造廠·通州之廣生·寧波之通利源·漢口之日信·共九工場。年僅銷費棉實二百萬擔。合計全產額四分之一。至舊式榨油法·工場之規模較小·大都設立於內地·其根基較爲堅實。至規模宏大之工場·設置於都會附近·其收集原料甚爲困難。故上記之九工場·因收集原料困難之故·以致每年須輟工約四月之久。其中所受之損失·甚大。

榨油新式法·則用搧風機以風力吹去棉實中所含之雜物·再用除毛機以去棉毛·脫殼機以剝殼·然後用研機研爲末粉·以一定時間·加以蒸汽·用扳絞器以壓榨之·而油成矣。舊式榨油法·則用篩以除去棉實中之土塵·即置諸石造之圓臼·研爲粉末·裝入竹製之環形器內·而蒸之·再用木製長方形之箱收容·而以換子插入·交互壓榨·其油卽自下流出。下置一收容器。以收貯之。其法至簡單。至於螺旋機水壓機等完全可以不用。雖不免有幾分殘留之榨。然其法頗覺簡捷便利也。舊式油法因此之故。得節省工場建設費。及機械費不少。故其營業反覺較新式榨法之營業爲盛。職是之由也。

江西景德鎮磁業述略

羅 驥

景德鎮磁業盛於元明。及清康熙年間最爲發達。嗣後漸呈退象。至今有江河日下之勢。且近來國人多用粗陋之品。故製造者視需求之方向爲轉移。於精細之件亦多不注意。循此以往。誠恐工藝漸呈退化。馴至僅能製粗陋之物。則磁業前途。尙堪問乎。有志磁業者。希注意焉。

編輯股識

景德鎮爲中國四大鎮之一。位於江西省之東北隅。人口三十萬。風氣閉塞。迄今當地無一報紙。居民中三分之二。從事於製磁器及陶器。考其歷史。自漢代以來。中國已有磁器。而陶器之作。尤早。相較約在數百年前。景德鎮地近鄱陽湖。環湖區域。多產佳泥。分類約十餘種。與皖交界處。有一名山。均產精美白泥。習俗所用之二語。曰磁骨。及磁肉者。卽所以合成磁器之模型。磁骨骨力脆薄。乃益以磁肉之堅靱。設非泥之混合分量適稱。則置之爐中。經火煆煉。非爆裂。卽傾陷耳。磁骨之泥。爲不溶解之物質。得自一種腐爛之花崗石。磁肉之泥。則爲白色可鎔解之物質。係結晶體乃石英與小晶所合成·此二種之泥·均製成泥磚·形白而且軟·用小船運至該鎭·專作此項之用·操此業者·約有數千人·此泥既提淨·乃揑成各式塊·再置諸陶工之輪架上·輪軸疾轉·數度後·陶工卽用手術揑成各種器皿之模型·方圓凹凸·無不如意·既成·置一長槃上·俟第二技手增添柄握·加以藻飾·然後使全具光潔·曝之令乾·第三層工夫·爲上紬·或噴或積·或浸·其道不一·未上紬前·亦可着紅藍諸色·迨加標記後·卽可入爐受煆·凡磁氣入窰時·均須護以堅强之泥·製圓筒·名曰護磁筒·以防火勢過烈·或至損壞·此種泥筒可用至五六次·凡納入護筒之磁器·每件均置諸一種泥台上·其上預撒以稻草之灰·以防與他件融洽·窰內之物·須受一千六百至二千之熱度·然後息火·使漸冷·凡係無彩飾之素磁·經此一燒後·已完全告成·如加花飾·則須再燒·若特別繪畫·恆須數星期·或數月·始成一器·該鎭之業磁器者·以器之形式種類而分派別·新辦之江西磁業公司·各類器皿無不製造完備·且能採用新法·頗稱獲利·該公司純係華商·並無外股·每年出品·總値價銀洋十餘萬元·該公司之

出品·曾於一九一五年巴拿馬博覽會得優獎·各廠女工甚多·並收學徒·婦稚習此業者·實繁有徒·幷精刻花描畫及作字於磁器上之術·造胚之工資每日自一角至一元不等·繪畫工資·每日自一角二分至三元不等·該鎮每年售出磁器·共値價洋五六百萬元·多半銷於國內·其銷行於美國者於一九一六年共値銀1,092,081.元·刻下頗能仿製西式盃盆之屬·銷路甚廣·製造西式磁器之窰·名曰玲瓏窰·在美國紐約有一瑞記公司·爲輸出景德鎮之最大商行·此公司販買磁器出口·每年價銀不下八萬元·凡磁器均包以稻草·然後裝箱·運往外洋之貨品·卽於景德鎮當地所置之箱上·加以華英文之標記·直接運寄·

高線鐵路調查記

楊 毅

高線鐵路。自京漢鐵路陀里站起點。踰山越嶺。涉溪渡河。延長有六十餘華里。全路共分十一站。陀里爲卸貨之站。萬福堂。南車營。北橋窖三站。爲動力發生之機站。亦卽爲鐵索斷接之地。萬福堂機站距陀里爲最近。約十有餘里。在一山崗之上。因此除視察陀里卸裝站外。機站僅視萬福堂一站。其餘二站。據該路管理員云。同一格式。裝煤之站。與卸煤之站。亦無大區別云。玆就當日所視察之情形。依其結構繪爲一圖。詳述如下。

線路之格式

線道格式。爲雙線循環之式。一道爲重車之來路。一道爲空車之去路。路之高低不等。其最高斜度約有五百尺。一路之中共有二線。一上一下。上者爲不動之鐵索。下者爲行動之鐵索。其不動鐵索。則沿路扣擱。在鐵架頂上。自煤鑛起直至卸裝站爲止。約三百餘尺。距離卽有一鐵架。鐵索因天時之冷暖而有伸縮之能力。故索不釘定在鐵架之上·其盡頭之處則有極大重量以爲牽制·二索之牽重不等·因一路爲重車·一路爲空車也·車之重量·皆在此二不動鐵索之上·其行動鐵索·並不受重·惟在牽動車輛而已·動索懸在空中·隨風飄動·惟不可失其線之直路·故鐵架之中段·有一橫架·橫架之上兩邊有三角式之鐵線欄·欄中有一縫路·鐵索即可滑在縫路之內·而保存其直線也·

車輛格式

煤車爲一米斗之式·鋼板所製·可裝七百餘斤細煤·車之兩旁·上接一鋼環·環之中有一長方鐵板·板之上有二小輪·輪即在不動鐵索之上滾動·板之下端·則有彈簧鐵鈎·鈎在行動鐵索之上而隨之行動也·此鐵鈎可以開閉·凡一車行至站台之一端·遇一鋼條鐵鈎·即脫離行動鐵索·然後由人推之而動·其環上小輪·則改在鋼軌上行動·行至站台之他端·則再接於第二循環鐵索·鐵鈎亦因而關閉·又隨第二索而去矣·

機站之裝置

機站之內分爲二部·一部爲發力之機廠·一部爲接車之站台·機廠內有內部生火鍋爐二具·取

水機一具·蒸汽機一具·鍋爐每小時約用煤一百七十斤·汽壓爲八十磅·蒸汽機爲一雙筩式·機器大動·輪居在中間動·輪上有一十寸闊之皮帶·由此皮帶而達於一大輪·此輪卽轉入站台之內·其輪軸之一端·有一斜齒輪·此斜齒輪轉動一大齒輪·大齒輪之軸置立在站台之中·軸之上端·有二大輪·一上一下·輪之邊爲凹式·此二大輪轉動·鐵索卽在凹邊內隨之而動·上輪內之循環鐵索·爲第一站至第二機站之行動鐵索·下輪內之鐵索·則爲自卸裝站至第一機站之循環索·站台之上·有工人八人四人管一線路·二人在台左之前面·二人在台左之後面·在台之右亦然·一車之來·二人去接推動·至台之中間交於其他二人·此二人再推車至第二循環索·索之速度爲每杪四百五十尺·

卸裝站之裝置

此站爲一高樓·樓台之上·爲接車卸裝之所·台之下有裝貨車輛·可直接京漢路·而運往他處者也·台上之結構·與機站站台相彷彿·凡煤車之來·由二工人去接車·卽脫離行動鐵索·而在鐵軌上

行動。軌路爲一彎圓式。即爲由來路而轉入去路之連接之處。煤車行至軌路之中段。工人即傾卸煤車。煤即傾入台下之貨車。傾畢後。即再由二工人推上去路。即接上行動鐵索。而復行至裝煤所。如是之循環行動。晝夜不絕。站之旁有小機器廠。一翻沙廠。一蓋以修理全路之機件也。

結論

按高線路之運貨。輕易簡便。據該路管理員云。全路爲聘一德國工程師所建設。煤車共有五百餘輛。每一小時可運煤四十餘噸。一晝夜可運一千噸。每月費用約一萬餘元。機件鐵索購辦等費。不在其內。其修養費似較尋常鐵路爲省。但有一不及鐵路之處。則鐵索遇有行動有停頓時。則全路交通立即斷絕。且其運貨亦屬有限。不能如在平道鐵路之上一列車。即可運一千噸也。

高線鐵路之結構

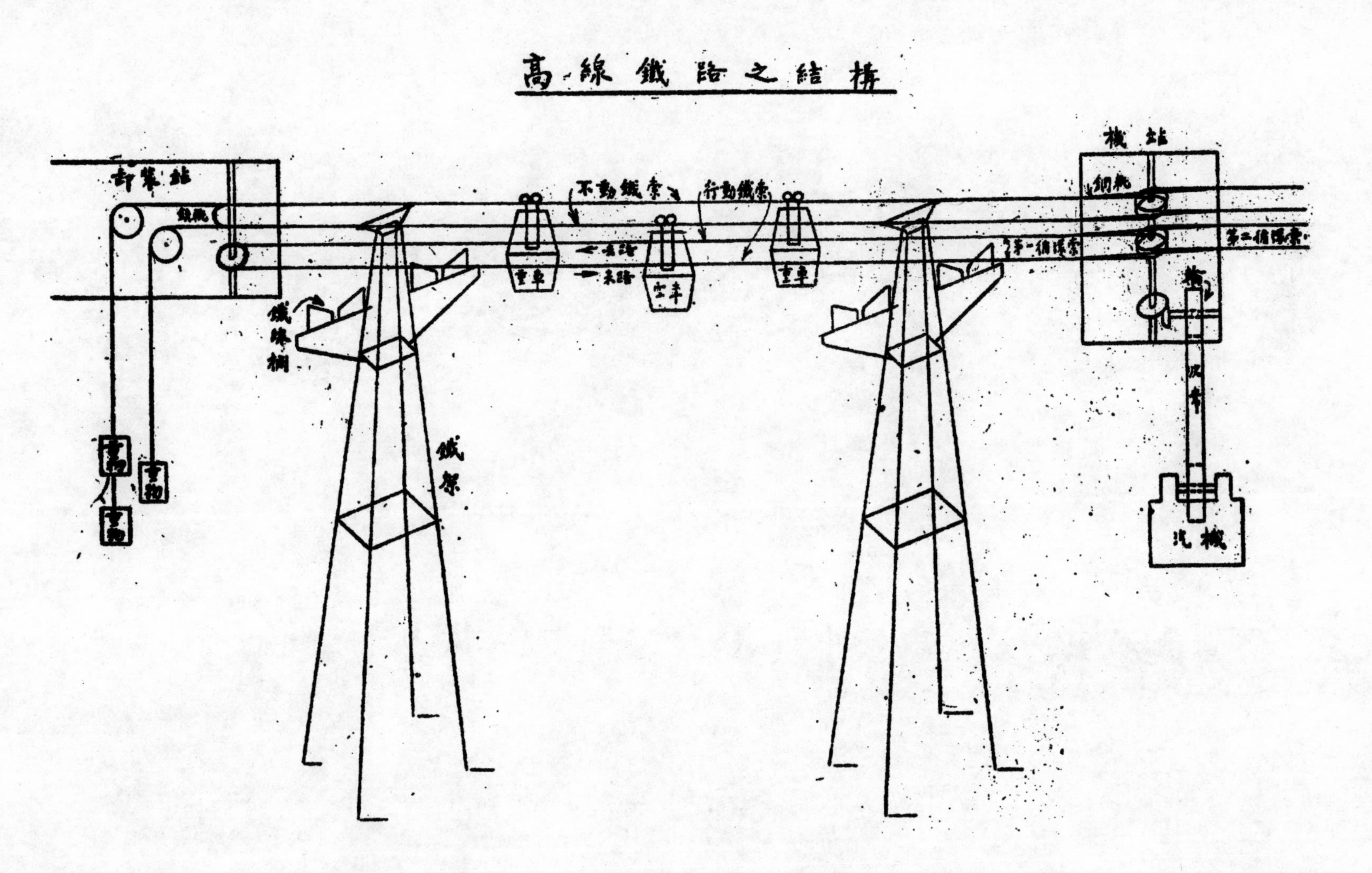

中國鐵路長度調查記(公里數)

凌鴻勛

1公里＝1.736華里　　　　1公里＝·621英里

	路名	京漢	津浦	京奉	京綏	滬甯	滬甬杭	道清	正太	廣九	吉長	株萍	廣三	隴海	粵漢	四鄭	漳廈	各路合計
國有已成路線	幹	1214	1013	845	534	311	259	150	242	143	128	97	49	554	370	87	25	6021
	枝	94	88	113	51	27												373
	合	1308	1101	958	585	338	259	150	242	143	128	97	49	554	370	87	25	6394
	路名	廣東粵漢	新甯	潮汕	南潯	黑龍江齊昂	山東嶧縣	徐州賈汪	門頭溝	通裕	直隸周長	直隸柳江	福建程漳	廣東東龍	福建龍漢	廣東增仙	福建泉東	各路合計
商辦已成路線	幹	225	124	39	131	29	52	7	3	18	5	18	17	13	30	21	40	774
	枝		53	3				17										73
	合	225	177	42	131	29	52	24	3	18	5	18	17	13	30	21	40	847

國有開辦	路名	漢宜	宜夔	隴海東	隴海西	浦信	杭紹	周襄	株欽	吉會								合計
	里數	285	200	480	733	437	69	362	965	550								6081
已辦定未開	路名	同成	沙頭	憲湘	濱黑	欽楡												合計
	里數	1600	1236	992	1060	1130												6018

國有鉄路各項車輛數目一覽表

	京漢	京奉	京綏	津浦	滬甯	滬甬杭	吉長	道清	正太	株萍	汴洛	廣三	廣九	漳廈
機車	129	151	59	94	37	36	13	10	51	12	15	9	14	2
貨車	2677	3320	867	1313	438	516	227	160	627	183	221	20	63	10
客車	187	341	80	219	101	117	25	27	51	16	35	42	45	6

上兩表所載截至七年十二月止

鑄廠所用鉄(Foundry Pig).

①

重燒炉		輾鋼部					輾鋼部出品量					
		輾機座數					鋼料每年噸數(萬噸)					
數目	種類	軌	鈑	鋼形	釺	條	軌	鈑	鋼形	釺	條	附註
3	燒煤氣	3			2		23			10.5		有110附產焦煤炉
		3		28		6	36		118			兼製鉄甲船板
					6	6				30	56	尚有鋼廠三處
39	燒煤及煤氣	3	5	9	85	12	30		110			專製鉄線鉄釘
				3					36			
10				10	4	1			28	14	57	有640附產焦煤炉
					1					16		
8					22	27				65	119	
16		14					160					專製鋼軌
9			1		6	6		1.5		28		
2	煤氣				14	7				7	41	
						18					61	
						19					109	亦可輾軌
2						2					14	
15	煤及煤氣		5					13				有200蜂窩煤炉
11		2			3	1	56			42		製鉄釘鉄綫
		3			29	6	30			9	8	〃 〃 〃
		2	2	47		20	92	12.5	67		90	
5					31	2			13	25	62	專製釺,釘等
1		8	2	12			37	30.5	54			
15	"西门司"	9	1	3	11	10	58.5	15	14	17.5	17	尚有分廠六處
3	接連炉			20					.36			不輾鈑
18			2		(Skelp) 20				53 (Skelp)			專製各種鉄管
21		3	2		(Skelp) 29		22		51 (Skelp)			
20	燒煤	4		5	3		30		40	17		有橋梁廠
3	接連炉					10					40	200蜂窩焦煤炉
		1			75	26				45	72.5	尚有分廠數處
2	燒煤				26	4				12.5		〃 〃 〃 〃
		3				1	38				30	〃 〃 〃 〃
5					38					45		〃 〃 〃 〃
29			22		40	10		30.5		35.5	34	專製薄鈑

民国八年四月 陳體誠製

均熱炉(Soaking Pit)
重燒炉(Re-heating Furnace)
開塊廠(Blooming Mill)

輾鋼部(Rolling Mill)
鋼形(Shapes),條(Billets)
釺(Bars, rods)

附產炉(By-product Ovens)
蜂窩炉(Bee-hive Ovens)

"貝"指"貝司窯鋼炉"所用之猪鉄 (Bessemer Pig); "鹽"指"鹽垣通心炉"所用鉄 (Basic Pig); "鑄" 指

冶鐵部					製鋼部				均熱炉		鋼塊廠		
鎔炉數目	熱風炉數目	鼓風機數目	出何種鐵	每年出鐵噸數	鋼炉數目	鋼炉容量(噸) 大	鋼炉容量(噸) 小	種類	數目	每軋炉數	座數	輾徑(英寸)	種類
3	11	10	貝,鹽	350000	7 3	50 20	40 5	B	5	4	1 1	35 32	
7	35	14	",鑄	1000000	34	200	10				1 11	40 35	
2	9	6	"	311000	8	75			6	4	2 1	40 36	反轉的
8	37	26	"	1365000	27	75	30	b.&a.	23		1 2	48 40	
2	8	6	貝	276000	2	10		B	4		1	32	
3	12	7	鹽	459000	14	60		b&a	6	4	1	40	
2	6	6	貝	181000	2	4½		B	2		1	32	
6	24	16	鹽	1035000	32	75	50		11		1 1	38 40	
11	45	43	貝,鹽	1860000	14 4	90 15		B	7	3	2 1	48 40	
3	12	8	鹽	406000	12	50			4	4	1	36	反轉的
3	12	7	貝	532000	2	10		B	4	4	1 1	36 32	"
4	18	10	"	603000	2	12		B	5	4	1	36	"
6	24	11	貝,鹽	1052000	15 2	65 10	50	B	14 2	4 8	1 1	43 40	
1	4	4	鹽	95000	6	35			4	4	1	35	"
2	6	2	貝	117000	4	60			1				
6	25		貝,鹽,鑄	625000	15 2	60 15		B	11	4	1 1	36 40	"
6	24	7	","	550000	10 3	50 15		B	5	4	1	35	"
8	32	20	"	1311000	42	100	90		32		4 5	40 32	
4	16	7	貝	638000	3 1	12 4	10	B E			1	36	三層機
11	45	31	貝,鹽	1897500	26 3	50 15	40		42		1 1	36 40	反轉的
7	28	22	","	1080000	24 4	200 10	60	B	19	4	1 1	32 40	"
2	10	5	"	325000	10	75			4	4	1	40	"
4	17	9	貝	660000	3	8.8		B	8		2	40	輾厚鈑
5	23	10	貝,鹽	817000	6 2	75 12		1 B	8		2	38	
5	24	8	" "	610000	10 2	200 20	25	b&a B	26		1 1	44 37	
1	5	4	,"	180000	10	90		b&a	7	4	1	40	反轉的
5	21	16	","	725000	12 2	70 10		B	10	4	2	40	
2	8		",",鑄	200000	7						1	34	"
6	26	23	鑄,鹽	737000	8 2	100 20		B	8		1	44	"
3	13	9	貝	500000	2	10		B	8	1	1	35	"
4	16	5	貝,鹽,鑄	720000	6 2	100 12		B	12	4	1 1	40 44	

「鹽垣通心炉 (Basic Open Hearth). "B"指貝司窯鋼炉 (Bessemer Converter)

d & Basic Open Hearths). "E"指電炉 (Electric Furnace)

(註)

北美鋼鐵廠調查表

公司名稱	註冊年期	資本(百萬金)			廠之地址
		普通股	優先股	債票	
Algoma Steel Corp.	1912	10	15	16.4	Sault Ste. Canada
Bathlehem " "	1904	15	15		So. Bethlehem
Brier Hill " Co.	1912	5	10	2	Youngstown
Cambria " Co.	1901	45			Johnstown
Carnegie " Co.	1864	鋼鉄会社分子			Bellaire, O.
卡希奇鋼公司爲美國最大之鋼鉄公司。西曆千九百零一年，美銀行家摩根組織鋼鉄会社時，卡嘉奇以全公司出賣得金錢五萬萬元。現有冶鐵炉五十八個，鍊鋼輾鋼廠二十二處。每年可出生鉄八百六十萬噸。印鋼千萬噸。各種鋼料約千三百噸。					Clairton, Pa.
					Columbus, O
					Duquesne
					Bessemar, Pa.
					Farrell, Pa
					Mingo O
					New Castle, Pa.
					Youngtown, O
					Sharon, Pa.
Central Iron & Steel	1897		2.2	1.2	Harrisburg
Colorado Fuel & Iron Co	1892	2	34.2	45	Pueblo, Col.
Dominion Iron & Steel	1899	5	20.8	14.5	Sydney, N.S.
Illinois Steel Co.	1889	鋼鉄会社分子			Gary, Ind.
					Joliet Works
					So. Chicago
Lackwanna Steel	1902	6	35	37	Lackwanna
Minnesota " Co.	1907	鋼鉄会社分子			Duluth
National Tube Co.	1899	"	"	"	M^c^keesport
" " Co. O.	1903	"	"	"	Lorain, O.
Pennsylvania Steel Co.	1895	1.5	5		Steelton Pa.
Pittsburgh Crucible "	1911		0.5	7.5	Midland, Pa.
Republic Iron & Steel	1899	25	30	17.8	Youngstown
Steel Co. of Canada	1910	6.5	11.5	8.8	Hamilton Ont.
Tennessee Coal & Iron	1860	鋼鉄会社分子			Ensley, Ala.
Wisconsin Steel Co.					So. Chicago
Youngstown Sheet & Tube Co.	1900	5	20	7.8	Youngstown

注意 在製鋼部項下凡鋼炉之種數未載明者略為"b & a"指鹽基及酸性通心炉兩種皆有(Aci

②

出	鐵	焦	煤	爐	
何種鐵	每所每年出噸數	數目	種類	每所每年出噸数	附註
鑄鉄,鍛鐵	100000				
" "	200000	350	蜂窩式	300000	有煤鉄及石灰石諸礦
鑄鐵	90000				
"	45000	100	"	50000	兼有製磚廠
"	43000				
貝司宏鐵	18000				
多燐鐵	72000	200	"	80000	
鑄鉄,貝鉄	125000				焦煤外購
鹽基鉄	1101000			-	液鉄運至陽江鋼廠
鉄錳	102000				
鑄鉄	100000	60	附產類	150000	164蜂窩炉不用
"鹽基	250000	100		360000	
木炭鉄	20000				鉄炉燒木炭
鑄鉄,鍛鉄	60000	293		110000	
多錳鉄	50000				
鑄,貝,鹽	109500				
",",",	500000	800	蜂窩	500000	有一鉄礦年出百五十萬噸
鑄,鍛	210000	225	"	200000	
貝,鹽	325000	200	"	120000	有鉄煤礦及輪船局
貝,鹽,鑄	308000	94	KOPPER附產炉	350000	
鹽基	160000	47	"	180000	
鑄,鍛,鹽	100000				有鉄廠六處,錳礦無數
" "	110000	974	蜂窩	428000	

民國八年四月 陳體誠製

爐之大小皆以英尺計

爐	熱風爐			鼓風機			汽鍋爐		
每日平均爐量	數目	名稱	大小	數目	每鐘分立方尺	種類	數目	種類	總馬力數
130噸	9	Whitwell		4	60000	蒸氣	19	水管	5000
270	8	4-Pass 〃		7	107800	〃	18	〃	5720
250	4	Julian Kennedy	80 × 22	3	22000	〃	10	〃	2500
130	3	Roberts Cowper	70 × 18	2	32000	〃	4	〃	900
120	3	Ford & Moncur Roberts	60 × 20 80 × 20	2	19000	〃	5	〃	2000
50	3	Amsler	75 × 18						
100	6	Gordon		2	17250	〃	8	水管	1300
350	3	2-Pass	85 × 20	2	40000	〃	8	〃	2400
450	28	3-Pass Massicks	90 × 21	19		15 蒸氣 4 燃氣			
140	9	Kennedy	86 × 20	7		蒸氣			
280	4	Foote	83 × 19	3	45000	〃	10	水管	2500
350	8	2-Pass Kennedy	90 × 21	7	115000	〃	21	〃	6900
60	2	Fire brick	60 × 14	2	10950	〃	6	〃	1500
170	4	Kennedy	90 × 18	3	28000	〃	6	〃	2100
140	4	Hartman	70 × 18	2	30000	〃	4	〃	1600
300	1 3	McKee McClure	70 × 21	2	40000	〃	6	〃	3000
350	16	1-Pass Kennedy	102 × 22	9	82000	〃	48	〃	12000
200	12	Whitwell-Cowper	90 × 23 70 × 19	6	84930		11	〃	4300
300	12	McClure	85 × 20	10	140000	〃	19	〃	7000
400	8	Kennedy	90 × 22	5	100000	〃	19	〃	8200
450	3	2-Pass Side Comb	110 × 24	2	80000	〃	7	〃	5600
150	4	4-Pass Whitwell	60 × 18	4	60000	〃	13	〃	3250
160	7	〃 〃 〃	60 × 20	6	60000	〃	30	6 -〃 24 - 火管	4200

貝司[illegible]鐵(Bessemer Pig)。[illegible]

29835

北美鐵廠調查表

公司名稱	註冊年期	資本（萬金）普通股	優先股	債票	廠之地址	冶鐵 數目	大小	
Alabama Co.	1899	200	210	301	Ironaton, Ala.	2	70×17 75×16	
					Etowah, Ala	2	78×18 86×19	
Adrian Furnace Co.	1904	20			Dubois, Pa.	1	80×19	
Atikokan Iron Co	1904	100			Port Arthur, Ont.	1	80×16	
Berkshire Iron Works	1905	55	55		Sheridan, Pa.	1	75×16	
Bessie Furnace Co.	1913		30		Perry Co. O.	1	75×14	
Bon Air Coal & Iron Co	1902	250	250	168	Allens Creek, Tenn	2	60×12	
Canadian Furnace Co	1912	50		40	Port Colborne, Ont.	1	82×19	
Carnegie Steel Co.	1903	(Carrie Furnaces)			Rankin Pa.	7	98×22	85×21
美國鋼鐵會社份子		(Lucy 〃)			Pittsburgh	2	87×21	
Central Iron & Coal Co	1901	100		132	Tuscaloosa, Ala	1	85×19	
Cleveland Furnace Co	1902	200		48	Cleveland, O	2	85×20 90×22	
East Jordan 〃 〃	1909	22.5	15		East Jordan, Mich	1	60×10	
La Follette Coal & Iron Co	1915	100		30	La Follette, Tenn	1	72×19	
Oriskary Ore & Iron Co	1908	50	25		Lynchberg, Va.	1	80×16	
Perry Iron Co.	1914	40		47.5	Erie, Pa.	1	75×18	
Rogers Brown Iron Co	1909	500.	152	89.1	Boffalo, N.Y.	4	2-80×20 2-85×21	
Sheffield Coal & Iron Co	1909	250	75	61.5	Sheffield, Ala.	3	75×18	
Shenango Furnace Co	1906	500		331	Sharpville, Pa	3	88×20	75×15
Toledo 〃 〃	1902	200		150	Toledo, O	2	80×20	
United 〃 〃	1915	200			Canton, O	1	90×22	
Virginia Iron, Coal & Coke Co.	1899	1000		515	Boanoke, Va.	2	70×17	
					Middleboro, ky.	2	74×17	

◎ 鑄鐵指鑄廠所用鐵(Foundry Pig)，鍛鐵、鍛煉廠所用鐵(Forge Pig)：

*指鈑闊以英寸計　輥徑以英寸計

輥鋼部										附註
廠名	輥徑	座數	層數	每出噸 年鋼數	廠名	輥徑	座數	層數	每出噸 年鋼數	
鈑	30 30	1 17	3 2	60000 70000	釬	27	1	3	製薄鈑	專製鋼管
鉶	28 23	1 2	2 3	初輥	鉶	23 12	3 7	3 3	220000	有橋梁廠
釬	24 24	2 1	3 2	製鈑用	薄鈑	26	8	2	175000	尚有製鈑廠二處
條	30 16	1 7	3 2	製釬用	釬	12 10	9 2	2 2	486000	製釘及鋼線廠
〃	23 18	1 2	3 3	840000	〃	12 9	3 8	2 2	120000	仝上
〃	20 16	3 7	3 2	製線釬	〃	12 11	14 30	2 2	155000	仝上
〃	24	2	3	150000						
〃	14 10	6 12	2 2	40000	線釬	8	5	2 3	30000	仝上
鈑	*128	1	2	100000	釬	10 16			30000	
〃	*42 *48	圓邊		338000	鉶	35 33 23	4 3 3	3 3 3	268000	兼製鉄甲船鈑 液鉄自陽江鉄炉來
〃	*72 *84 *128 *140	剪邊		563000	條	16 12	3 3	3 3	455000	有鍊軸廠
釬	16 12	5 4	3 3	初輥	釬	9 10	20 7	3 3	25000	尚有分廠七處。
〃	21 18	3 2	2 2		Guide	14 10	12 18	3 3	142000	
〃	14 9	12 8	3 3		薄鈑	18	1	2		
	18 12	2 4	3 2	初輥		10 8	5 6	3 3	60000	
鈑	*112 *152	1 1	2 2	70000	鈑	*44 *72	6	2	100000	
	22	3	3	初輥		10	4 1	3 2	40000	鋼炉用火油燒
	22 16	3 3	3 3	〃		12 9	6 5	3 3	55000	各炉用煤油
	20 14	3 1	3 3	〃	釬	9	5	3	15000	專製子母釘，用油
軌	16	2	3	50000	〃	14 9	7 3	3 2	40000	
熱輥	30 26	1 9		100000	冷輥	24	12	2	50000	專輥薄鈑及鈑釬

民國八年四月　陽秋誠製

Diameter) 英寸　初輥 (Roughing)

凡種類未載明者指「鹽垣通心炉」，"酸"指「酸垣炉」

鋼		部				勻熱炉		重燒炉		鋼塊廠		
貝司麥炉		他種炉			每年印鋼數							
數	炉量	數	名稱	量		數目	孔數	數目	種類	輥徑	座數	層數
					180000	2	4	1 21	接連的燒鈑炉	(英寸)		
						4		5		36	1	2
					130000			4	燒鈑炉	40	1	2
2	25				550000	1	4	5		40	1	2
2	15				935000	25		2		38 35	1	2
		1	電炉	15	160000					34	1	2
					180000	9	1			34	1	2
					90000			4	接連炉	25	1	2
		1	電炉	6	150000	21		2		36	厚鈑廠	
					2441000	26	4	40		40	1	2
										38	1	2
										33	1	3
										32	1	2
		1	電炉	5						30	1	2
		4	熔鍋炉		60000			68				
		9	〃		1275000	1	5	47		27	1	2
		3	電炉	4	15000			9				
					75000	2		1 1	接連炉	32	1	2
					110000			14		30	1	2
					45000			2	〃			
					50000			8				
					30000			2				
					20000			2	燒煤炉			
					120000	3	4	20	鈑炉	30	1	3

熔鍋(Crucible)　印鋼 (Ingot)　輥徑(Roll

北美鋼廠調查表

◎注意——在通心炉项下

公司名稱	註冊年期	資本(萬金)			廠之地址	製 通心爐		
		普通股	優先股	債票		數	種類	量
Allegheny Steel Co.	1906	350		63.5	Brackenridge	6		85-45
American Bridge Co.	1900	鋼鉄会社 15'子			Pencoyd, Pa	11		35-30
American Rolling Mill	1899	640	80		Middletown	4		70
American Steel & Wire Co.		鋼鉄会社份子			Donara, Pa.	11 2	酸	60
					Newburgh	7		50-65
					Worcester	4 3	酸	15-50
Andrews Steel Co.	1906	75		50	Newporf	6		60-75
Altantic " "	1915	100	75	100	Altanta, Ga.	3		35-40
Carbon " "	1894	300	200	70	Pittsburgh	3 3	酸	40-50
Carnegie " "	1881	鋼鉄会社份子			Homestead	65		15-75
Crucible Steel Co.	1900	2500	2500		Harrison N.J.	1 1	酸	50 20
					Pittsburgh	3 5	"	18-30 30-50
Halcomb Steel Co.	1905	180			Syracuse	1		20
Laclede " "	1911	40			Alton, Ill	1		40
Otis " "	1912	500	500	500	Cleveland	5 3	酸	30 20
Pacific Coast " "	1909	50	50	85	S. San Francisco	3		30
					Seattle	2		40
South Calif. Iron & Steel	1909	47		15	Los Angeles	2		15-30
Sweets Steel Co.	1903	27	26	15	Williamsport	2		20
West Penn " "	1908	35	52		Brackenridge	3		80

北美鋼鐵工廠調查表

陳體誠

鋼鐵爲用之廣·盡人皆知·而於歐戰期間爲尤彰著·鋼鐵實業最盛之國·厥推北美合衆國·蓋其鑛產富足·煉法新穎·復有巨大資本以維持之·故爐廠林立·他國難望其項背。

下列三表·乃作者於留美時·費三月調查而得·雖不能盡詳其內容·而數目之比較·或足供研究此道者之參考耳。第一表載鋼鐵廠指並製鋼鐵之廠·第二表鐵廠專冶鐵質·第三表之鋼廠則專煉鋼料等·各表中之名詞·或與通常所譯者稍異·但於表內均附有英文註釋·閱者祈留意焉。

世界名橋比較談

李 鏗

(甲)桁橋 (Cantilever Bridges)

桁橋爲長橋中之一種。若架六百至一千六百英尺之橋孔。此式橋樑。最爲適宜。其佳點(一)建築便利。(二)橋身剛固。若跨深川。或架急水。常用此式橋樑。所以免建築時之虛架焉。但桁節之垂度過高。外貌之象狀稍劣。有時見棄於橋樑工程師之選擇。今就世界之大桁橋。懸橋。拱橋。及高架橋。略附說述。並表之以同例之圖。如是大小比較。可一目瞭然也。

福使橋(圖一 Forth Bridge)英國之福使橋。當今世界之最大桁橋也。在塊使忽。(Queensferry) 載雙鐵路。桁橋共長5,330英尺。有二大孔。每孔共分三節。中部懸節。長 350 英尺。吊於兩旁桁節之二端。桁節長680英 尺。與690英尺之支節相連。橋闊不等。在橋墩處。闊120英尺。中部闊31英尺。6英寸。桁橋鋼共重五萬一千噸云。

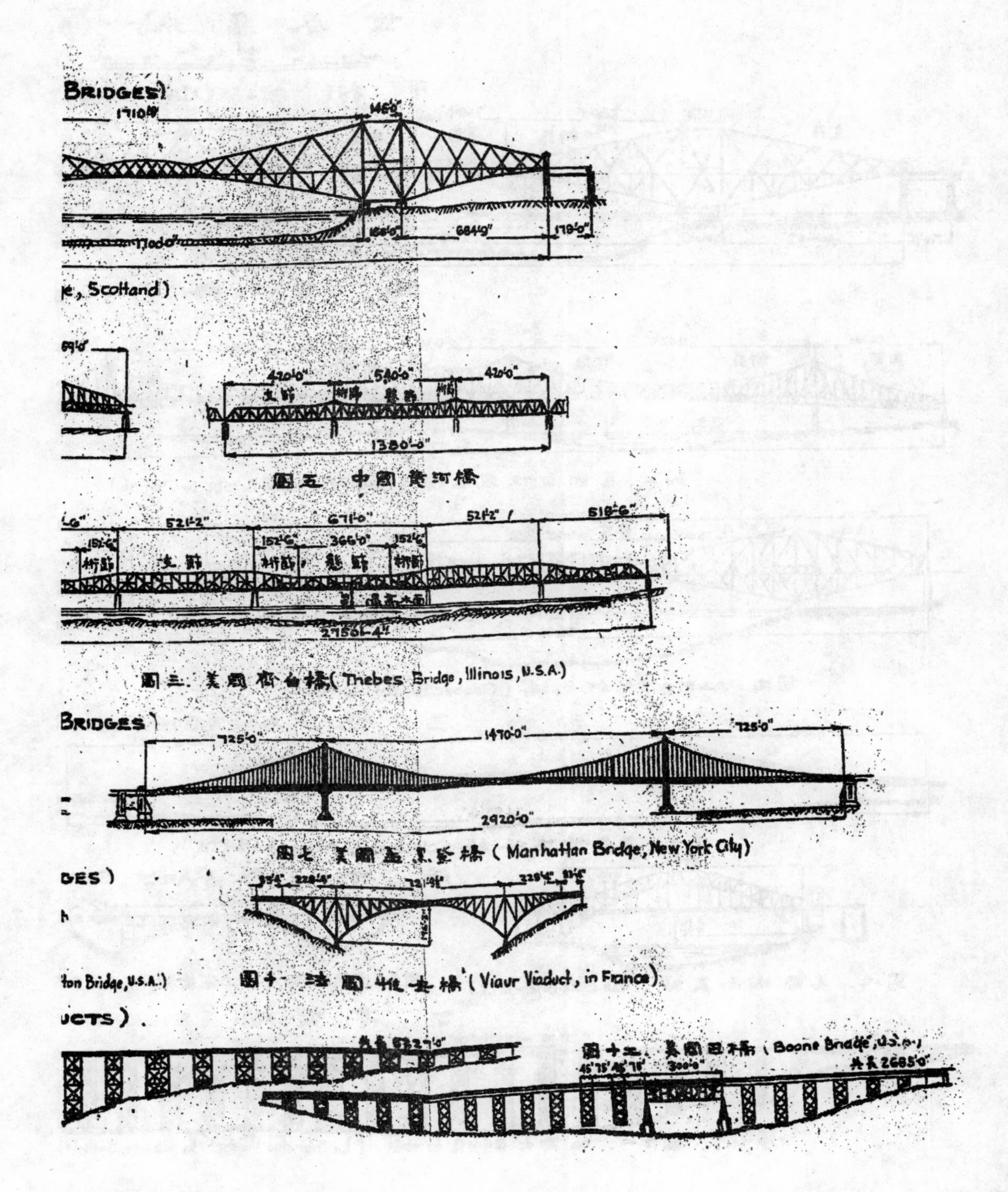
BRIDGES)
1710'0"
1460'0"
1700'0"
684'9"
179'0"
ge, Scotland)
420'0"
540'0"
420'0"
1380'-0"
圖五 中國黃河橋
521'-2"
671'0"
521'-2"
518'-6"
152'-6"
366'0"
支節
懸節
27501-4"
圖三. 美國梯白橋 (Thebes Bridge, Illinois, U.S.A.)
BRIDGES
725'0"
1470'0"
725'0"
2920'0"
圖七 美國孟哈坦橋 (Manhattan Bridge, New York City)
DGES)
721'-8"
ton Bridge, U.S.A.)
圖十. 法國維亞橋 (Viaur Viaduct, in France)
UCTS).
圖十二. 美國巴那橋 (Boone Bridge, U.S.A.)
300'0"
共長 2685'0"

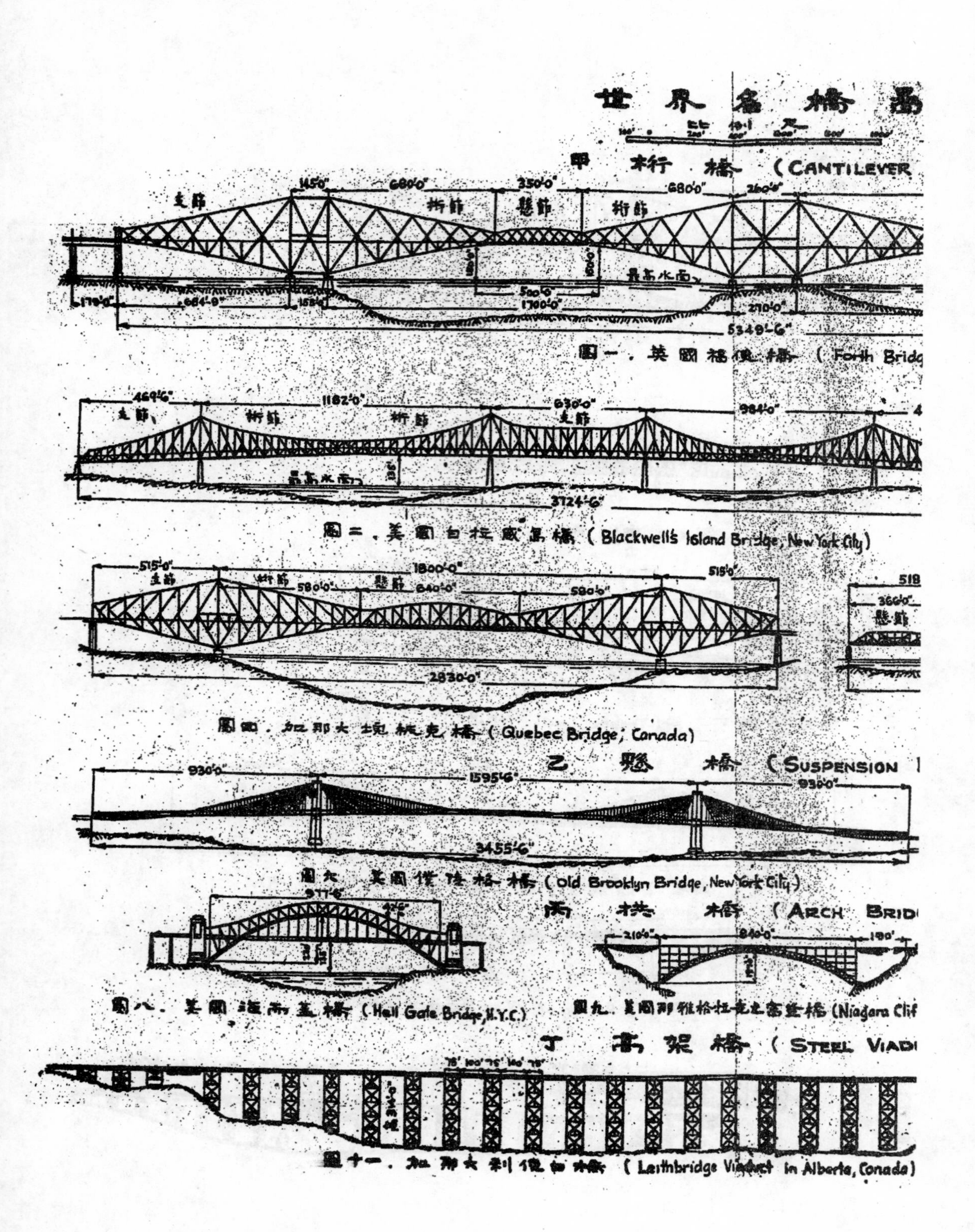
世界名橋圖
比例尺
甲 桁橋（CANTILEVER
支節
桁節
懸節
最高水面
圖一．英國福使橋（Forth Bridg
圖二．美國白拉威島橋（Blackwell's Island Bridge, New York City）
圖四．加那大坭北克橋（Quebec Bridge, Canada）
乙 懸橋（SUSPENSION
圖六 美國僕侖格橋（old Brooklyn Bridge, New York City）
丙 拱橋（ARCH BRID
圖八．美國海而蓋橋（Hell Gate Bridge, N.Y.C.）
圖九．美國那雅格拉克立富登橋（Niagara Clif
丁 高架橋（STEEL VIAD
圖十一．加那大利使白橋（Leithbridge Viaduct in Alberta, Canada）

29844

福使橋外象不佳。懸節似太短。若於未築之前。早知此病。而加長其懸節。則外貌必佳。恐建築費亦能改省也。

白拉威島橋（圖二，Blackwell's Island Bridge） 白拉威島橋。架美國紐約城之東川。世界之第二大桁橋也橋身構織。與福使橋異。共有五孔。中孔支節長630英尺。兩旁大孔。各以二桁節連成。左孔長1182英尺。右孔長984英尺。兩端連以支節。橋身共長3,724英尺6英寸。此橋無懸節。橋架相距60英尺。載道路二層。上層中部。有鐵道四條。兩旁有走道。下層中部有馬道。兩旁有電車道二條。此美國最長之桁橋也。

白拉威島橋之異點。是無懸節。橋樑工程師皆以此爲計畫時之失策。計算艱難。並非良策。一端受重全體係之。橋架在橋墩處缺斜肢。亦非佳計。重力皆爲引肢所受。轉移於直肢。而達橋墩。無壓肢以分其負載也。計算時預計橋重太底。故現在橋架各肢應力。有過於所規定者。於是不得不改少所載之車道也。

齊白橋（圖三，Thebes Bridge） 齊白橋架於密雪雪皮河。載雙鐵路。在美國意利那省。橋有五孔。中孔有懸節長366英尺。懸於152英尺6英寸桁節之端。兩旁支節。各長521英尺2英寸。兩端有懸節其長與中部之懸節等。橋身共長2,750英尺4英寸。橋架中心相距32英尺。橋身左右部相似甚美麗也。

塊板克橋(圖四,Quebec Bridge) 加那大塊板克橋。世界最著之桁橋也。此橋折斷者凡二次。圖四。表現在新築者。橋身構造與福使橋(圖一)相似。中孔長1800英尺。世界桁橋中最長之橋孔也。中部懸節長640英尺。桁節各長580英尺。兩端技節。長515英尺。橋身共長2830英尺。橋架中心相距88英尺。

此橋新點甚多。卽如橋架與他橋異。橋架之肢。爲K字式。據云此種架式甚省料。並易造且美觀也。

黃河橋(圖五) 我國之黃河橋。亦世界大桁橋之一。中部懸節長360英尺。連90英尺之桁節。兩旁支節各長420英尺。津浦鐵路之要。亦中國最大鋼橋也。載鐵道一。兩旁有走道。全橋(二旁架橋亦在內)共長4,120英尺。

(乙)懸橋 (Suspenson Bridges)

懸橋亦長橋中之一種。跨一千五百英尺至三千英尺之橋孔此式橋樑最爲適宜。其形狀之壯麗甲於桁橋。但橋身不固。行車時。震動甚裂。鐵路上用之者甚少。

僕陸格橋(圖六,Brooklyn Bridge)　僕陸格橋。跨美國紐約之東川。世界最長之懸橋也。中孔長1,595英尺6英寸。兩端各長930英尺。鋼索之旁有補鋼架。橋闊86英尺。載高架鐵道二。街車道二。橋中有走道。鋼索共長(自右技鍵至左技鍵)3,578英尺6英寸。用5296根鋼線結成。全經15,75英寸。

孟黑登橋(圖七,Manhattan Bridge)　僕陸格橋東一千餘尺。有孟黑登橋。亦當今之大懸橋也。中孔長1470英尺。兩端各長725英尺。闊120英尺。載道路二層。上層有四條鐵。道下層有四條街車道。馬道一。走道二。世界橋中最大之載重量也。有補鋼架。鋼索(自左技鍵至左技鍵)共長3224英尺。全經21.25英寸。用9472根鋼線所結成者。

29847

(丙)拱橋(Steel Arch Bridge)

橋中之最美麗者。其惟拱橋乎。觀中國之石拱橋知也。近世拱橋建築不多。而以美國爲尤甚。以其計算之難。及築費之大由以致之。況必須其極固之橋礎乎。

海而蓋橋(圖八,Hell Gate Bridge) 海而蓋橋。世界拱橋中之最大者。在美國紐約城。有一孔。長977英尺6英寸。拱脊爲二鉸式。橋架相距60英尺。載鐵道四條。兩旁有走道。拱脊爲拋物線形。鋼料是多炭鋼。鉚釘甚大。有10英寸長及1.25英寸全經者。

那雅格拉克立富登橋(圖九, Niagara Clifton Bridge) 此橋爲世界第二之大拱橋。在美國紐約省那雅格拉泉。中孔拱橋長840英尺。兩端連以210英尺之架橋。拱脊爲拋物線形。是二鉸式。橋闊46英尺。橋中有街車鐵道二條。馬道走道在其旁。

惟安橋(圖十, Viaur Viaduct) 法國之惟安橋亦拱橋中之大者。橋身構織與靜常拱橋略異。中孔長721英尺9.5英寸。爲二桁拱節連成。相接於鉸。兩旁桁拱節各長228英尺4英寸。兩端有架橋。長311英尺8英寸。載鐵道一條。拱脊在橋之中心相距19英尺6英寸。在橋墩處相距109英尺。

(丁)高架橋 (Steel Viadoct)

利使白列橋(圖十一,Liethbridge Viaduct) 利使白列橋世界最大最長之高架鋼橋也。在加那大。全橋長5327英尺。高314英尺。全橋除一孔外皆用鋼板橋樑。鋼板中心相距16英尺。高8英尺。載鐵道一條。全橋鋼料共重12,200噸云。

巴橋(圖十二, Boone Viaduct) 巴橋為世界高架鋼橋。載雙鐵道中之最長者。在美國中部。全橋共長2685英尺。有鐵塔十八。闊45英尺。最高者為185英尺。全橋除一孔外皆為鋼板橋樑。高7英尺。

世界最大之蒸汽機車

李 鏗

1918年亞美利加機車公司(American Locomotive Co.)爲惟奇亞鐵路(Virginian Railway)所造之曼雷式機車(Mallet Locomotive)是爲當今世界最重最有力之機車.車輪排列式別爲兩節五連一頭一尾軸式(2-10-10-2Type)(oOOOOO-OOOOOo).今將此機車主要部量列表如下.

機車重量	684000磅
煤水車重量	214300磅
動輪上受重	617000磅
引導輪上受重	32000磅
後輪上受重	35000磅
動輪軸距	19英尺10英寸
總軸距	64英尺3英寸
機車及煤水車軸距	97英尺
牽引力(複漲)	147200磅
牽引力(單漲)	176600磅
汽筩大小	30"×48"×32"

世界最大之蒸汽機車

鍋爐第一圈之外對徑　$105\frac{1}{4}$英寸

汽壓　215磅每方寸

火箱長闊　$181\frac{1}{16}$英寸×$108\frac{1}{4}$英寸

動輪對徑　56英寸

1. 詳細說述見 "Heavy Mallet Locomotive For The Virginian" Railway Age, P589 Vol 65, Oct. 18, 1918

規定名詞商榷書

羅英

世之最古最大之工程事業。莫不首推吾國。然吾國之工程學。竟寂寂無聞於世者。何也。吾國學子。雖朝夕覩至大之工程。然欲求研究工程上之學理。非負笈他邦。學其語言。肄其書籍。終有不可得者。又何也。卽吾國學子。幸獲工程上之學理。然販自他人。終不能以國語授其徒。以國文彰其知。費無量之艱辛。亦不過留音機之作用。又何也。此無他。吾國工程學文字未之立故也。工程學文字之所以未之立者。因名詞未規定故也。試觀國中已有之工程名詞。或以同物而殊名。或以同義而異字。紛然淆亂。讀者莫知所指。此所以吾國工程學文字。至今仍茫無成立之期也。甚矣。規定名詞之舉。誠爲建設工程文字一大關鍵。雖然。規定名詞。豈易言哉。若不預先潛心研究。求其進行眞確之方針。則貿貿然以規定名詞號召於衆。誠恐將見無數名詞以表一物。無數名詞以釋一義。仍如故也。作者有鑒於此。特草此篇。以徵吾界高明偉議。庶對規定名詞眞確之要義。經切磋琢磨而始獲。務請諸公詳細討論。俾規定名詞之舉。不致徒勞無益也。

一、研究已有名詞之弊端 語云。前事不忘。後事之師。此誠爲今日規定名詞之箴言也。世之論者。謂規定名詞之舉。當先審查其已有者。然後再增訂其未備者。若此。誠恐日日言規定名詞。而名詞因之益紛。日日言劃一名詞。而名詞因之益雜。蓋審查名詞。非僅恃表面數字之義。卽能定爲彼善於此也。且循故轍而行。其功效將使後之視今。亦猶今之視昔耳。故今日之急務。惟當研究國中已有名詞之弊。然後竭力矯正。庶免覆蹈故轍。徒勞而無益也。按國中行名詞之弊。大約可分三端。臚列如下。

(一) 譯外國名詞之字義 世之工程學業發達之國。其工程名詞均屬劃一規定。當其規定之際。或以習俗相傳。或以偶爾搆成。故其中牽强誤會。所在不鮮。後學者雖知之。惟世俗通行。又屬難更。以致惡劣之名詞。留爲工程學中之遺憾。吾國審定名詞先進。往往不察其名所指之理。及所表之物·但就其名詞表面之義意譯之·以致其理其物·因之淆亂而誤示者·所在不免·例如 Dead Load 譯爲死載重· Manhole 譯爲人孔是也·夫 Dead Load 者·乃建築品永載之重量·爲何不稱爲永載重· Manhole 者·乃視察及清洗陰溝之穴孔也·吾國向稱爲墩涵·爲何不稱固有之名詞·此乃譯外國名詞表面字義之弊一也·

（二）名詞無界說及定義　藉一二字之義意·以表一物·以示一理·欲包括全象無遺·又欲免淆亂馳騖之義·非徒力所難爲·亦屬勢所不能·是故名詞之成立·非僅成於所定一二字之義·貴有界說及定義以助佐之耳·吾國名詞諸書·市中固數見不鮮·然欲覓名詞書有定義及界說者·則徧訪全國·而莫之獲矣·此名詞一事·至今仍紛紛莫定·而學者日日興訟·未已者·良有以也·今試舉一二字以證之·例如 Gradient 譯爲傾勢·夫傾勢亦可稱爲 Slope, Dip, etc. 是傾勢無界說與定義·倘無外國文字爲之註·讀者將不知所指矣·作者向在校讀書時·教師往往以名詞之定義及界說相質難·蓋人徒知其名詞·而不悉其定義及界說·是知之等諸未曉。於工程學上之知識·無秋毫之獲耳。

(三) 拘限於固有之字 新學日昌·名詞日廣。以吾國數千年相傳萬餘字·欲包括近世無量數之新名。雖不致重複疊出·終難免牽强假用。故近世學者·於定名之際。因字不敷用·或譯其音·致名詞失本來之義。或譯其意義·致名詞變爲解句。二者爲害不小·影響工程學前途甚大。例如Cement譯爲水門·Reinfonced Concrete譯爲鐵筋泥凝土。前者其名固除脫本來之字義·讀者或有誤爲 Water Gate之虞。後者字數纍纍·殊妨構結文字之清通。此種弊端·皆由不引用新字·而拘於固有字之作用也。倘能於此引用新字。於工程學科中固添一新法。然一可免誤會之慮。一可解造句之艱·況"水門"二字·雖非新字·已屬新義。"鐵筋泥凝土"·非徒字數纍纍·且照字義追求·又屬牽强。故不若引用新字之爲愈也。

(二) 研究規定名詞之方針 國中通行名詞中所有之弊端·已如上述。前人之經驗·固爲後學者之借鑑。是吾輩於規定名詞一事·當力矯諸弊。對於製造之方針·及進行之手續·自當詳加研究·

者耳。

(甲) **就製造名詞立論** 製造名詞之方法。可分列如下。

(一) **從學理及物質上之本旨編製名詞附以定義界說及圖繪** 試觀譯外國名詞之字義。非徒淆亂學理之精義。物質之原品。而往往牽强謬示。爲患滋多。故規定名詞。須從學理及物質上之本旨著想。每立一名詞。當有定義。確實而不移。有界說。分晰而不亂。加附圖繪以流覽。庶俾學者易於研習。按圖可索驥耳。

(二) **規定名詞本體** 吾國文字。均屬單音。但作文敍話。每用雙音。故名詞本體。當照雙音規定。庶字簡而音順。俾作文敍話時。可免拘跌不順之患。但有時遇一名詞。往往與他字相連并用。則該名詞亦可規定爲單音。庶與他字相連時。而可收雙音之效。例如 Moment 及 Concrete 諸字。單用之時甚鮮。規定單音爲宜。蓋 Moment 非曰 Bending Moment. 卽曰 Moment of Force。Concrete 非曰 Reinforced Concrete. 卽曰 Plane Concrete。由此以爲之。非徒可獲雙音之順調。并可免字數纍纍。致名詞而變爲解句之弊者耳。

㈢ **名詞附以外國文名詞及定義以解釋之** 倘工程諸名詞,能完全規定,雖無外國文爲之註,亦能普及通行。但値此吾國工程學尙非根深蒂固之時,熟悉工程者,均販自他人,驟覩中文名詞,未免有格格難入之患。故將外國文爲之註。一則可免其隔漠之患,二則可增其記憶之功。幷可啓發其建樹中國工程學之勃念。卽對於無外國文工程學識之人,籍此亦可助其參覽外國工程書籍之能力。

㈣ **創設新字** 凡工程學名詞,當用固有字爲宜。但用固有字之時,或致名詞與文句難分。或因意義有淆亂,或因物理有牽強,則無妨創設新字,籍解此困。否則肆意創設,徒使工程學上增無數之新字,致學工程者益困於記憶矣。至於創設新字之方,當效吾國六書遺例。庶新舊字間,不致有軒輊之虞。故編譯學理之名,似宜照會意形聲指事之旨。審製物質之稱,或須依象形轉注叚借之義。雖其中無界限之規定,然照此進行,則較易耳。例如 Moment 一字,當譯爲𨻶。(讀暮音) Conrete 一字·譯為磅·(讀慷音)此類是也。

(乙) **就進行手續立論** 規定名詞易·而欲規定之名詞通行全國·當以敏愼精詳從事·蓋一團體私自為政·萬難受衆團體之贊同·是非羣策羣力·互相聯絡進行·則難收良善之果矣。但為羣過大·若無一統一之機關以握要樞·誠恐築舍道傍·議論多而功成少。故吾人於進行之先·自當於此詳加研究者耳。本會名詞股對於編譯名詞手續·固屬盡美·惟未免稍為過繁·據鄙見所及·每科名詞由該科主任股員率同全體股員編訂審定之·迨該科名詞審定後·乃由名詞股股長·請國內專門學家·及他專門學會·并各科學及工程學校教授·將本會所規定之名詞互相討論規定·迨議論趨於一致·卽請敎育部公佈全國·庶此項名詞·非為一二私人或一二公團所規定·乃全國工程界人才所公定也。

作者於規定名詞一事·旣無經驗·又乏學識·所立言論·非徒恐泛言難行·猶恐有昧學理之原則·故敢請諸同志·競加討論·不勝翹企者也。

規定名詞商權書(其二)

蘇鑑

審訂工程學名詞。自是今日工學界之急務。然欲求名詞精切且劃一通用。則進行之方。與夫審訂之法。均不可不力求適宜。玆有數事竊謂亟應加以商榷者。

(一)審訂名詞。應與其他工程會社相聯絡也。審訂名詞。固欲力求精切而劃一通用爲尤要。查中華工程師會曾出有華英工學字彙一書。而中國科學社於工學名詞。亦略有所審訂。若各會社各自爲政。不相聯絡。則將來工學名詞。又烏有劃一通用之可言。

(二)審訂名詞。應由名詞股股員。專任其責。不必將應譯之名詞。印發各會員也。數月以來。本會名詞股股員。將應譯之名詞。印發各會員譯訂。而應者甚屬寥寥。如是。則股員空有印發之勞。而未收羣策羣力之效。故反不如逕直由股員專任審訂之責之爲愈也。

(三)審訂名詞。宜注重定義也。一事一物。往往有非一二字所能形容者.故不可無定義以解釋之.以免淆亂誤會之弊.

(四)遇現有文字不足用時.應製造新字也.科學之名目繁多.而現有之文字有限.故遇不足用時惟有創造新字之一法.然創造新字.應有一定之規則.鄙意暫時仍以仿用六書舊法爲便.陳君體誠曾有採用雙音多音之議.例如"Ampere"譯爲"nothing"其音讀如安培.此法頗有便利之處.蓋吾國文字皆係單音故同音之字極多.若採用雙音多音.則斯弊可免.然此在中文係屬創例.若欲採用.須得全國通行方可.工學一部分.礙難單獨採用也.爲今之計仍以翻譯"Ampere"作安培爲便.不必創造𤆬之一字也.

就上數條而論.鄙意審訂名詞.宜由各工程會社共同組織一審訂名詞委員會.此會應有審訂名詞之全權.將各會社已經審訂及未經審訂之名詞.一併重新規定.然後將其結果印發各會員校訂.凡有訾議未妥之字.應交委員會再行審訂.俟審訂事竣.應將所有已經審訂之名詞.及其外國文之原字.與夫名詞之定義.(能有圖畫更佳)

一併彙集成書·交書坊印刷出售·如此則工學名詞·其庶幾劃一而通行乎。

規定名詞商榷書(其三)

徐世大

規定名詞·在今日中國科學界工程界為必要之圖。本會既努力進行·他日學者之受賜·應無涯極。然茲事重大。非策羣力·無以收博思之功。非集中道無以致統一之效。不揣固陋·願以一得之愚貢諸同志。

(一)名詞之規定·不外乎下列各法·一譯意·二譯音·三造字。其中自宜以譯意為最要。然其困難亦最甚。蓋以吾國固有科學名詞太少·故應用太廣·如同一力字·可以譯 Power, Force, Energy, Stress 之類。卽可加以冠詞·如 Stress 之為內力, Reaction 之為應力·其意義之能顯明者亦殊少。若譯音則不顧字義·但求諧聲。其困難之點·則西國一字之音太繁與吾國文體不稱。一則各地方言不同·譯者無所適從。如習英文者·不知法音。但譯者為法音·則習英文者無從索解。吾國各地語音不同·亦有此病。雖么匿之為 Unit. 邏輯之為 Logic. 音意並存。然不能以少例多也。吾國文字·大都由假借諧

29864

聲寓音而成。則造字以定名詞。亦未嘗不可。且製造局所譯化學原質名詞。已通行全國。然其中亦弊病。蓋吾國雖爲單音。而行文談語。多用雙音。如樹木。森林之類。且字音太少。易於混雜。即欲諧聲。又不知從何取音。如前時編輯發刋股發出"名字表"樣式。稱磏爲Cocrete. 而音曰慷。不特於諧音之法無不合。且何以必曰慷。而不曰克。曰利也。

(二)已存之名詞。不可隨意更改也。名詞已定。用之者衆。一有更改。紛擾隨之。如引擎之爲Engine. 馬達之爲Motor. 三合土之爲Concrete. 已成爲工商家普通之詞。應加以保存。若有兩字同而可異義者。如前所云力字。則應加以更改。以免紛岐。

(三)西國之字。亦有一字兩用三用者。至今爲科學上一大阻力。本會當力矯此弊。凡一名詞。只准有一定義。又名詞股發交會員審定名詞時。亦不言此詞爲何定義。使譯者無從着手。鄙意以後有名詞應發會員審定時。至少須附以簡義。如Tie一字。或爲鐵軌之枕木。或爲稿果屋架之一部。應各分別提出者也。

(四)會員審定名詞後。當用多數取決也。鄙意宜由委員股收到會員審定名詞後·擇尤提出數種·再通函會員表決·此事手續·似較繁複·然亦愼重將事之意·多數表決後·會員不得再用別字·

(五)應與科學社·及教育部·及各大學之有名詞審定會者·共同進行也·本會人數既少·卽定名詞·收效殊狹·共同進行·則得指臂之助·可望普及·

鄙人譾陋·見聞又狹·所論之當否還請諸會友決之·

29866

規的名詞商權書(其四)

顧　雄

事有專責。始有良果。工學名詞。為將來譯訂工程。學之基礎。故不得不精細規定。使臻於完美。譯訂名詞既須精確。而進行手續則宜詳細分科。譯訂事務尤當有所責成。譬如土木工程。應分鐵道河海。橋樑。道路。街市衛生諸科。每科股員二人或三人。專任譯訂該科名詞。股長一人。學識精力有限。斷難負審查諸股員所訂名詞之責。然彼可照羅君英所擬辦法。請他學會專門家。及各工程學校教員。或本會會員。將本會已訂名詞。互相討論規定。迨意見趨於一致。請教育部公佈全國。現在中國已有各種工學字典。名詞股已決計先審查中國已訂名詞。鄙意當此審查此種名詞之時。宜止訂新名詞。待此完畢。再進行補訂缺漏名詞。以免雜亂。本會新立。諸事尚在試行之中。且會員尚少。辦事缺人。是以各會員。均宜盡一分之力。求本會之擴張。多集熱心志士。進行各股事務。據鄙意名詞股至少須有二十上下股員。進行始能精神速精切。目前該股股員。不過數人。且譯訂之責在會員。會員各有事務。不暇作此。故進行甚覺困難也。

規的名詞商榷書(其五)

吳學孝

謹依羅英君名詞商榷書各條。略貢管見。以就正於我工程界諸君子焉。

I. 研究已有名詞之弊端。

(一)由土話意義中譯出之名詞。如 Dead Load 爲死載重等。當然易以新名詞。

(二)名字之無定義解釋者。或擇意義最近者用之。或改用新名詞。唯須附以解釋或定義。

(三)由音譯出之名詞。除已極通用者。或極難以意譯者外。概代以新名詞。唯特別名詞。不在此內。

(四)無論沿用舊名詞。或代以新名詞。概須附以西文原名。

II. 研究規定之方針。

(一)就改定新名詞立論(與羅君意見相同)

(二)就進行手續立論。

(甲)本會範圍以內之進行方法

(子)由名詞股將各科重要名詞。徵求各科會員譯出。繳入該股。由該股及該科會員。詳加討論。譯至適當者之名詞。列入會報中。請會員擇用。

如有一名詞較他名字特優者。則僅刋一名詞足矣。

討論由各科會員行之。其最後之名詞之選出。由名詞股全股決之。其討論方法。以開常會時爲最適當。其次祇可適用通信法。

(丑)由名詞股規定格式。請各會員依式將各名詞譯出。俾編譯討論時收劃一之效。

鄙人亦擬就格式一種。見第三頁。

(乙)本會範圍以外之進行方法。

統一名詞。尚需時日。欲與他會及各專家討論。則散漫無紀。難收實效。爲今之計。唯有將本會名詞之改訂。積極進行印成書本。從廉出售於各學校。各工廠等。以資參考。俟異日本會發達時。再行審定。未爲晚也。

編譯名詞之格式

一.西文名詞(英文,德文,法文等) ABCD..........

二.專家定義其著作年代及姓名等

甲........

乙........

丙……

三·相類字之分別法…………

四·已譯名詞其來歷及弊病

甲……

乙……

丙……

五·譯者決定之名詞　　　天地人……

六·定義……

七·解說及插圖……唯圖須另用一紙

八·附錄……

九·譯者姓名……

凡一·二·三項悉用西文,四五六七八九項用中文

規的名詞商榷書(其六)

許坤

名詞爲工程學之基。有適當切實之名詞。而後工程學有發達之希望。近年以來。吾國學者漸知工程學之重要。研究工程學者。日增。惟所用書籍太多爲外國文。不明外文者竟不能研究之。其故由於吾國無工程名詞。精於工程者不能著書以嚮導後學。故欲提倡工程學必先規定劃一之名詞。爲第一步入手辦法。故中國工程學會設一名詞股。專司編輯及著作工程名詞之職。此事之成敗。固視辦事者之能力。然亦須視其進行手續之適宜與否。名詞股之成立將及一年。而其成績殊微。任此事者固不能辭其咎。而進行之困難亦甚多。今略舉其困難如下。

(一)會員人數太少。每科中會員僅十數人。

(二)各科分門甚多。如電機一科可得分十餘門。而電機科之會員僅十餘人。每人擔任一門其負擔似大重。

(三)會員散處各方。無當面討論之機會。書信往來費時多而効力少。

(四)會員多在學校。或在工廠實習。無餘暇以從事訂著名詞。

有以上所舉之困難。故進行甚緩。故消除困難爲現在進行之第一步。今試將對於名詞股進行辦法及改革方針。意見一二爲諸會員討論焉。

(一)不宜限定時期　欲訂著名詞不難。惟欲得眞確切實之名詞則不易。如在一二年內譯成之名詞爲不適於實用。不若費五年或十年譯成永久有用之名詞爲佳。每科名詞至少千餘。斷非在現定時期內所能完畢。故余主張訂著期限不必限定。且每科名詞多寡不同。而每科會員多少不齊。故亦不能限定於同時期內完畢。

(二)名詞股股長及各科主任宜爲永久職員。其任期至名詞股事務完畢後爲止。如任期限於一年。交替手續費時甚多。而生手辦事效率不高。如有故不能連任。宜以熟悉股務者繼任。

(三)收羅國內外有資格者爲會員。此事爲會員股之職務。惟兩股宜互相聯絡。凡一新會員入會。會員股應通知名詞股。關於其所專之科目。而名詞股可請其擔任譯著之事務。

(四)購買中國所出之工程書藉以供譯著之參考。

(五)各科主任·應以其所任之科分成數門。視每門中名詞之多寡繁簡·以定本年內應完畢之門數。每科會員分成數組。其數以其會員之多少而定。各組之會員·宜在同處·或相近之地爲宜。每組擔任一門。以半年爲期。每年暑假在學生會·聚每科全體會員討論所譯著之名詞爲最後之解決。

(六)每科會員·所擔任科目·登入會報以招鄭重。

(七)聯絡各團體·如科學社及北京大學等·以交換意見互相協助。

(每)每年所譯著之名詞·應登入會報·以供各界之討論。如有不合處·可更改之。

回國後之雜感

工程學生之一人

近年來留學海外者爲數漸衆。雖各人因所志不同。所學亦有差異。但無論何人。均抱一相同之希望。卽回國後任一職就一事。以應用平日之所學。而自慰數年海外之辛苦者。凡以留學爲目的。寄身他邦之學生。無不有此望也。一旦返國後。欲達此希望。其法雖多。括而言之。不外二端。（一）藉個人之道德學問信用。受社會之協助。以獨力經營之。（二）藉有勢力之親戚朋友。因引援而得一職以發展之。二者之中。由第一法以達所望者爲數甚寥。何以故。留學生之中。其道德學問信用固。有其人。爲社會上所欽佩者。然而欽之餘。未必卽肯假手相助。況工程之中如土如機械如公機等。非有多大資本。難以着手興辦。資本難集。無法可施。其不能以第一法達所望之故一也。近數年來外國人之在吾國經營工程上事業者。爲數頗多。競爭亦烈。其資本既較豐厚。其與本國各種製造廠之聯絡又廣。以初値回國。關於本國之材料工人及各種情形尙未深悉之學生。卽有資本。欲與之競爭。亦非易事。况吾國社會上一般心理。有過信外國洋行而不信留學生之通弊。其不能以第一法達所望之故二也。留學生之中。其大多數必須於回國後。卽謀一位置。以消飢寒之憂。以今日謀事之難。生活程度之高。多數學生。以得一職任一務爲幸。尙何暇有所選擇。以求用其所學。更何能自備生活之資。獨力經營。以爲他日發展之地乎。其不能以第一法達所望之故三也。有此之故。大半留學生。回國以後。除教書外。均藉第二法以爲進身之階。然而亦非易易也。今日吾國國事紊亂。實業停滯。已達極點。工程學生。幾無插足之地。憑空而想。以爲吾國之地大物博。正待開發。少數之留學生。尙不能容。豈非怪事。然而實際固有此怪情也。故處此事少人多之秋。藉有勢力之親戚朋友。得一位以渡生活。已是萬分幸事。至於事之適當與否。及所得薪貲能敷生活與否。決難如意而希望而計算也。作者不敏。去年回國之際。亦曾藉八行介紹書。謁當局諸公數人矣。接見之際。有以慨歎惋惜之語動人者。有以懇懃勸勉之語慰人者。告別之際。必問寓址。謂有機會。必來招聘。其實一別之後。吾輩形影。即不稍存於當局諸公之腦中。而所以肯予一晤面者。爲一紙八行書之力。非彼等眞有企慕及愛惜回國人才之念也。謂予不信。請於二三日後。持刺再行訪謁。則不曰公出。即曰因病而擋駕矣。初値回國學生。久習於外人明爽簡直之態。不諳吾國官僚之習氣者。因當局者一言之安慰。即欣然色喜。自以爲璞玉已有賞識之人。伯牙已逢知音之日。是誠大誤也。於是始則望之。繼則疑之。終則怨之。而待命多日。旅費不支。已叫苦無及矣。論者或歸咎於官僚之可惡。此誠固然。然而靜心思之。彼以親戚朋友之故。持八行書往懇者。持名刺往謁者。每日何止數人。飯碗有限。分配無法。且又不欲得罪於人。只好敷衍而已。故謀事者非有至親至誼。從中周旋。雖有希望。愛才惜才。今非其時。留學生果欲以此爲進身之階。不如自忘其留學資格之爲愈。否則一肚牢騷。早知今日。悔不當初耳。然而藉至親至誼。即得一位。亦不過豢養有所。聊以自慰。而欲藉此發揮所學。尙是夢想。官廳之中固無論矣。即各處局所亦然如鐵路者。工程學生。一入其中。初以爲有用我所學之地。究實未盡然也。蓋工程中。有重要之設計者。大半均委諸外國人之手。以成其事。留學生之中。有乏相當之技能及經驗而尸其位者。因爲憾事。因當局者過信外人。託外國洋行包辦較工程師更易成事。此種短眼光之自殺政策。安望有改革之日乎。其他各種工廠。亦大半如是。彼等之所謂工程師者。以爲有一技一能之工頭Foreman能修補能應用而已。至於設計改良擴張等事。有外國洋行在。有外國工廠在。何必月費數百元之金。而聘一學力深優之工程師。以大常年經費乎。此吾國實業界一般之心理也。

留學生回國後之窘境及社會上之情形。已如上所述矣。故近來回國者。能耐勞忍苦。堅持到底。以求經營一業。而自圖獨立以發展者。爲數甚寥。大半均因迫於飢寒。債台高築。而改其所志。藉入政府機關或教書。以謀生活。此非作者之理想空言也。余有一友專門銀行之學。回國後幸藉友人之助。得設法集股。開辦一銀行。被舉爲董事及主任等職。但吾國商界舊習。薪水極微。月得六十元之數。明知不足顧身。不足養家。而毅然爲之。并經營他業。思有以持久。以希望日後銀行之發達。但數月以後。窘迫之狀。極可同情。蓋處今日吾國之社會。不有交際。不有應酬。無論何事。無發展之望。區區薪水。不足爲幾次之應酬。奢華之習愈趨愈甚。而生產之途。閉塞如故。若國若家。均以破產爲慮。言念及此。可爲吾國社會寒心也。但論者或當謂留學生之貧者。固困於生計。無獨力經營事業之能力。而近來富豪子弟。由海外回國有志企圖者。亦不乏人。當可謀振興事業矣。此論誠然。但好安逸而惡勞苦。爲吾國人之素性。較之西人。尤爲特著。富豪子弟。或由於個人之無志氣。或由於家廷之箝制。且藉其富豪之勢力。於公共機關。易謀一較好之位置。得月薪若干。以作零星之費。而逞其徵逐之欲。於家無損。於己亦安逸。較之以祖遺財產。在此擾攘之世。而經營一業。其勞苦其冒險爲何如耶。此種近視眼光。在吾國幾盡人皆是。留學生之能脫此範圍者。容有幾人。故羣向公共機關爲豢養之所。月薪之較豐者。固引以爲幸。月薪之較薄者。則空發牢騷。怨望而已。

29879

雖然。此種情形。豈能長此以往。吾輩自命不凡。處此國勢危卵民生凋敝之際。豈可以騙飯手段自安。恬然無愧。但欲去此飯碗之地。以枵腹犧牲。又爲事實上所不能。無已唯有一面就騙飯之位置。一面再營他事。以求兩全之策而已。吾國公共機關。薪水雖微。若部中者。更勿論。卽各處局所。辦事時間。不過六句鐘。且事亦多簡閑。故以吾輩在美作事之精神及習慣。欲再圖他事。亦非甚難。但如土木如機械如電機等偉大工程。决不能以少數資本。數人之力。可以經營。至於製造事業。如皮革如紙類如油漆如膠灰及其他日用品等。有十萬或二十萬資本。卽可興辦。留學生之以之爲專門之研究者。固屬幸事。卽學他種工程者。亦可於各種較易興辦之小製造廠。特加注意。研究其資本多少。原料供給。製造方法。聘請工頭等情形。最好於夏季或畢業後。甯於今日不能實際應用於吾國之高尚學問。少研究一點。而前往小製造廠作工。實習若干時。俾回國後。得以自已經營或互助他人與辦此種實業。以發展吾國生產之能力。并與自己以獨立之業。與小民以生活之資。作者回

29880

國以後。奔走南北。見到處謀事之難。生活之艱。乞丐之衆。盜賊之多。自思此種國家。何能立於經濟競爭之世。因經濟窘迫之極。更何能教民以愛國愛種。而立於民族競爭之世。蓋今日救國之具。不外教育及實業二者。改良教育。自有研究此種問題者在。吾輩工程學生。無論所學何科。均有發達實業之志。并亦易得相當之智識及事之能力。故作者不憚狂妄。草此數語。思以個人回國後之所見所聞及所感。供諸國外留學工程諸君。俾諸君平日有所豫備。則回國後不至無聊太甚。失望太多也。

工業界之標準

程孝剛著

第一 界說

工業標準四個字。有兩種的意義。第一種是狹義的·凡就製造一物而言·其機件可以互換。其製造可以從速·如美國戰時之 Liberty motor. 及平時常見之 Ford motor cars 者·皆屬此類·英名叫做 Standardization. 第二種是廣義的·凡工業界之制度品質等事。爲學會或政府或個人所制定。而又爲工商界所承認而通行者。皆屬此類。英名叫做 Engineering Rules and Standards. 今天所談。就係屬於廣義的一種。

第二 標準之原因

標準的作用。在工業上·有好處也有壞處·但是比較起來·壞處總不及好處的多·所以歐美的工業界·順着天演進化的秩序。現在差不多應當有的。都已經有了。不過工業的現象·是活動的·是進化的·不但舊標準要隨時改良·新標準還要隨時創造·所以工業發達的各國·依然息息研究進步。

若是我們的中華民國。工業並不發達。那便研究及建設一切的標準。更屬一日不可緩之事。新工業須有標準才能彀發達。舊工業須有標準才新彀整理。若是現在將就下去。以後日子久了。害處更深。恐怕改良的手續。比今日還要爲難幾倍。

想明白標準的重要。必定要知道何以有標準的原因。然後再體察中國的情形。看看這種需要。到底存在沒有。以後才能彀對症下藥。所以現在不妨研究歐美工業標準的歷史。條舉出以下的五種原因：一

第一種原因。是爲出貨求銷路。譬如車輪在鐵軌上行走。兩者各有一定的曲度 (Tread)。才能相脗合。若車輪有幾十種。鐵軌也有幾十種。每公司所製造的車輪。只所用在一種的軌道上。銷路就狠有限。又譬如製造螺絲釘的公司。並不知道用在那一種機器上。若是制度有標準。就什麼機器上都可用。若是沒有標準。就只能用在一兩種機器上。這樣看來。銷路或暢或滯。關係着標準。眞屬不少。

第二種原因。是爲製造求便利。因爲製造的手

續·有計畫·有製作·有試驗·若是各物各樣·那就不但計畫上·要幾次的籌算·幾次的圖樣·到了製作試驗的時候·還要加用特別的木模·(Patten)多數的機器才能彀合用·所以到末了的時候·出貨也遲手續也繁·工本也貴·况且有了以上諸端·價目就不得不高·所以在銷路上·也受着絕大的影響·

第三種原因·是爲交易求方便·中國從前有句話·叫做"看貨還價"·這本是做賣賣項穩當的法子·但是大宗交易·又有時相隔幾千里·貨是無法可看·所以兩邊都只所靠着定貨說明書(Speeifications)爲憑·這個定貨說明書又只所靠着通行的標準爲憑·到銀貨兩交的時候·爭端自然就少·倘若沒有通行的標準·那便說明書上·狠難件件講得明明白白·有時稍不經意·必至誤會不清·聽說近來常有買發動機的商家·向洋行定貨·說明馬力多少·及至貨已運到·却不知道到底是"等差馬力"呢(Rated H. P.)還是"指示馬力"呢(Indicated H. P.)或是"實在馬力"呢(Effectiwe H, P.)所以有時吃虧·也和啞子吃黃連一樣·有苦說不出來·現在和外國人交易·還可拿外國文的合同爲憑·若是兩造都是中國的公司·訂的是中國文的合同·各人有各人的見解·總是牛頭不對馬嘴·交易起來·簡直是沒有發達的希望·

第四種原因·是爲着研究學問·設使我們隨便考究一本教科書·當中必定有許多定義·這就是標準的張本·但是研究工學的人·必定還要考察實在情形·才能彀討論其利害得失·若是實在情形·混雜得狠·那便研究的人·必定和收拾亂絲一樣·不曉得從那處下得爲是·就退一步說·設使下手研究的方法·已經明白·到底是研究一種有標準的工學容易呢·還是研究幾十種沒有標準的工學容易呢·况且研究的價值·全靠將來效用的大小·倘若研究的效用·不出一地方或數公司以外·(沒有標準的結果必至如此)專門名家·便不肯枉費許多精神·美國 A. S. M. E. 的 Boiler Code. 現在有變成全國標準的趨勢·所以討論研究的·不少專門名家·設使沒有標準的地位·便沒有許多的研究辦難·Boiler Code 那能齊全到現在的地步呢·

第五種原因。是爲着保護公益。大凡工業上之設施。關於公衆之利益或安全者。其管理之權應操於公衆之手。但有時此層狠難辦到。却又所任令私家爲所欲爲。侵害公益。肥飽私囊。故若有標準時。則舉辦雖不妨屬之私家。而公衆之代表仍得執標準以繩其後。譬如電燈電車線之電壓及其護皮。均應由政府或學會定一標準。惟其無有。所以中國現在大城中因電走火之事常見不鮮。又如 Column Formula 及 Floor Load Allowauce。等。皆爲建築上緊要之標準。其餘似此者。尚不可勝數。總之。無論商人若何誠實。有時必不免有顧惜小費。含糊取巧之病。標準的用處。眞可算得補法律之所不及。

第三　標準之種類

廣義的工業標準。約可分爲四種：—

(一)名詞之標準

(二)單位之標準

(三)制度之標準

(四)品質之標準

(一)名詞之標準

29886

記得從前有一次讀雜誌·中間有一篇·說德國某引擎公司·每年製造價値幾千萬的引擎·當時不知道引擎是什麽東西·價値何以如此之鉅·後來仔細推敲·才知道是 Engine 這個字的譯音·我們平常都叫他做機器·是狠容易懂的·不料這位譯述家·把德文的義·讀成英文的音·又把英文的音·寫成中文的字·這樣揉雜起來·就把容易的都變成艱難了。

上文不過是一個比喩·見得名詞不定·勢必至廢時失事·置許多腦力於無用之地·但是其害處若僅至廢時失事而止·還可慢慢的改良進步。無奈其害還有比此更甚萬倍者·卽無正確之名詞·中國之工學·沒有獨立的希望。

何以見得呢·求學不能沒有書·著書不能沒有名詞·這是一定的道理·近來十年以內·出版的新書·大半是翻譯日本文·並不是因爲日本書好·却是因爲日文的書·容易翻譯·日文的名詞·通係漢字·雖然意義有別·却是加一定義·便可借用·西文的名詞·便不然如此方便·最妙就是譯意·若意譯不出·只能譯音有時連綴五六字·方能成一名詞·

就有太累贅的毛病·所以譯書的人·情願抄襲日文·不肯翻譯西書·但是這種情形·决不是長久的政策·中國所要的·是創立自己的工學·不是抄襲日本的皮毛·現在不做·將來總有不得不做的時候·這個責任·總推不到別人身上·

况且日本的名詞·可以借用的·屬於法政等科的多·屬於科學的甚少·因爲日本的科學·現在還狠幼稚·日本大學的課本·差不多都用外國文·工科的書·更是如此·所以就工學一方面看起來·抄襲是無用的·總得我們自己去翻譯·或是創進·辛辛苦苦做出來·才算得中國工學的一線希望·

工業發達的國度·地球面上狠多·各有各的名詞·我們若是譯意還沒有妨礙·因爲意義總是一樣·但是若不得已譯音的時候·那就不但世界的方言·有幾十種·中國的土音·還有幾百種·翻譯的時候·不可不極爲注意·據我個人的意見·中文自然當用官話·外國音可據英文·因爲中學校·通學英文·參考英文書·比別種文字·必定稍爲容易·

但是工學名詞·不是翻譯制作出來·就算了事·我們注意的·還在標準名詞這四個字·因爲名詞

混雜的弊病·和沒有名詞·差不狠多·就拿教科書做個比喻·教科書不止一册·也不止一種·同科的書·不論或淺或深·必定要相啣接·不同科的書·也時時用作參考·若是各書有各書的名詞·同要是一樣東西·却有三四個混名綽號·不說啣接做不到·就是參考也覺爲難·譬如Motor這樣東西·甲書叫做電動機·乙書叫做電氣馬達·丙書又叫做摩託·又如Valve是一樣東西·或譯作舌門·或作活塞·或作汽罨·又如Cement 才是一樣東西·或作士敏土·或作水泥·或作洋灰·或作膠灰·其餘的名詞這樣混雜的·恐怕不止幾千·這樣看來·照現在的情形·若不從速改良·中國的工學·簡直沒有成立的時候·

有許多人的意思說·照着天演的公例·好的自然留存·壞的自然消滅·所以名詞一事·也不妨令其自生自滅·到了天演淘汰的結果·便自然會劃一的·這樣議論·雖然狠合道理·却有點不合現在的時勢·因爲天演的淘汰·狠費時間·若拿歐洲做個比例·我們要到歐美現在的地步·就得兩百多年·請問中國能彀等這麽久不然·況且名詞和工

學的關係·就如牆基和高樓一樣·沒有牆基·便沒有高樓·沒有名詞·也沒有工學名詞裏面·又分兩種·一種淺近·屬於普通工學·一種艱深·屬於專門工學·若普通淺近的名詞不定·就不能有普通工學的書·若沒有普通工學的書·就不能產出專門的名詞·所以現在的名詞應當從速釐定的·便是這種普通工學的名詞·歐美各國·在十八及十九世紀的時候·順有天然的進化把這種名詞·都慢慢的編定·中國現在工學的情形·和歐洲十八世紀時代差不多·却是有許多便宜的地方·因爲科學初發達的時期·名詞的定義·常常改變·所以編定只得從緩·到了現在·各種普通名詞的定義·均經斷定·並沒有絲毫疑難·所以就可一氣編定·這總算是我們工學後進國的好處·

還有一層·天演的公例·在名詞上·未必靠得住·好的名詞·未必存留·壞的名詞·又往往居然免着淘汰·譬如英文的Electro Motive Force·本是電流·不是電力·却是用得久了·"力"字居然無法淘汰·我們用英文課本的人·不知道吃盡多少苦·才能豰把這個名詞弄得清楚·又如中文的"電氣"兩個

字眞正是豈有此理·電和氣明明白白是兩樣東西·何以要攙合在一處·却是這個名詞·居然流行·有一學會的名·居然叫做電氣協會·出了一部叫做"電氣"的機關報·這樣看來·惡劣名詞的魔力·也就不小·將來的害處·必定狠大·要想改良·必須從早下手·否則到了商家工人都沿用以後·那便成了尾大不掉·要改也改不過來·

(二)單位之標準·

民國三年·政府公布了一個新權度令·採用萬國米突制·做權度量的單位·近來幾年·又常常把劃一權度當做口頭禪·大約新制不久就有通行的希望·這總算近來進步的現象·我們工程家應當狠爲歡迎·但是有許多人·以爲工業的單位·不過如此·政府既已覺悟·學會就可不用研究·這種議論·却並不敢贊同·

權度的名·叫做基本單位·在工業上的重要位置·是不容疑惑的·不過工業單位·並不如此簡單·除權度以外·還有無數·都是日用不可缺的·因爲工業的範圍·所包極大·有時毫釐在所必較·有時卻又可抹殺尋丈·故基本單位之"米突""格蘭"以

外·尚有三種：—

(第一)實用單位　如機器製造·用千分之英寸·計算煤鐵·用長噸或短噸·計算土方·用立方碼·等是。

(第二)混合單位　如計算水量·在河海工程爲每秒立方尺。在灌溉工程·爲每季畝尺(Acre foot)·在城市給水工程·爲咖崙每廿四小時·等是。

(第三)和合單位　如動力學之加速度 (Acceleration)·熱學之克來(Calorie)·電學之安培(Ampere)等皆是。

以上三種·雖然都可用基本單位·表示出來·但是實用的時候·只求便利·不能處處尋根問底·所以和基本單位·截然不相混雜。這眞和古人所說的青出於藍·冰成於水·是一樣的因果·

單位既有這許多種類。又且各國通行的·都不相同。可見中國必定應有各種的標準單位。或是模倣外國·或是沿襲舊法·或是創造新制·只要適合中國的情形·又不背學理·便都可以採用·比如熱力電等之單位·中國本來設有·外國的狠合用·就不妨直捷模倣·若是計算城市給水工程·用咖喻每廿四小時•却不合中國的情形•就應當另外製定單位•又如中國向來計算大宗木材•用立方尺•狠合學理•就不妨沿用•但是許多物料•都用擔計算•這却雖然可以沿用•擔之意義•必定要解釋得清楚•不宜各處的擔•有多少重輕的分別•

因爲買賣上的關係•我們現在徑用之外國單位狠多•這狠不是長久的計策•外國的單位•不但許多不合我們的國情•并且有許多是狠不合道理的•他們是因爲祖傳下來•用慣了•現在要改也改不來•我們是從頭做起•儘可自由選擇•就不應當錯就錯•譬如機器的效率•平常都用百分法•表示出來•狠清楚•又狠簡單•却是英美制度•起水機的效率•叫做Duty名字已經離奇•却是計算的單位•更爲不妙•第一種算法•係實得工作(單位爲尺磅)和百萬英熱量的比例•把兩種的單位•胡湊起來•已經狠不方便第二種算法•係用實得工作和千磅純蒸汽(Dry Steam)的此例•這在學理上•是決然說不過去•所以我們抄襲的時候•總得仔仔細細•不要上別人的當•

但是做生意的道理•顧着自已•又得顧着別人•

我們和外國人交易·既望用着自己定的單位·却不可不有合算別種單位的規定·然後所定的標準單位·不但全國通用·還有通行外國的希望·以後中國工業發達·把貨品行銷到外國去的時候就可受益不淺。

(三)制度之標準

中國現在是全世界的銷場·外國的制度·外國的貨物·同時輸入·所以世界上有幾十國的制度·中國也有幾十種的制度,眞正是五花八門·無奇不有·不但普通商人·懂不明白·就是專門工學家·有時也只能望洋興歎·我有一個朋友·學問狠有根抵·又在鐵路上辦過幾年事·後來因事賦閒·我請問他·某路現正要人·爲何不去設法·他說學的不過英制·某路却凡事都從法制·恐怕幹不來·上所說的·不過鐵路一端·其實各種工業·都是如此·國到沒有瓜分·工業就有了瓜分的雛形·這不是狠可痛心的事嗎·工業範圍以內無論或是建築或是製造都有盈千累萬的標準制度·現在不能遍及·約略言之·可分二類:—

(甲)關於統一管理者:　凡檢查報告等類事

項·若設有標準可據·僅由各人自打主意·到了匯總的時候·必至亂雜無章·譬如鐵路會計·常用着噸里·但是英制的噸里和法制的噸里·不是一樣東西·設若甲路的報告·用着英噸里·乙路的報告·却用着法噸里·旁人看着似乎是一樣·如此豈不誤事·這並不是噸里兩個字不可用·却是英法兩種制度混合的弊病·又凡關於建築事項·有時各業的利益·不能均沾·常致提起爭端·譬如橋梁·建橋者爲省費起見·情願低小·但使船者爲通航便利起見·又願其高大·故必須有制度的標準·令橋拱之高廣與河道之大小爲比例·然後事理乃能各得其平。

(乙)關於機件之互相配合者：因小而失大·是最不幸的事·但沒有標準制度的結果·必至如此常看見的螺絲釘·是狠小的東西·却是機器都着用他·萬不能少·現在設想我們有一個德國的機器·當中斷了一個螺絲釘·因爲市面上買不到·只得在機器廠裏面·特別定做·化了許多的小費不算·還要停住大機·專等小釘·若是大發動機·發生這種事件·每次的損失·恐怕就是幾千元·因爲發

動機失事·全廠都得停工·賠了工錢不能出貨·這就是因小失大·絕妙的樣本·若是螺絲釘有一定的制度·市面上就容易供給·卽使買不到·因爲螺絲板是現成的·自然就容易趕做·臨時的損失·自然就減輕許多。

從前在鐵路車廠實習的時候·常常拆去舊車中的零件·安放在新車上·居然件件都能殼配合·眞可算得廢物利用·但中國某鐵路·以前買的德國制度的車·現在又買美國制度的車·兩種車上的零件·决不能配合恰當·是可以猜得準的·設使有自已的制度·何至爲他人的制度所牽率·致令常常變動·不能自主呢·現在向外國定貨·上說的情形·有時是無法可想·但國內的實業·何嘗不是一樣的雜亂·若不從速整理·到了將來變成萬國工業博覽會的時候·才眞是中看不中用·後悔也來不及。

不但形狀的配合如此·形狀以外·當有宜配合者·例爲電燈線之電壓·歐美普通所用·有110,150,220 Volt幾種·每種所用的電線·電泡·都不相同·若全國都用一種制度·就不但電線電泡·其餘的電

爐·電熨斗等·盡可通行·否則躋踐物件而外·往往逃電·危及生命財產·除電壓外·其餘似此者甚多·

(四)品質之標準·

制度是現在外面的·品質是隱在裏面的·就工業全體看起來·制度較爲重要·但若就一件的物體看起來·品質便反覺重要·因爲沒有制度的弊害·雖然損失及於通國及後世·却是一件物體的用處·並不縮小·若是品質不佳的弊害·可即刻令一物變成絕無用處·譬如把滑料加在機軸上·依然出煙冒火·必定係滑料的雜質太多·把重物放在樑上·忽然壓斷·必定係鋼料不佳·又如用膠灰築路·當初狠是平坦可愛·但到春夏的時候·雨水太多·就把路部浸壞·必定是膠灰粘性不好的結果·可見凡關於品質的方面·極要當初留意·否則沒有不失事的·合宜的方法·應當設定一種標準的資格·再用標準的試驗法·研究物料果合格否·及格就用·不及格就退回·如此辦法·計劃的人·才能彀計算得精細·運用的人·也不至半途失事·

品質的重要·還不止此·因爲直接關係一物的用途·間接就關係着公衆的安寧·故必要有標準·

才能殼保護公衆·譬如造橋·若計劃及建造·均屬如法·但鋼之質料·甚屬低下·一至列車經過·必定倒塌·鐵路公司之損失·尙屬咎由自取·乘車的客人·却並沒有過錯·也把性命賠在當中·這不是大衆過嗎·有些人說·賣買交易·賣客和主顧的事情·用不着旁人管閒事·況且建築公司·顧着自已的招牌·也不愿意橋梁倒塌·可見更用不着干涉·這種說法·似乎狠有道理·却是不十分周到因爲(第一)平常的公司·學識有限·所定的品質·未必確當第二)商工界裏面常常有冒險取巧的人·若是一時資本不敷·就不免有故意徼幸的事·有以上的兩種原因·所以凡關係公衆的工程或物料·必定須有公定的標準品資·才合着保護公衆的道理·

品質應有標準的共分三種:—

(甲)物理上之品質· 如强度·彈性·硬度等·

(乙)化學上之品質· 如成分·焰點·雜質等·

(丙)最低數之限制· 如大小·重輕·厚薄等·

以上的(甲)(乙)兩種·皆應有標準的試驗法·以斷定之·在歐美工業界中·各種品質之定義及試驗法·大多都已停當·惟間或有尙在討論時期·如硬

度凝度 (Viscosity) 等。我們研究的時候。不可不博採衆說。而擇其最善。或有疑(丙)項是說制度不是品質者。不知制度是不論品質。此處却專就一種的品質而言。因爲(甲)(乙)兩種的限制。還有不能包舉概括的時候。所以又加最低數之限制。如美國 Massaehusetts 州的法律。做汽煱的鋼板。除必須合)法定的品質而外。最薄不得過(¼)四分之一寸。又如各城鎮的建築律。對於地板載重。常有最多數的限制。其建造時如何特別堅固。都在不問之列總之。(丙)項的意義。全係爲防備取巧。保護公益而設。

第四 標準之審定

合着以前所說的看起來。四種的標準。沒有一種不要審定。并且沒有一種不可不從速審定。但是到底從何處下手呢。最先必定要求合學理。其次就要合着社會的心理。最後又要能敵敵過外人的勢力。然後中國工業的標準。才能確立。中國的工業。才有發達的希望。

第一步。係斷定審定的事業。應當屬於何種團體。統看世界上已往的經驗。此種事業。不出三種

團體以外：一

(一) 製造家

(二) 政府

(三) 學會

把工業上的大事·信託在謀私利的製造家之手·是狠危險的·所以有如此現象的原因·係因為當初本來沒有什麼標準·幾個大製造家的勢力·又能彀左右全國·所以私人所用的標準·就慢慢的通行全國·如 Brown and Sharp 的絲規·就是一個樣本·中國現在沒有這種的大製造家·所以這種天然的進步·在一二十年內·是無可指望的·

信託政府·自然比製造家名義較順·但是營私謀利的敗類·大概倚賴政府做個巢穴·所以依然危險·況且政府定的·就是法律·倘若有不合社會心理之處·就狠為難·不行既有損政府的威嚴·行之又恐惹百姓的反對·惟有官營產業·如鐵路電報等·政府可以大股東的資格·審定其自用的標準·將來風靡全國·自在意中·惟如此則與製造家審定標準·並無何等區別·

所以審定的事業·最妙就是屬之學會·學會

的會員都是研究有素的人。有所建樹。必定衷合學理。這是第一的好處。凡事根據學理。參考實在的情形。不至受營私的嫌疑。是第二的好處。合着許多的工學專家來研究。又加以討論辨難。才將標準通過。不至犯着專擅的嫌疑。是第三的好處。標準審定以後。會員自然採用。所以新標準的勢力。就自然布滿全國。並不用着强迫。便可通行。是第四的好處。有上說的四種好處。審定的事。自然逃不出學會的手腕。

却是上說的學會。並不是幾十個人或一兩省人的機關。學會的聲望。必須素著。學會的會員。必須包括全國的工學家及工業家。學會的信用。必須素洽輿情。學會的勢力。必須彌漫全國。有這種的資格。才可以做審定的事業。

這種學會。中國現在是沒有的。不過古人說得好。有志者事竟成。大事業也不是一年兩年。就可見效的。現在不妨養精蓄銳。竭力豫備。到了將來。同志多。力量大。就可把平時所積蓄的。發揮光大起來。把中國的工業。好好的改良一番。

今後工程學者宜習用法制度量衡[體]

原度量衡之設·所以準輕重·測長短·便日用·糾奸宄也。國各有制·制不可不劃一。我國古制·本于黃鐘六律。量黍爲分·由分而推于爲尺。積黍爲龠·由龠而進于爲升。更以一龠黍之重爲兩。尺升兩者·度星衡之木位也。歷代以降·各有仍革。迄前淸·復本鐘律古說。于度則有營造尺與古律尺之分。于量·則以斗爲本位。于衡·則以金類一立方寸之重爲基位。至今猶沿用之。然國家對於權量器具。從未嚴厲限制·民間隨意妄造。大小長短·出其私裁·故有城鄉之間·而尺寸升斗不同者。雖皆不劃一之咎·而推原討究則舊制根據荒茫。黍之大小長短輕重·先自不同·更何望其製器之能劃一也。

通商以來·外貨輸入。睹我制之淆亂·遂喧賓奪主·而各用其本制。故中國制度之繁雜·至今日而已極·外制之最著者·爲英法二制。國中工程界上·率習用之。然其採用某制·則皆本于主持工程者之嗜好。如某鐵路在英美勢力內範圍內·則其工程必採用英制。在法比勢力內。必採用法制。卽云我制腐敗。不適工程界用。然事宜統一。同在一國。而有二制。其弊蓋有甚于舊制者。則不可不謀劃一。法制較英制爲良。逢十而進。有似我國舊制。然而英制相進之數無定。用者每苦于難憶。且法制根據精當。其度量衡器皆有標準。無長短參差之弊。各國望風採用。邇近農商部亦有頒行甲乙二制令。（卽舊制與法制）亦因舊制腐敗。亟宜廢棄。法制簡便。終趨爲萬國公用。吾人焉能獨異於衆。故從根本上解决。以兩制并行。爲過渡辦法。吾甚望我工程學界之速於採習法制。爲將來應用也。

修濬閩江大略

陳體誠

閩江爲福建最大小流。其上游淤塞。下流頗淺。海船來閩。祇能拋錨馬尾羅星塔。距福州凡十英里。客貨之入福閩者。必須重換舊式船隻。(俗稱駁船甲板等)隨潮而進。每日可二次。每次須二三小時至一日不等。客貨之離閩者。亦然。故極形不便。初有獻議修福馬鐵路以利往返者。而路線曲折。繞山西行。其建築費須數百萬。非閩省財力所及。縱思修濬閩江。使海船得隨潮漲落以出入福州。去歲地方政府聯同領事團。閩海關。特請滬上濬浦局海工程師來閩。勘看十日。具有濬江預算。計三年需銀九十萬。擬由地方政府年撥萬二千兩。再加抽海關稅百分之五。船隻之年入萬兩者。亦抽特別稅以應用。自領事團條請中央政府施行後。始有今夏修濬閩江局之成立。局之決議權。統歸之幹事會。會費三人。以閩水利局長爲之長。海關稅務司則秉書記官及會計。美領事代表領事團亦佔一席。幹事會每星期開會一次。取決用人財政及重要事。其施行責。則歸之工程部。工程部之總工程師。乃美人常思德君。前北洋大學教授。顧問工程師一。卽濬浦局之海工程師。部中尚有副工程師總監工測量繪圖員數人。組織甚簡。然祗薪束一項。管理及工程二部。年需銀約三萬五千元云。

輪舟之來關者。第一障礙物為外灘。在大潮之最低時。(Low Water of Spring Tides) 得十四尺水。在小潮之最高時。(High Water of Neap Tides) 得二十八尺至三十尺。第二障礙物為內內灘。居蒼石之南。大潮落至乇十一尺。小潮漲至二十六尺。故舟船吸水三十尺深者。咸不得近馬尾。吸水在二十五尺下者。可乘潮直至羅星塔。由羅星塔至福州則有二港。卽俗稱南北港。兩港分而復合。中成南台島。北港稍深。潮最低時有深至六尺處。南港淤塞。潮落時或不及尺。在羅星塔通常潮漲度凡十一尺半。而在福州萬壽則祗六尺。故設能使北港于低潮時。得有十尺水。則潮漲時。吸水十六尺之船隻。便可直至福州。而吸水八尺以下之船隻。亦可終日行駛福馬間矣。此則今日閩江局所望于三年後得達之目的也。

江底浮沙四伏。行舟者每苦港道之難尋。故時有遇淺事。修濬之法。厥有二。一。挖泥沙。二。築堤壩。第一法。須用挖泥機抽水栰等。全副須五十萬元左右。第二則築堤壩以馭水流。導之於較狹港中。同一水量。若港較窄。則流較急。以水力冲刷沙泥。通之下游。則積久港必較深。此法除築堤外。無何費用。似適宜於閩。然成效不易見。需時頗久。所幸閩中每年雨水多時。則溪流甚急。導之港中。或力能刷沙耳。附圖載今修濬界限。及堤壩地位。足備閱者參考用。

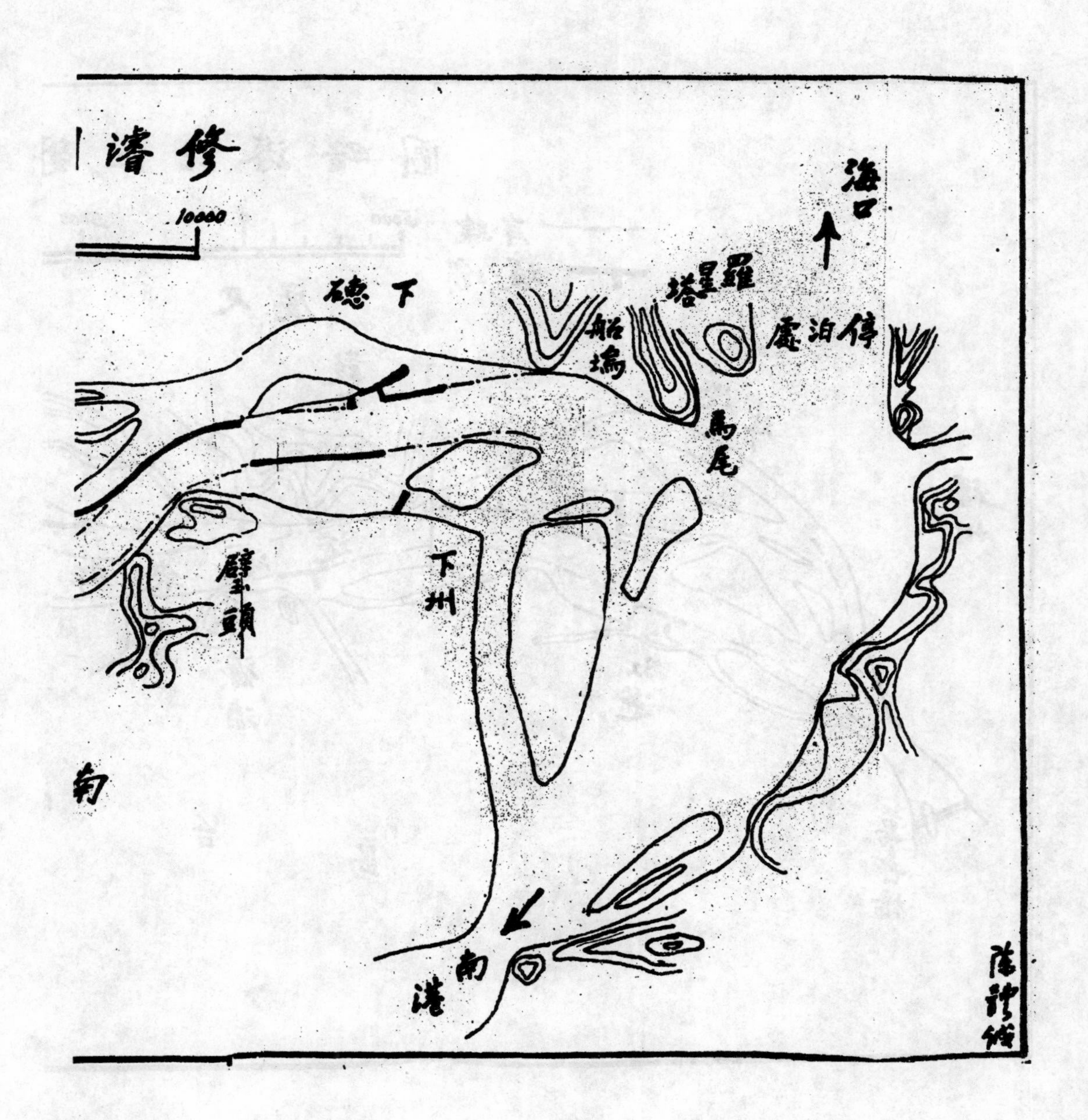

29907

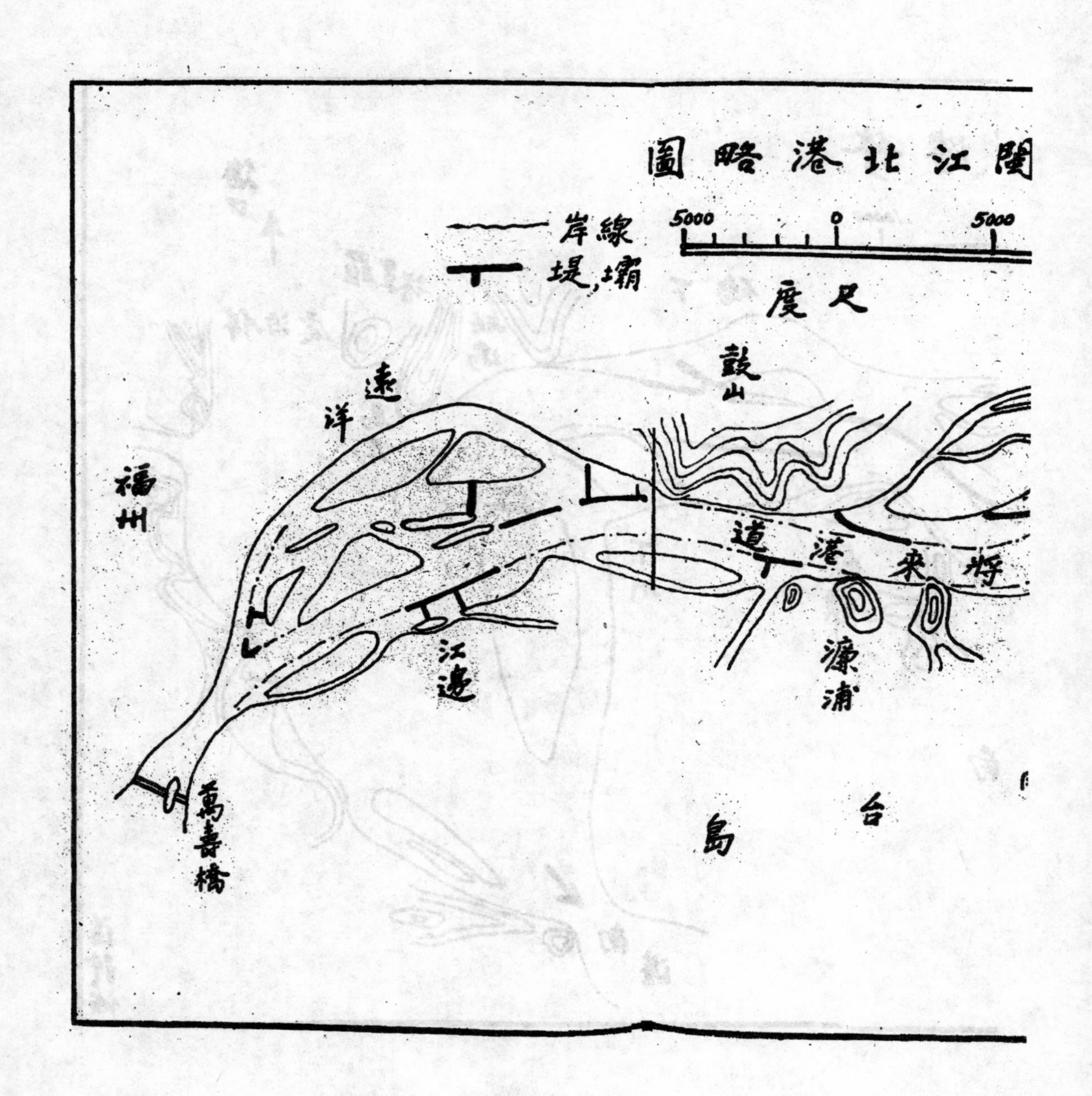
閩江北港略圖
線岸
壩,堤
5000
0
5000
尺度
鼓山
遠洋
福州
道
港
來
將
江邊
濂浦
萬壽橋
台
島

宜昌重慶間水力談(譯)

宜昌重慶間·江長計四百英里·共三十五灘·兩處高度相差·四百七十六英尺。重慶高出水平線六百十尺。宜昌高出水平線·一百三十四尺。則形勢傾斜·每四千四百五十尺·輒低一尺。較尋長江河·險峻兩倍。江身斜度參差不齊·中有層層陷阱間有深逾二百尺者。低陷之處·瀑布沿崖瀉流而下·或兩壁峭立·中留狹峽·江水由此奪路而過。四川平原之水·以宜昌峽爲惟一之出路·原來四川平原·本係內海。水漲輒瀉於鄖陽以南·較低之山地·蓋大巫山起脈於黔省·與喜馬拉雅山之間·沿四川東界·而止於鄖陽以南也。重慶江水排瀉之量·以英方尺計之·當平均低水時·每抄鐘七萬五千方尺·平均漲水時·每抄鐘七十七萬四千方尺最大水時每抄鐘一百零六十五萬方尺。若以五十尺水頭計算馬力·平均低水時·可得馬力四十三萬·平均漲水時·可得馬力四百四十萬。較諸世界著名美國奈格拉瀑布水力·尙高百分之三十。奈格拉瀑布·於一百四十尺水貫處·約產馬力三百二十五萬而已。

但振興水利·非僅利用此水力·而航路之便利·亦當兼籌之。巫山與重慶之間·險灘壘壘·凡於低水處之巖石·當移去之·河身之淤積·當開浚之。使低水之處·寬至九百尺·深至十五尺·然後于巫山夔府安平雲陽小江忠州涪州等七處·各建一堤。每堤設三閘·堤長約三千尺·高出低水處約五十尺。凡遇水漲時·則開閘以洩之·水低時·則水越堤之洩瀉處而流。如此辦理·長江上遊·幾同巴拿馬運河。每堤蓄水既多·則可安置水電渦輪而發展上表所列之水力。以七處水電廠所產水力計算·可得馬力三千一百萬匹·約發展全世界水力六分之一。

此項工程·共需經費約計如下

修治險灘費	$ 4,500,000
築堤設閘費	$72,100,000
水電機費(計七處)	$42,000,000
共計	$1,18,600,000

按全世界有水力二百兆馬力·惟需八萬兆金·

以展發之。今長江上游，可獲全世界水力六分之一，而其費一百餘兆而已。

中國爲美國造船近况(譞)

上海江南造船廠·爲美國航務部承造船身·重量各一萬噸之輪船四隻。雖因美國鋼鐵原料運到稍遲·兼之近日霪雨連綿·然工作頗有進步。廠中工作甚忙·下釘蓋版·錚錚之聲·終日不絕。極欲爲美國造成良好之船舶。然此項船舶·足以代表中國工程之枝能·爲中國實業發展之先兆。美國航務部已决定此四船之名·曰官員·曰天堂·曰東方·曰該撒·此項輪船爲裝載貨物之用·船身重量各一萬噸·排開量各一萬四千三百零六噸。大小垂直四百廿九英尺·廣五十五英尺·深(自艙面至艙底)三十七尺十一寸半·速率十海里半。裝以二千六百匹馬力之三聯武引擎·由三大蘇格蘭式汽鍋·供給熱度極高之蒸汽。本年春秋·船骨已具·但因中美間運輸爲難·以致鋼料運到遲遲·所到又非急需之所。加以近來雨水過多·頗妨戶外工作。現在此等阻力均已消除。工程正在積極進行·原料已到百分之六十。可無乏材停工之慮。構造引擎·頗有滿意之進步·各件漸次整配·其他輔

29912

佐機件。亦已告竣。一俟新船下水。隨時可以裝置。約計全船機件百分之四十五。已經完工。倘能將船廠擴充改良。多購美國減省人工之最新式機器。則更足助造船工程之速成。而江南造船廠。始足稱爲中國第一新式船廠矣。

中國航空事務之發軔(譯)

近聞北京政府·向海特萊斐巨公司·訂購飛機若干架·用以興辦香港上海間航空郵務·及運送旅客與輕量商品。一俟飛機運到·卽將用以按期飛行於香港上海之間·由交通部管理。香港上海均將建造能容此種飛機之停駐所。每站將備修理器械·與維持應用各物。福州將爲來往飛機之中駐地點·乘客可在此上下。該處將設一貯藏所存儲各項材料·以備不虞。此爲中國航空事務計畫之大綱。一切詳則·尙待續訂。此種偉大事業·草創伊始·必須熟悉當地情形·而具有經驗者·始能擘畫周到。所訂購之飛機·其兩翼廣百尺·機身長六十三尺·高二十三尺·重八千磅·滿載後一萬四千磅·能載客十二人至二十人·裝三百五十匹馬力之發動機兩架·每小時飛行九十里。滬港相距約八百里·多至十二小時·少至十小時·可以達之。故兩地居民早餐於此者·可晚餐於彼。今雖訂購飛機六架·設辦有成效·另闢新路·則自將續購多架以經營之。日後至北京·至海濱等處·必盡可以飛機達之。傳聞政府極欲以飛機自天空測繪直隸全省地圖。其測量之法。乃以照相機爲之。每碼地勢均現圖中。聚而合之。卽成全省完備地圖。此舉目的。乃在振興水利。直隸省內河道甚多。故當先興水利。如能依計畫而告功成。則誠世界之偉舉也。

29915

美飛機往探北極之計畫(驥)

美國航空俱樂部·現發起組織飛行隊·往探北極。其佈置之計畫·預定如下。飛行隊出發之前·擬在格陵蘭之北部愛達地方·設立一根據地。用船舶一隻·載運所需之物料·如飛機·油類·糧食·修換零件等·前往。並在哥倫比亞海角設立第二根據地。至組織第二根據地之手續·頗可注意。運送材料·勢須利用飛機。蓋哥倫比亞海角迫近冰洋·非船舶可通。而組織第二根據地之發要原因·厥因飛機之出發點·必求其距離目的地愈妙。一旦設站於哥倫比亞海角時·至七月之抄·該處天氣漸利於飛行。於是飛行隊遂得由該處出發·直向北極前進矣。第探險家在七月之前·天氣尚未順利則可專務各種極有益之考察·駕駛形體適當之飛機。翺翔於人跡罕至之區·見前人之所未見·攝取奇景·增廣智識。一俟出發之時機已至·則由膽壯之飛行家·乘馬力最大之飛機·作一次長距離之飛行·自格陵蘭海岸直達西比利亞海岸·而上夏里斯金海角·或尼古拉二世地域·爲終點·其行程約爲一千一百三十三里。

飛行隊飛至北極時無須將北極之風景完全攝取。蓋由哥倫比亞海角直達北極僅四百十三哩。若往返一次而得安然返至根據地已開探險界破天荒之新事業而爲飛行家莫大之榮光。第無論如何西北利亞沿岸應設立根據地一處。令船舶一艘由那威或英國出發一切佈置較之設立哥倫比亞海角之根據地殊爲易易。至探險之出發由艦長白德蘭氏擔任指揮。該氏曾任美船羅斯福艦長兩次參與披來海軍大將之北極探險。美國航空俱樂部已擔任出發經費並組織一委員會委員悉爲科學界之著名人物云

29917

修築馬路單價(Unit Cost)表(續)

(一)柏油馬路每平方丈工料細數價目表

名稱	量數	單價	額金	總計
亂石	八分	4.00	3.20	
石子	四分	6.00	2.40	
瓜子片	二分	8.00	1.60	
石粉	二分	10.00	2.00	
柏油	一桶	6.50	6.50	
黃沙	一分	4.00	0.40	
柴	半担	0.80	0.40	
做工	十二工	0.30	3.60	$20.10

(2)石子馬路每平方丈工料細數價目表

名稱	量數	單價	額金	總計
亂石	八分	4.00	2.20	
寸半石子	四分	6.00	2.40	
石粉	三分	10.00	3.00	
黃泥	一分	2.00	0.20	
黃沙	一分	4.00	0.40	
做工	八工	0.30	2.40	$1160

(3)洋灰人行路每平方丈工料細數價目表

名稱	量數	單價	額金	總計
洋灰	一桶	7.00	7.00	
寸半石子	二分	10.00	2.00	
黃沙	一分	4.00	0.40	
片石	半方	5.00	2.50	
做工	十工	0.30	3.00	$1490

介紹工程書報(續)

鐵路撮要第一編第二編

著作者土木工師華通齋　法國巴黎工程專門學校畢業前京漢工務段長交通部技正路政司考工科長現任汴洛鐵路局長交通部鐵路技術委員會工程股主任中華工程師會副會長八年再版已出兩編第一編軌路材料第二編鋼路工程分兩本每本附圖表及中外鐵路所用標準圖式數百種誠華君銳意經營之作也　發行所北京無量大人胡同十九乙號華宅

房屋工程

土木工師華通齋著

已出六編第一編頂棚工程第二編圬工第三編頂面底面工程第四編中部工程第五編淨水穢水工梁第六編通風及煖務　發行所同前

材料耐力撮要

士木工程華通齋著

已出第一編　死重　發行所同前

建築材料撮要

土木工師華通齋著

材料宣辦及運用　發行所同前

圬工橋梁撮要

土木工師華通齋著　發行所同前

力學撮要

土木工師華通齋著　發行所同前

華通齋將出板各書

鐵路撮要第三編　車輛及運輸

房屋工程第七編　支配及點綴

材料撮要耐力第二編　活重及鐵橋

京張鐵路工程紀略

著作者博士詹天佑　美國耶路大學畢業前京張鐵路總工程師漢粵川鐵路督辦中華工程師學會會長

出板者北京報子街中華工程師學會　全書附詳圖數十幅　定價三元

道路工學

趙世瑄著　中華工程師會會員前漢粵川鐵路考工科科長

此書專供改良道路之用並述有定路要件測

量方法等項　北京中華工程師學會出版　定價乙元

實用曲線測設法

　北京報子街中華工程師會出版　定價一元

中國鐵路現世紀要

　咸寗張鴻藻先生遺著　張君歷任路事多年此書於國有民有已成未成各路沿革及設備言之最詳全書凡三百四十頁　北京鐵路協會出售　定價二元　減價六角

　又附鐵路現世地圖長寬七尺餘　中華書局出板　北京鐵路協會代售　定價八元　減價四元

撮影測量法

　北京西長安街鐵路協會代售　定價五角減價二角

中華工程師學會會報

　北京報子街中華工程師學會編輯每月一冊月之末日出版分送會員現出至第五卷第十二期

鐵路協會會報

北京西長安街鐵路協會編輯每月一册册之二十五日出版現已出至第八十二期 定價每年三元 會員二元

叉自第三期起(第一二期已罄)至第七十期止全份出售 原價十二元 特價九元 會員特價六元

華英德法鐵路詞典

北京交通部審訂鐵路名詞會編輯成於民國五年三月全書連捻字共一〇八〇頁 寄售處北京交通部技術官室北京鐵路協會各鐵路局

定價五元

華英工學字彙

中華工程師會編輯以鐵路機械學名詞爲尤詳 北京報子街中華工程師會發售 定價二元

電界

鄧子安工程師編輯每月二册 發行處北京安福胡同鄧子安電氣工程事務所 定價全年二元二角 京外加郵費二角八分

地學雜誌

29923

中國地學會編輯每月一册　定價二角五分全年二元四角　發行所北京北池子中國地學會鑛業雜誌

鑛業雜誌社編輯　每季一册　定價五角發行所長沙西長街鑛學研究會

過熱蒸汽之試驗

此書爲工師薛序鏞在英留學時之研究稿薛君歸國後曾任唐山機車廠副廠監去年逝世原稿用英文沒後由李君毓庠成中文由北京鐵路協會及中華工程師會付印分送工界同志

非賣品

會務紀事

會務紀事

會章

會務摘記

中國工程學會總章

第一章 定名

一 本會定名爲中國工程學會

第二章 宗旨

二 本會以聯絡各項工程人材協助提倡中國工程事業及研究工程學之應用爲宗旨

第三章 會員

三 本會會員定爲會員仲會員及名譽會員三種

四 凡屬工程師工科大學卒業生與第四年級學生皆可爲本會會員

五 凡在工科大學第三年級者皆可爲本會仲會員

六 凡在工程界上有特別成績或對於本會有特別贊助者皆可爲本會名譽會員

七 凡具有四·五·兩條資格者經本會會員二人以上之介紹並董事部之選決得爲本會會員或仲會員

凡仲會員已及還升資格者得請願升級但須經董事部通過

凡具有六條資格者經本會會員五人以上之介紹並常年會過半數之表決得爲本會名譽會員

八 本會會員仲會員或名譽會員之行爲經本會會員半數認爲有壞本會名譽或有礙本會進行時本會得除其名

第四章 會員之權利及義務

九 本會會員仲會員有遵守會章及納費之義務

十 本會會員有提議表決選舉及被選舉收領本會發刊書報及其他各種應享之權利

十一 本會仲會員除無表決選舉及被選舉之權外得享會員各種之權利

十二 本會名譽會員所享之權利與仲會員同

十三 凡本會會員仲會員於第三十二條所規定之限期中不納各項會費時本會得停止其應享諸權利

第五章 組織及職員

十四 本會之組織分爲執行部及董事部執行部設會長副會長書記會計及各法定委員股

之股長董事部設部長一人以會長兼充之審計員一人由董事互舉之及董事若干人

十五　在本會會員人數未逾百八十人時董事部設董事六人在百八十人以上時每會員六十人增設董事二人但董事之全數以十人爲限

十六　本會各法定委員股之成立由董事部決定之

等六章　職員之職務

十七　本會會長爲本會開會時之主席兼爲執行部董事部之部長有監理本會一切進行之權

十八　本會董事有決定本會政策與各項進行事宜之權凡會計處之大宗用款須由會長提交董事部認可方得支付(參觀二十三條)

十九　本會董事部得隨時開會商議各項事件除非第二十條所規定外董事部皆得表決之

二十　凡關於本會重要財政問題或其他重大事件須經本會常年大會或通函投票之過半數公決之但凡須會須通函投票時其提議須

有較董事人數多過二人以上之會員聯署方為有效

二十一　本會副會長襄助會長辦理一切事務遇會長缺席時攝行會長職務

二十二　本會書記掌收發本會文牘保存各項公文每次開會時記錄會中討論事件并編定本會會員姓名錄

二十三　本會會計掌收集各項會費支付各項費用收存本會所有之產物遇有每一項費用在五十元以上者須先經董事部核准方得支付每年須將財政情形至少報告一次

二十四　本會審計員每三月稽核會計帳項一次報告於董事部

二十五　各法定委員股之職務在該股成立時由董事部定之

第七章　法定委員股

二十六　各法定委員股股員經該股股長之推薦由董事部委任之

二十七　各委員股有自定本股進行規則之權但此項規則不得與本會會章相衝突

第八章 財政

二十八 本會董事部監督本會一切財政凡遇財政支絀時得作種種籌備之權

二十九 木會之年度每年定爲十月一日起至次年九月三十日止

三十 本會會員應納入會會費國幣五元(美金三元)年納常年會費國幣三元(美金二元)

三十一 本會仲會員年納常年會費國幣二元(美金一元半)入會費於遷升會員時交納

三十二 會員之入會費自入會之日起算限於六個月內交清會員及仲會員之常年費自十月一日起算限於六個月內交淸

三十三 本會名譽會員除自願捐助外毋庸納費

第九章 開會

三十四 本會每年開常年大會一次其時期與會長指定但須得董事部之同意

三十五 常年大會之法定人數在會員未滿百八十人時定爲全數會員五分之一在會員已逾百八十人時定爲十分之一

三十六　常年大會應辦之事爲選舉本會名譽會員接受各職員之報告及表決本會所有重要事件執行部各職員與各委員股股長每屆常年大會時應協同籌備關於工程學業上與交際上之種種開會事項

第十章　職員之任期及選舉

三十七　本會董事任期定爲兩年每年改選半數

三十八　其餘各職員任期定爲一年每年改選一次但可連任

三十九　本會各職員除審記員由董事互舉外俱由會員通函公舉其選舉事項每年由董事部於七月一以以前委派選舉委員股執行之選舉結果由選舉委員股於九月一日以前公佈之

四十　本會職員選舉以複選法定之得初選票之最多數二人作爲候選職員遇有得初選票已過半數時卽爲當選

四十一　候選職員得決選票過半數者作爲當選遇有二人得同數票時前任董事部得決定

之

四十二　新舉職員每年於十月一日就職

第十一章　附則

四十三　本會章經全體會員三分之二表決後即爲有効

四十四　本會章經會員十五人以上之提議並投票人數三分之二以上之通過得修改之

各法定委員股辦事規則

會員股

(一) 本股係由中國工程學會董事部議決設立·專理工程師及工程學生入會手續·

(二) 組織 本股設股長一人·及股員若干人·本股股員·按地區而分·例如中國南部·中部·北部·美國東部·中部·西部·及日本歐洲等區·每區股員無定額·

(三) 選舉及任期 (甲)本股股長每年照章公選·任期一年·自十月一日至次年九月三十日止·但可連任·

(乙)凡屬中國工程學會之會員·經本股股長之推薦·由董事部委任後·卽爲本股股員任期與股長同·

(四) 股長之職務 (甲)有督率本股一切辦事之權 (乙)得隨時請董事部增派或卸免股員·(丙)審查願入本會諸君之資格並分列階級·(丁)於每月月底將願入本會諸君註明履歷分列階級函請董事部選決·

(五) 股員之職務 專司審查該區新會員資格

並介紹會友入會倘於該區內確知某人對於本會會事頗表同情而其資格堪爲本會會員或仲會員者得請二會員代爲介紹一面將會章入會願書及本會書記住趾交與該人請將願書填就直接寄至本會書記檢收或代爲郵寄以預備入會手續·

(六) 本股細則得股員五人以上之提議得隨時增改之·

名詞股

(一)主旨　本股以審定各種工程學名詞以求劃一適用爲主旨

(二)分科　本股共分土木化製電機機械採冶五科

(三)職員　本股股長一人總理本股一切事務每科主任股員一人由股長推薦請董事部委任之主任得擇定助理股員若干人由股長請董事部委任之

(四)任務　各科主任應督同該科股員將若干應定名詞分期印出發交本科會員聽其繙譯或採擇曾經訪問所習用者然後由該科主任督同該科股員將結果比較選出一二名詞附以解說以貢獻於股長爲審定之預備

(五)分期　本股進行分三期自九月十五日至十二月十五日爲第一期十二月十五日至明年三月十五日爲第二期三月十五日至六月十五日爲第三期每期應討論之字數由各科主任酌定之每期完結後一二月股長應將名詞審定寄交編輯發行股登載於會報中

(六) 附則　其他進行事務未規定於本簡章內者由股長與各科主任隨時酌定

調查股

第一條　本股係由中國工程學會董事部議決設立。辦理關於本會範圍以內之一切調查事宜。

第二條　本股設股長一人。本會會員選舉出之。任期一年但得連舉連任。

第三條　本股股員無定額凡本會會員經本股股長之推薦,受董事部之委任後卽爲本股股長及股員。

第四條　本股股長及股員之任事年度每年自十月一日起至次年九月三十日止。但股長有隨時推薦及請免本會會員爲本股股員之權。

第五條　本股就調查事件之性質暫分爲若干科:—(子)各種工程原料,(丑)中外各種礦產,(寅)中外水陸交通事業,(卯)各種機械,(辰)中外城市工程,(巳)中外工程商業,中外工程學校,(未)中外各種製造廠,(申)中外各種工程書籍及期報,(酉)工人問題。

第六條　每科任事之股員無定額。悉視其科範圍之廣狹以爲定。每股員得兼任數科之事。

第七條　調查之法應由股員各就所任科內事採摘記載。或自報紙。或自書卷。或由股員通函或順便親往各處查詢。將所得材料塡入本股印成之正式調查表內。此項調查表應塡寫二紙。一送交股長。一存於該股員處。

第八條　股長應用一種集合制度保存各項調查表記。俟一事已將成就時,股長應比較股員送到之調查表,製成圖表,公佈諸本會會員。其公佈之法,由郵局函寄或登入會報。全視該事之緊要與否及本會之經濟情形以爲定。

第九條　凡調查事件之不能塡寫列表如第七條所規定或願作詳記以說明之者,可著作調查記錄副寄交股長。由股長公佈之。其公佈之法同第八條之規定。

第十條　凡調查時有通函。或親往者,股長及股員皆得用本會之名義。但來往信件須有存稿。所往處所之名稱,地址及日期均應報告股長。以便彙錄備攷。

第十一條　凡在調查事件時所得之書籍文册目錄等種種均屬本會物產,應交由股長暫行收藏將來本會會所定後,此項物產應存儲於會所內。關於此項物產移地之費用得由股長向本會會計支取。

第十二條　凡非本股股員或非中國工程學會會員有調查所得願投交本股者,本股股長得收受之。對於會外人并得酬贈以相當之報酬。

第十三條　凡本股所用之名詞本股股長應隨時與名詞股股長接洽。不得彼此各異。

第十四條　本規則經股員五人以上之同意得提議增訂或修改。

附錄調查表式

中國工程學會調查表(子式)

原料名稱…………………………………………

關於何種工程所用…………………………

出產地 {中國……………………………… 外國………………………………

每 價值,……年…………年…………年…………

附註…………………………………………

調查者………………

中國工程學會調查表(丑式)

礦名…………………………………………

所在地、……………………………………

主權所有……………………………………

何法開抹……………………………………

何年始開……………………………………

資本若干……………………………………

每年出數……………………………………

預計總額……………………………………

所用工人數…………………………………

附註…………………………………………

調查者………………

中國工程學會調查表(寅式)

鐵路名稱……………………………………………………

自……………………………至……………………………

主權所有……………………………………………………

路線共長…………英里,路軌共長…………………英里

單行,雙行或若干行……………………………………

機車之原動力係何種(蒸汽或電)……………………

機車種類名稱………………………………………………

共有機車…………具,客車………輛,貨車………輛

每年所載人口數×英里數…………………………

每年所載貨物噸數×英里數………………………

每英里每人車資………每英里每百磅運費…

現在全路價值………………………………………………

現在用人名數………………………………………………

附註……………………………………………………

調查者………………………

中國工程學會調查表(寅一式)

船局名稱……………………………………………………………………
自……………………………至……………………………………………
航線長………………英里　共有船……………………艘
船名　　　　淺水噸數　　　　原動力機名
…………　　　　…………………　　　　…………………
…………　　　　…………………　　　　…………………
…………　　　　…………………　　　　…………………
…………　　　　…………………　　　　…………………
每年所載人口數,………年……名,……年………名
每年所裝貨物數,………年……噸,……年………噸
船資,　頭等…………………二等……………三等
運費,　每百磅……………………每立方尺……………
　附註………………………………………………………………
　　　　　　　　　　　　　　調查者……………………

中國工程學會調查表(寅二式)

電報公司名稱……………………………………………………
電報之種類……………………………………………………
總局所在……………………………資本…………………
連接城鎮幾處……………………………………………………
種類(一)電報機……………………(二)電線……………………
　　(三)電池……………………(四)電機……………………
如有發電機者(一)種類……………(二)力量……………
頭等局,電報機數……　辦事人數……　送報人數……
二等局„ „ „ „ ……„ „ „ „……„ „ „ „……
三等局„ „ „ „ ……„ „ „ „……„ „ „ „……
　附註………………………………………………………………
　　　　　　　　　　　　　　調查者……………………

中國工程學會調查表(寅三式)

電話公司名稱……………………………………………

所在…………………………資本…………………………

種類(一)電話機…………………(二)電線…………………

(三)交換機…………………(四)電池…………………

電話機數……………………………………………………

接線人(一)每日分幾班……(二)每班人數…………名

如與他處連接者,

連接至何處	有交接線幾條	每綫之長及其種類
…………………	…………………	…………………………
…………………	…………………	…………………………
…………………	…………………	…………………………
…………………	…………………	…………………………

如自設發電機者,(一)種類…………………………

(二)力量…………………K.W.

如向他公司買入電力者,……………………………

(一)向何公司買入……………………………………

(二)每月買入之力量………K W.

(三)是直流或更流電……………………………………

(四)如係更流電,用何法變為直流電……………

(五)是否與發電公司訂有合同……………

除接線人外尚有工人…………………名

辦事員共…………………名

附註…………………………………………………

調查者…………

29945

中國工程學會調查表(卯式)

機器名稱……………………………………

種類……………………………………

何時何處用之最適宜……………………………………

何種原料所製……………………………………

用何種原動力……………………………………

功量……馬力，積量……立方寸，重量……磅

價值……………………

製造者之廠名及地名……………………………………

附註……………………………………

調查者……………

中國工程學會調查表(辰式)

國名……………省名……………縣名……………

方里數……………人口數……………

行生……………………………………

公益……………………………………

水供……………………………………

大道……………………………………

街車……………………………………

房屋……………………………………

燈光……………………………………

工業……………………………………

機體組織之大略……………………………………

附註……………………………………

調查者……………

29946

中國工程學會調查表(己式)

工程物產名稱……………………

出產或製造地址……………………

每年產額或製成之約數……………………

銷於本國者百分之……,外國者百分之……………………

銷於中國者百分之……………………

每……價值(在出產或製造地)……………………

每……價值(在出入中國境時)……………………

附註……………………

調查者……………………

中國工程學會調查表(午式)

大學名稱……………………

國立,省立或私立……………………

所在地址……………………

工程學校名稱……………………

何種工程科最佳……………………

工程學校{教授數……………………
　　　　{學生數……………………

工程試驗室情形……………………

學費每人每年……………………

附註……………………

調查者……………………

中國工程學會調查表(未式)

製造廠名稱……………………………………………………

地址……………………………………………………………

所製物名………………………………………………………

主權所有………………………………………………………

何年始辦………………………………………………………

現在資本………………………股票占幾分…………………

各工場名稱……………………………………………………

機體組織之大略………………………………………………

……………………………………………………………………

附註……………………………………………………………

調查者……………………

中國工程學會調查表(申式)

書名……………………………………………………………

著作者…………………………譯者…………………………

何年出板………………………第幾板………………………

共幾本…………共幾頁…………面積…………×

發行所之名稱…………………………………………………

地址………………………………………………

每部價値………………………………………………………

主要簡目………………………………………………………

有此書之本會會員姓名………………………………………

……………………………………………………………………

附註……………………………………………………………

調查者……………………

中國工程學會調查表(甲一式)

期報名……………………………………………………………

發行者{所名……………………………………………………
　　　{地址……………………………………………………

每……出一期……每期約…………頁

報之面積…………×……

每期報資…………　　　　每年報資…………

內容大略……………………………………………………………

定此報之本會會員姓名……………………………………………

附註……………………………………………………………

調查者…………………

中國工程學會調查表(丙式)

地名……………………………………………………………

工人總數……………男工……………女工……………

工人{性質……………………………………………………
　　{種族……………………………………………………

每日工作幾小時……………………………………………

每小時工資最高……………最低……………………………

有無工黨存在……………………………………………………

該地之生活程度……………………………………………

工廠內之衛生一斑……………………………………………

附註……………………………………………………………

調查者

29949

編輯發刊股

第一條　職務　本股照董事部民國七年五月十二日議決議案以編輯及發刊會報或年刊一册或年出兩期以報告會務及討論學術爲職務

第二條　職員　本股職員列後：一股長一人掌理本股一切事務股員若干人股員分爲編輯員及經理員　編輯員司編輯審查對較諸事并負著作責任　經理員經理印刷及發刊事務　各股員之專責於委任時指定之

第三條　職員選舉及任期　均照本會總章第拾章及廿六條辦理

第四條開會本股股長得隨時召集股員開會討論進行無法定人數

第五條　會報內容

(1)報告　名詞股調查股及各科會務報告

(2)論著　專門及普通工程學業著述

(3)討論及附錄

第六條　投稿簡章

(甲)本會會員與非本會會員均得投稿

(乙)凡稿件須與工程學有關係并合本會會報體裁

(丙)來件中插畫須用畫圖儀畫成如圖繪過多或可請本股股員一二人相助

(丁)來件須照本會會報圈點句讀法及用本會名詞股規定之名詞如有不合之處本股得將原文請著者自行更正

(戊)來稿登載與否由本股酌定如非特別申明原稿均不寄還

(己)來稿文義均由著者自負責任

第七條　附則　本股規則如經本股股長或股員五人以上之提議得修改之

會務摘記

本會自民國七年五月一日正式成立以來·一切進行事務·均記載於董事部記事錄·照摘如下·

董事部計事錄摘要

自民國七年五月一號至民國八年五月一號

董事部書記李鏗述

七年五月五號　董事議决凡於組織本會時·選舉投票諸同志皆正式舉爲會員·或仲會員·其有未投票諸君·應由本會書記·函詢一切·

七年五月十二號　會長陳君提出設立四股(見下)董事一致贊成决設

(一)會員股　本會宗旨·爲聯絡同志·凡工程師及工程學生入會手續·應照章公舉股長一人主之·

(二)名詞股　規定名詞爲研究工程學之急務·此股之設·專掌規定各種工學名詞·審查其已有者·增訂其未備者·應照章公舉股長一人主之·

(三)調查股　工程事業繁多·欲研究·必先調查·此股之設·專掌調查中外工程事業·合集各項記載·積錄工程書籍·以供工程師及工程學生研究

之資料。應照章公舉股長一人主之。

(四)編輯發刊股 本會成立伊始。經濟支絀。對於會報一節。應逐漸進行。每年或刊發一期。或二期。以報告會務及討論學術。應照章公舉股長一人主之。

是日又議決七年常年會與科學社聯合。會長提年會地點及日期。董事一致贊同。

七年六月十五日 會員股股長推薦王成志，薛次莘，李垢身，江超西。嚴莊五君爲本會會員。董事一致選決。

七年七月十七日 會員股股長推薦吳學孝，關漢光，裘維裕，殷源之四君爲本會會員。董事一致選決。

七年八月十五日 會員股股長推荐黃壽恆，趙國棟，朱家炘，繆思釗，李維城，張本茂，薛繩祖，唐鳴皋，閔孝威九君爲本會會員。董事一致選決。

七年八月二十五日 會員股股長推荐譚眞，孫昌克，顧振，曾仰豐四君爲本會會員董事一致選決。

七年九月五日 議決委任會員及調查股股長

所推荐之股員。

七年九月十四日 議決委任編輯發刊股股長所推荐之股員。

一議決陳會長提出三事(見附錄)如下

(一)本會現時辦報用度。在本會未有基本金。或特別辦報經費時應取向會員募捐法。由執行部擔辦之。募捐法由執行部委人請各會員認捐。多少不計。暫時由會計收納另登一賬。

(二)職員離美他往無卸職之必要亦不能聽其辭職但准其在美委託代表料任各事該職員仍負全責須委託代表與否聽該職自便董事部不加干涉。

(三)董事部每月決選會員一次

附錄陳會長來函……(一)本會財政支絀。辦事諸多掣。肘第一次會報至遲擬於明春(八年)刊發需費孔多。據章第二十八條。應請董事部早日作籌備權。鄙意會報進款。除廣告及販賣外。應由會計照賣價購若干本。分發與各會員。此外再於會費中。提若干成作津貼印刷費用。每期會報未出之先。得由編輯發刊股。另設募捐科。募捐款數。盡作發刊會報用。每年發刊一二次。全視財力及文稿爲定。會費所餘。應作將來租設會所及他項根本計畫用。兩者不相侵犯。庶會報及他次進行至有輕重先後之分。董事部對於本會將來募捐事有何意見。

(二)董事或職員。於本會總機關未移於中國前。作回國舉動。其職務應如何辦理可使免停滯以利合事進行。

(三)董事選決會員有否一定時間。或滿一定人數方可選決。

七年十月三十日　選決會員股股長所推荐姚業純,楊銓,蔡雄,陸銘盛,夏全綬,李衷,劉其淑,潘先正,周琦,過養默,張紹鎬,熊正理,程瀛章,諸君爲本會會員周明政君爲本會仲會員。

七年十一月五日　議決委任名詞股股長所推荐之股員。

選決會員股股員所推荐下列諸君爲本會會員或仲會員。

會員　林鳳歧　梁引年　王節堯　王德昌

朱謹　陶鴻燾　胡嗣鴻　楊耀德　徐世大

顧宜孫

仲會員何瑤·

八年十二月七日 選決會員股股長所推荐陳

肇棍洪深二君爲本會仲會員

八年一月十日 選決會員股股長所推荐黃記

秩君爲本會會員

八年二月十日 選決會員股股長推荐之下列

諸君爲本會會員 陳瑜叔 馮偉 蔡常

柳克準 汪禧成 朱樹怡 徐昌 周萃機

八年三月十號 選決會員股股所推荐之下列

諸君爲本會會員 薛畢斌 黃篤修 侯家源

葉家垣

八年四月一號 議決陳會長提出各條(見附錄)

如下

(一)濟益股現可從緩創設·俟本會在國內進行

已具端倪時·再行議設·暫時關於會員謀事

及疾病一切·執行部得兼理之·

(二)籌畫國內進行政策·本屆職員有回國者·抵

國後當先着手調查及研究進行手續·一切

須俟秋間選舉結果發表後·方可決定·

(甲)委任選舉委員股股員 李鑅(股長)吳承洛楊毅凌鴻勛張名藝五君。

(乙)委員股發出通告時。可聲明因辦時便利起見。擬請會員舉出會長書記會計應同在一國。會長與副會長應異國而居。董事三人程孝剛,胡博淵,孫洪芬三君至九月應滿任及四股股長可不拘此例。

(丙)設立助理書記及助理會計各一人應由書記及會計之推荐由董事部委任之此因辦事便利而設若書記會計在美國者可委任一助理書記及會計在中國以理中國方面一切會事諸事仍由書記及會計自擔責任。

(四)今年年會仍與科學社聯絡進行。地點及時期未定

附錄除會長提出各條

(1)添設濟益股 (股名請諸公討決)理由 [甲]當美會員於歸國前。必須出外實習。藉廣閱歷。歸國後。尋覓相當機緣。以盡天職。而時苦無門徑。是宜由本會設股。以本會名義。採查各地機緣。或設法舉薦。或請其自投。此舉實與會員大有濟助。而

29957

會員之幸福·與本會之發達·更有直接關係·故不可不設·

理由[乙]扶助及照料會員之疾病醫藥損傷及其他意外事·

(2)籌畫國內進行政策 本會之成·本注重學術及實行·初因會員多在美國·故總機關暫設在美·現時會員旋里日多·夏假以後·將有半數在華·若不急事聯絡·則會員散漫失踪·將來如欲共同倡辦一事·研究一學·必有人鮮之患·是應如何推廣進行·使國人盡知本會主張及效用·對於名詞調查二股進行·應如何與已成學會·及政府會所謀共濟決·將來留美及國內應否分部組織·務祈諸公早日討論議決·俾執行部得於下次選舉前宣佈·

(3)委派本年份選舉委員股 本會選舉複選法·需時較久·且會員散處國內外·通函往返·動須三四月·二次共需五六個月·故委員股以早派爲妙·鄙意委員股股員應有五人·駐國內者二人·在美者三人·委員股股長·亦應由董事部於五人中派定·以免互選手續·是否有當·諸希裁奪·敢薦下

列會員·爲諸公選派之助·

國內會員　楊　毅　凌鳴勛　程孝剛

　　　　　陸法曾

國外會員　吳承洛　張名藝　李鏗　黃有

　　　　　書　黃家齊　許坤　周琦

八年四月二十號　選決會員股股長推薦之下

列諸君爲本會會員

裴益祥　莊義達　嚴宏淮　張元增　薛桂

輪　王景賢

議決准編輯發刊股股長羅英君帶回美金二

百五十元作印會報費

29959

執行部記事

本會一切事務均由董事部規定執行部照行。其進行大要已於董事部記事錄見之。惟自五月間本會會長陳體誠君書記羅英君結伴返國副會長張貽志君亦將於七八月間歸國調查名詞及編輯發刊諸股股長亦先後返國是會事進行狀況暗中不無稍受影響幸主要事務經得熱心者分別擔任故會務不致有停滯之虞如下屆選舉事件由李鏗君擔任年會事務由侯德榜君主持書記事務在國中由楊毅君代理在美洲由吳承洛君代行編輯徵文事務在美洲由茅以昇君代為主持名詞股各科均有主持調查股各股員均有專責故本會一切事務不致因職員之行蹤有礙進行也本會會報進行經費由會長提出董事部議決現已向會員募集約八九百金之譜詳細賬目載入會計報告惟會計報告尚未寄滬下次再行發表附錄陳會長第二次年會報告書如下

第二次年會會長報告書

本會之有年會·此為第二次·體誠倉卒返國·不克與諸君同聚一室·討議會事·殊深仄歉·年會之措施一切·賴侯李吳諸君·奔勞佈置·得以舉成·復有諸會友·不憚跋涉·來蒞茲會·種種愛會熱忱·體誠無任感戴。茲特以此祝年會進步·并為報述會務如下。本會之成立·於茲一載有餘·第一次年會以前·為組織期。自第一次年會至第二次年會·可得為試辦期。於此期中·會員之增加·雖頗可觀。而各部辦事成效·則頗遲滯。名詞股亦曾分科徵求譯名·而應者寥寥。調查股亦曾擬定表式·而因印刷未備·不能着手調查。編輯股亦曾徵求文件。奈投稿者無人。會報祇得延至八九月間付印。會報月捐雖已着手募集·而願解囊慨助者·亦僅數人。即會費之收納·亦居少數·故以試辦期中成績而論。實足令人失望。體誠忝居要職·不能督率各部振作辦事精神。曷勝愧悚。今請為諸君述辦事困難原因如左。

(一)職員之分處各地也。本屆會長·書記·會記·各董事·暨各股長散處國內外·凡欲舉行一事·則通函往返·既難恣意討論·而需時孔久·

復有延誤時日之虞。以故各事不能按期舉成。

(二)會員對本會多隔膜之觀念也。夫一會之發達。全視會員之協心與否。本會會員。散處各地與本會所處地位。多爲隔膜。遂有痛癢莫關之意。故於名詞及會報進行獲助良少。甚至會費亦未全行交繳者職員辦事。因而處處掣肘。此則諸君不可不熟思也。

補救之法:

(甲)於國內外各設機關。於指定範圍內。分辦會事。重要問題則由兩機關接洽妥商後。協力施行之。此事前經董事部議決。選舉時請會員舉會長書記會計同在一國。副會長異國而居。書記會計或派代表或添副員與副會長駐紮一地。故下屆總分機關之分派全視此次選舉結果而定。

(乙)修改各股進行規則。使其縮省辦事手續。而早收成效。例如名詞審定可由該股股長率諸股員共同擔理。將來由全體會員通過或修改。本年名詞股試行以名詞由各科會員分別譯訂。以致無何成效此節可請下屆各股長注意。

(丙)請年會選派三人爲考察會章委員。依照年來各部辦事手續。比較他會進行情形。以研究會章之應如何修改。各股各部規則之應如何釐定。國內外機關之應如何分力。方可使辦事於實際上受簡捷之利益。以其考察結果。報告於董事部及全體會員。

以上三端。不啻對於本年辦事不振。爲亡羊補牢之計。體誠才力棉薄。任期屆滿。深願 諸君另選賢能。一刷不起境象。惟對於來年應籌事宜。敢略爲一提。以備　諸君討論及採擇。

(丁)廣徵國內外會員　本會會員現只五六十人而爲研究學術起見。應多求各專門學校已畢業者。以爲援助。而於國內徵求會員。尤宜特別注意。

(戊)擴充編輯發刊股。每年出報三四期。凡學會之設立於國內者。莫不以辦雜誌爲急務。良因雜誌爲廣告學會之媒介。本會之進行。雖不全恃會報而處此時勢。固有不得不顧

會報爲本會廣告者·故此股應卽擴充·除出
報外·并可籌備會員譯著之出版事宜。

(已)募集捐款·作本會基本金·以利息補助會報
進行·租設會所·以及辦他項會事。查本會
常年會費·所入甚微·祇供辦事費用·所有基
金·祇入會金一項·亦復不多·若無大宗進款·
則各事難於舉辦。

(庚)聯絡國內各學校·各團體以交換智識·疏通
感情銷行會報并爲統一名詞法式之先聲。

(辛)聯絡國中實業界·一以本會會員之經驗學
識·供其諮詢·二以引薦本會會員·協助各項
實業之進行。

以上五端·係就管見所及略爲陳述·至每條之詳
細辦法·及其應否施行·深望 諸君細加推駁·作
一意見書·或交年會委員·轉致下屆職員·或直接
寄李鏗楊毅二君均可(通訊處詳後)鄙意下屆職
員當樂於採納也。

年來國家多難·本會初立未久·會員力量復微·故
欲使會事·於短期中·臻完美境·亦戛戛乎難·要在
會員有團結毅力·始終不移其愛會心·職員具堅

忍精神·不因辦事困難·而斗萌退志·則本會終有興奮之一日·而中國工程學業·亦終有發達時。諸會友其勉乎哉

民國八年六月　會長陳體誠報告

籌畫國內進行事宜意見書在中國者請寄北京京綏鐵路南口機器廠楊毅君收在美國請寄紐約李鏗收　Mr. K. Lee

557 W. 124 St

New York City

各法定委員股記事

本會各委員股·成立雖未及一年·然規模粗備·秩序井然。倘能積極進行·成效未始不可觀也。會員股對於介紹·審查·及請董事部選決請願入會者之手續。均屬有條不紊·故會員日日增加。調查股諸股員·亦各勉力進行·徵求工程及實業之概況·故本會報所載調查諸筆述·尚有可觀。會員及調查兩股之報告書未接到外·而名詞及編輯發刊兩股之報告書·錄如下。

名詞股報告書

中國工程學會設立名詞股·欲以規定工學名詞·以應工學界之急需也。鑑不才謬承會友諸君以股長之責相委·受任之初·即思竭其心力·以求股務之進步。邇來八九閱月矣。謹將本股經過情形·為我董事暨會友諸君約略言之。

本股既為初設·故一切俱屬草創。辦事之始·由擬訂進行簡章入手·然後從事本股股員之組織。本股包括工學之全部·自非三數人所能濟事·故決定分全股為土木·電機·化製·機械·及採冶五科·

每科設主任一人·及助理若干人·擔任其事·主任之職·在將本科應譯之字·挑選印發各會員審譯·然後彙集結果·擇其最優者薦諸股長·再由股長審訂·發交會報登載·其無異議者·即為本會規定之名詞也·關於股員之組織事頗困難·蓋會員既少·而能者又皆事忙·往往不願擔任·故推薦主任極難其人·而全股股員之組織·需時數月之久·股員組織事完竣後·於進行簡章略有添改·至於規定名詞之法·簽以應從審訂已有之名詞入手·故各科有寄滬購取書籍者·其間需時又復不少·雖一面挑選名詞印發會員審譯·而會員之應者甚屬寥寥·現在已審譯之名詞·雖有千餘種·然尚非經精細規定者·緣此種種困難·故數月來·本股雖經竭力進行·而成效未如所期·此則鑑之所深為抱歉者也·鑑將於七月歸國·擬將股務委托主任一人·暫行代理·此事當另呈董事部核准·鑑經此數月之試驗·以為本會關於規定名詞之事·當另求他法·然後完美之效果·方屬可期·而收事半功倍之效·謹將鄙意於討論規定名詞商榷書中述之·

中華民國八年五月二十二日

29967

名詞股股長蘇　鑑

編輯發刊報告書

本股經董事部設立以來·已將年餘·而本股正式成立·亦十有閱月·惟成立伊始·辦事殊艱·始也討論辦事規則·規定會報體裁·書信往返數次·費時已數月矣·後乃徵集文稿·尤屬困難·以致將付印之期遷延復遷延·緩期復緩期也·六月間初至申江·當蒙陳會長及胡董事·允爲協同辦理刊印事件·無如適値罷市風潮發生·而各文稿又爲郵局擱延·於是印刷事務·又一停頓·今於八月初間重來滬濱·務冀將印刷事務告成·辦理月餘·幸賴耶靜山·王漢强·陸鳳書諸君相助·得告厥成·而本會會報始有發行之希望也·英於此一年困難情形·覺徵集文稿最爲艱難·幷非謂無人作文·實因作文者·有是心而鮮暇時·例如此次應徵文者甚夥·交稿者乃形寥寥·倘人人均以文稿寄夥·而下·此次會報文稿可增至千餘頁·今收到未及半·故欲計文稿有若干頁·何時卽能付印·則甚難也·第二次爲編輯對較事務·編輯手續頗繁難·倘擔任編

輯之人祗於工餘之時爲之·非徒辦事不專·秩序不齊·且耗時久·於進行上殊多不便。況對較一層·對較者·必須與印刷所同處一城。否則·辦事上殊形困難·欲解以上困難·第一·惟有請會友各人踴躍輸文·勉力圖之·俾會報不致有文饉之虞·至於編輯對較事務·編輯發刊股·當有一庶務員·專任徵求廣告·編訂文件·對較文稿·發售報章。凡辦理一期會報·支俸若干。庶事一責專辦理較爲有成效也。惟本會成立於始·經費維艱·此事能否照行·尙冀諸公潛加提究·共建偉劃可也。

至於會報雖已刊印·惟會報發行後之效果·吾人亦不可不詳加研究·由研究其效果·而推論其進行方針·庶不致徒勞而無益·事繁而功鮮·謹就管見所及略述如下·與諸公共討論之可耳。

夫書籍課本·用以啓蒙。報章雜誌·用以求新。今吾國工程文學·究屬缺如。是啓蒙之具未立·焉能獲求新之效。且也·書籍課本·乃循序善誘·而報章雜誌·乃躐獵無章。今不先建啓蒙之基·而竟作求新之圖·是猶求木之榮者·不培其本·欲苗之長者·僅拔其根·焉有濟乎·雖然·其理固着·其言甚辯·但於實際上頗屬難行·請分晰言之。(一)編輯課本·包括各科工程·爲費甚鉅·本會今以刊印一二期會報·爲費不過數百金·尙覺力竭聲嘶·貧窘不堪·今欲圖此大舉特舉·費將安出。(二)編輯書籍·必須聯合全體會員·共圖進行·欲聯合全體會員·必須有通信之機具·會報者·乃通信之機具·今擬不辦會報·而從事書籍·則通信之機具失·從何以聯合全體會員·共圖進行耶。(三)編輯書籍·宜先規定名·詞今無會報藉討論劃一名詞·則將見全部工程學課本·同物異名·同義異字·是辦事之統序失·而編輯將無倫次矣·總此三因·不先從事會報·則無以達編輯書籍之的·但僅如現今編輯會報·則無以收建樹中國工程文學之效·二者固相依爲因·則當相輔並行·鄙意宜將會報爲籌備編輯書籍之機件·或可兼收啓蒙求新之效用·其進行手續如下。

(一)將各工程科學分爲若干科·例如土木科·化製科·機械科·電機科·飛機科·採冶科·等等·

(二)將每科分爲若干部·例如土木科·分爲鐵道部·橋梁部·水利部·城市工程部·等等·

(三)將每部分爲若干編。例如鐵道部。分爲勘定路綫編。測量編。建築編。養路編。管理及行政編。等等。

(四)將每編分爲若干章。例如勘定路綫編。分爲考察人民及商務詳情。視測山川形勢。地質與路綫之關係。機車及車阻力與路綫傾度之關係。行車與定綫之關係。定綫初測。由圖定綫。測量定綫。計畫預算等等。

俟各科之部名。各部之編名。各編之章名。經編輯發刊股規定後。卽分佈全體會員。請各會員於其專科中。將部名。編名。及章名。等詳加研究。討論較正。迨議論趨於一致。卽刊印目題小本。爲本會編輯書籍之張本。凡會員中有投稿者。除於理論上及經驗上有特別心得之著作外。請將本會之章名爲題。投稿本會報。若此。則日積月累。本會得摘集諸章。類合成編。集合諸編成部。集合各部。成爲工程專科大全書。不數年後。本會非徒獲建樹中國工程文學之效。且會報依期發刊。尤可鞏固吾輩團結之力也。英謬承委託編輯發刊事務。未克將此議徵求公意。施諸實行。雖屬本股成立伊始·辦事殊多掣肘然未始非因才短能鮮·有所未逮·今屆下次新職員行將舉出繼接·甚冀於會報進行之方·詳加研究·如以鄙見可採之處·惟請教正施行可也·

民國八年九月編輯發刊股股長羅英

中國工程學會第一屆職員表

董事部

侯德榜(審計員) 李鏗(書記) 任鴻雋 孫洪芬

程孝剛 胡博淵

執行部

陳體誠(會長) 張貽志(副會長) 羅英(書記)

劉樹杞(會計)

各法定委員股

名詞股 蘇鑑(股長) 顧雄 吳承洛 許坤

林鳳歧 胡博淵

調查股 尤乙照(股長) 陳體誠 茅以昇 羅英 曾仰豐 李祖賢 楊元熙 薛次莘 侯德榜 孫洪芬 劉樹杞 葉建伯 歐陽祖綬 汪燮龍 陸法曾 謝仁 楊毅 程孝剛 胡博淵 張名藝

會員股 李鏗(股長) 淩鴻勛 程孝剛 孫鴻芬 楊毅 陸法曾 朱漢年 蘇鑑 薛次莘 關漢光 胡博淵 裘維裕 顧雄 葉家俊 汪燮龍

編輯發刊股　羅英(股長)　吳承洛　楊毅　陸法曾　陸鳳書　陳體誠　李鏗　黃家齊　茅以昇　薛次莘　張貽志　劉樹杞　程孝剛　尤乙照　朱起蟄　沈良驊　裘維裕　閔孝威　黃有書　張名藝　黃壽恒　王成志

29974

中國工程學會會員錄檢查表

A=土木工程 B=化製工程 C=電機工程 D=機械工程 E=採冶工程

C			Chu C. C.	朱起蟄	D 2
Chan D. S. K.	陳肇根	D 21	Chu H. H.	朱漢年	A 2
Chan I. C.	陳耀祖	A 12	Chu K. H.	朱家炘	C 14
hang M. Y.	張名藝	E 11	ChWang I. K.	莊義遴	A 49
Chang P. M.	張本茂	D 13	F		
Chang S. A.	張紹鎬	A 36	Fong Y. C.	方於栴	C 1
Chang T. L.	常作霖	E 10	Fung W.	馮偉	D 22
Chang Y. T.	張貽志	B 5	H		
Chang Y. T.	張元増	C 24	Ho C. K.	何致虔	E 3
Chao K. T.	趙國棟	D 14	Ho Y.	何瑞	D 18
Chen C. K.	陳慶江	A 13	Hou C. Y.	侯家源	A 47
Chen T. C.	陳體誠	A 11	Hou T. P.	侯德榜	B 3
Chen Y. S.	陳瑜叔	B 12	Hu P. Y.	胡博淵	E 6
Cheng H. K.	程孝剛	D 5	Hu S. H.	胡嗣鴻	E 18
Cheng Y. C.	程瀛章	B 9	Hsieh C.	謝中	E 12
Chiang C. H.	江超西	D 10	Hsieh E. S.	薛繩祖	A 31
Chiu H. C.	裘燮鈞	A 20	Hsieh Z.	謝仁	C 10
Chiu W. Y.	裘維裕	C 12	Hsu C.	徐昌	A 45
Cho W. Y.	卓越	A 5	Hsu K.	許坤	C 4
Chow G.	周琦	C 19	Hsu P. S.	徐佩璜	A 9
Chow J.	趙詡	C 8	Hsu S. T.	徐世大	A 39
Chow J. C.	周苯機	B 13	Osueh C. P.	薛卓斌	A 48
Chow M. C.	周明政	D 17	Hsueh K. L.	薛桂輪	E 21
Chu C.	朱譆	D 19	Hsun C. T.	熊正理	C 16

Name	姓名	
Huang C.C.	黃家齊	A 16
Huang C.K.	黃昌穀	E 8
Huang H.H.	黃漢河	E 9
Huang S.H.	黃壽恆	A 29
Huang T.S.	黃篤修	C 22
Huang Y.S.	黃有書	E 7
Hung S.	洪　深	B 10
	K	
Koo N.S.	顧宜孫	A 40
Koo S.	顧　雄	A 26
Ku C.	顧　振	D 15
Kuo Y.M.	過養默	A 35
Kwan H.Q.	關漢光	C 13
Kwan T.C.	關祖章	A 23
Kwang W.C.	鄺犖鐘	B 7
	L	
Lee H.S.	李屋身	A 28
Lee K.	李　鏗	A 6
Lee T.H.	李祖賢	A 7
Leo S.T.	劉樹杞	B 6
Li C.	李　[illegible]	B 8
Li Y.C.	李維城	D 12
Liang Y.N.	梁引年	C 21
Ling C.M.	林士模	E 14
Ling F.C.	林鳳岐	D 20
Ling H.H.	凌鴻勛	A 14
Ling S.C.	林紹誠	C 11
Lio Y.	劉　頤	A 22
Liu C.S.	劉其淑	C 18
Liu K.T.	柳克準	A 43
Lo Y.	羅　英	A 25
Loh F.T.	陸法曾	C 5
Loh M.Z.	陸銘盛	A 37
Loo P.Y.	盧炳玉	D 7
Lu F.S.	陸鳳書	A 15
Lui P.H.	呂炳灝	D 3
	M	
Mao T.	茅以昇	A 8
Miao E.C.	繆恩釗	A 30
Ming H.W.	閔孝威	E 15
	N	
Ngs S.H.	吳思豪	E 5
	O	
Ouyang T.S.	歐陽祖綬	C 9
	P	
Pan S.C.	潘先正	C 17
Pei I.H.	裴益祥	A 51
	S	
Shar C.S.	夏全綬	A 38
Sen C.L.	孫　洛	B 4
Seng C.K.	孫昌克	E 16
Shen L.H.	沈良驊	C 3
Shing S.C.	盛紹章	A 17
Sih T.S.	薛次莘	A 27

29976

Su K.	蘇　鑑	A 24
	T	
Tan C.	譚　眞	A 32
Tang M.K.	唐鳴皋	C 15
Tlo H.T.	陶鴻燾	E 19
Tsai H.	蔡　雄	E 17
Tsai C.	蔡　常	E 20
Tseng Y.F.	曾仰豐	A 33
Tsu S.Y.	朱樹怡	A 44
Twan W.	段　緯	D 4
	W	
Wang C.H.	王景賢	A 52
Wang C.Y.	王節堯	A 42
Wang T.C.	王德昌	A 41
Wang H.C.	汪禧成	A 46
Wong H.C.	王錫昌	E 1
Wong H.E.	王鴻恩	A 1
Wong H.F.	王錫藩	E 2
Wong K.L.	汪夔龍	C 2
Wong K.T.	黄紀秩	B 11
Wong Z.T.	王成志	D 9
Woo C.C.	吳承洛	B 2
Wu D.C.	吳大昌	A 4
Wu H.H.	吳學孝	E 4
	Y	
Yang C.	楊　銓	D 16
Yang P.F.	楊培琫	A 18
Yang S.Y.	楊　毅	D 6
Yang T.S.	楊卓新	C 7
Yang Y.T.	楊耀德	C 22
Yao E.Y.	姚業純	A 34
Yeh C.P.	葉建柏	C 6
Yeh C.T.	葉家俊	A 21
Yeh C.Y.	葉家垣	C 23
Yen C.	嚴　莊	E 13
Yen H.K.	嚴宏淮	A 50
Yen T.S.	嚴迪洵	D 8
Yew Y.C.	尤乙照	D 1
Yeong Y.H.	楊元熙	A 19
Ying Y.T.	殷源之	D 11
Yu J.C.	余籍傳	A 3
	Z	
Zee N.Z.	徐乃仁	A 10
Zen H.C.	任鴻雋	B 1

凡民國八年五月一日以後入會

會員未編入會員錄中 注

中國工程學會會員錄

至民國八年五月一日編

A,土木工程 (Civil' Engineering)

A	姓名	號	通信處	生辰	學績	經驗及職業
1	王鴻恩 H.E. Wong	錫	(永)天津青年會轉		C. E.'17 Cornell 大學	鐵路公司實習一年
2	朱瀵年 H. H. Chu		(永)廣東省城耀華卡十一號 (現) 3[illegible]0 Locust st, Phila. Penn			
3	余籍傳 J. C. Yu	劍秋	(永)湖南長沙黃泥墩余宅轉 (現) 709 W. Californio st, Urbana, Ill.	9-17-96	B. S.'21 Illinois 大學	
4	吳大昌 D. C. Wu	昌來	(永)杭州豐禾巷	1890	B. C. E.'17 Michigan 大學	
5	卓越 W. Y. Cho		(永)廣東香山官堂 (現)		C. E.'16 Cornell 大學	在紐約中路公司 (N. Y. Central R. R.) 為籌繪員一年半

6	李鏗 Kung Lee	又彭	(永)江蘇南翔北市李恆豐米行 (現)上海小南門東喬家浜97號	10-6-96	B.S.'16南洋公學 M.C.E.'17Cornell大學	在N.Y.State Rys.Co.實習半年 在N.Y.Central R.R.Co.實習一年半
7	李祖賢 T.H.Lee		(永)上海四川路一百廿八號A李涌芬堂轉 (現)Apt 71,200W.86th.St.,N.Y.,N.Y.	1-10-95	C.E.'18 Rensselaer Poly.Tech.,Troy.	在American Bridge Co.,Elmira,N.Y.實習半年
8	茅以昇 T.E.Mao	唐臣	(永)南京中正街交通旅館轉交 (現)仝上	1-9-96	B.S.'16Tangshan M.C.E.'17 Cornell大學	One and half yrs.with McClintic Marshall Co.,
9	徐佩璜 P.S.Hsu	叔劉	(永)上海南洋公學轉交	1891	B.S.南洋公學	在Santa Fe鐵路行車部管理部實習二年半
10	徐乃仁 N.Z.Zee	南騶	(永)上海北京路東海里三百三十一號 (現)南京河海工程專門校	-30-95	B.S.'18 Penn.大學 M.C.E.'19 Cornell大學	'17 Summer, Assistant Superintendent on the dredge "Geo. W. Catt," at Rock way, N.Y.
11	陳體誠 T.C.Chen	子博	(永)福州城內北街珠媽廟對門 (現)仝上		B.S.'15 南洋公學	American Bridge Co.,實習二年半 現任開濬甌江副工程師
12	陳耀祖 I.C.Chan	德昭	(永)廣東省城逢源大街六十三號 (現)Central Y.M.C.A.Buffalo,N.Y.	11-5-95	B.S.'16 Hong Kong大學 C.E.'18 Cornell大學	在N.Y.Central R.R.Co.實習半年

29979

13	陳慶江 C. K. Cheu	巨川	(永)廣東新會潮連巷頭珠璣里首家 (現)P.O.Box 603 Schenectady, N. Y.	1892	B. S.'16 南洋公學	Sept.'16–Nov.'17任大冶鐵鑛廣充處工程助理Jan.'18在American Locomotive Co. 實習Apr.'19在Baldwin Loco.Co.任事
14	凌鴻勛 H. H. Ling	竹銘	(永)北京西長安街鐵路協會轉 (現)上海南洋公學轉	5–15–95	B. S.'15 Cov't Inst. of Tech. S'hai.	民國四年至七年美國鋼橋公司實習七年京奉鐵路機務處課員交通部路政使辦事審訂鐵路法規會常任會員八年交通部鐵路技術委員會專任會員
15	陸鳳書 F. S. Lu	漱芳	(永)無錫南城百歲坊巷 (現)上海霞飛路南洋路礦學校	8–18–92	C. E.'17 M.C.E.'18 Cornell大學	B.&o.Rys. Co.實習五月,順直水利委員會副技師 現在南洋路礦學校教授
16	黃家齊 C.C.Huang	定余	(永)廣東鶴龍岡轉坪山裕興號 (現)500 Todd St, Wilkinsburg, Pa	12–1–92	B. S.'17 南洋公學 M. C. E.'18 Cornell大學	Oot.'18–Drafting in Mo Clintic Marshall Co.
17	盛紹章 S. C. Shing	允丞	(永)四川成都苦竹林街 (現)北京二龍坑口袋胡同十九號		C.E.'17 Cornell大學	鐵路實習一年半
18	楊培琫 P. E. Yang	德新	(永)廣東順德桂州裏村梯雲社 (現)上海南洋公學		B.S.南洋公學	曾實習定路綫建築及養路工事二年半
19	楊元熙 Y.H.Yeung		(永)廣東省城東門外東山廿號 (現)仝上	9–12–94	C.E.'16 Brooklyn Poly. Institute	Americsn Bridge Co 一年半 N. Y. Central R. R. Co. 一年

20	裘燮鈞 H. C. Chiu	星遠	(永)浙江嵊縣崇仁鎮 (現)P.O. Box 157 Wilkinsburg, Pa	7-22-94	B. S.'17 南洋公學 M.C.E.'18 Cornell大學	Oct.'18 Drafting in Mc Clintic Marshall Co.
21	葉家俊 C. T. Yeh	智千	(永)上海北京路清遠里廣順茂 (現)Box 116 Schenectady, N. Y.		B. S.'16 南洋公學	American Loco. Co.-Draftsman, Virginian R. R. Co.-Instrumentman
22	劉頤 Y. Liu	利川	(永)% Tientsin Nankai School (現)Box 114 Univ Station, Urbana, Ill.	1-13-93	M.S.'18 Illinois大學	C. & E. I. R. R. Co. One year.
23	關祖章 T. C. Kwan	憲卿	(永) 25 Bonham Rd., Hong Kong, China (現)仝上		C. E.'18 R. P. I.	
24	蘇鑑 Kan Su	鑑德	(永)廣西梧州中學堂蘇容君轉 (現)仝上	9-25-91	B.S.'16, M. S.'17 Wisconsin大學	Sept.'17至Dec.'18在C.B.&Q.R.R. Co.任Instrumentman&draftsman Jan.9 總工程師幫辦工程事務 現任廣西馬路總工程師
25	羅英 Ying Lo	懷伯	(永)南昌台同巷街益和轉交 (現)上海永安街同安里福豫安轉	11-2-90	C.E.'16 M.C.E.'17 Cornell大學	N.Y State Rys. Co.實習半年, N. Y. Central 鐵路公司構造科建築科實習二年
26	顧雄 Shun Koo	仁武	(永)江西廣豐縣署前 (現) Box 93 University Sta, Urbana, Ill	9-16-93	B.S.'19 Illinois大學	民國六年六月至九年在C.&A. R. R. 實習, 七年六月至八月在C. C. C.& St. L. R. R.實習

29981

27	薛次莘 T. S. Sih	惺仲	(永)上海二馬路西鼎新里三百八十九號 (現)同上	6-6-96	B.S.'16 南洋公學 S.B.'18 M.I.T.	Camp Construction Work三個月,Concrete Biulding Construction二個月,N.Y.C.R.R.九個月
28	李屋身 H. S. Lee	孟博	(永)浙江餘姚縣城東門莫衙 (現)天津津浦鐵路管理局津韓工務總段	11-20-90	C.E.'16 Cornell大學	B. & O. R. R. Engr. Baltimore, Md.一年本民國七年十月爲順直水利委員會副技師民國八年六月爲津浦鐵路副局長兼總工程師之英文祕書
29	黃壽恆 S.H.Huang		(永)江蘇楊州南河下吳平黃寓 (現)500 N 122 St N.Y. City, N.Y.		S.B'17 M.S.'18 M.I.T.	Aeronautical Designer, Curtiss Eng. Corp., Garden City, L.I.
30	繆恩釗 E.C.Miao		(永)%Mr.K.Y.Yuen, Box835 U.S.P.O. Shanghai China (現)上海北四川路青年會	2-24-93	S.B.'18 M.I.T.	'17夏Draftsman, G. E. Co., '18夏Camp Eustis, Va.
31	薛繩祖 E.S.Hsieh		(永)520 Myburch R'd, Shanghai China (現)	5-17-97	C.E.'18 R.P.I.	
32	譚眞 C. Tan	全甫	(永)天津法界西開七十六號 (現)Box 155 M.I.T. Cambridge, Mass.	9-22-99	B.S.17 唐山工業專門學校	民國七年夏在Fay, Spofford, Thorndike, Consulting Engrs, Reinforced Concretedesigning &drafting
33	曾仰豐 Y.F.Tseng	景南	(永)上海沈家灣湯恩路駒字六號 (現)仝上	10-29-87	工學士'10北洋大學 M.S.'18 Illinois大學	'12-川漢鐵路工程師, '16山東工河視察 '16吉黑稽核處視察 '19 Morgan Eng'g Co.

34	姚業純 E. Y. Yao	達輔	(永)湖北武昌大朝街南段二十九號 (現)同上	7-21-92	B.S.,'16 Durham 大學	Am. Loco. Co. 實習一年 Assistant Engr. in M. of W. Dept. & Const. Dept. at C. C. C. & St. L. Ry. 一年
35	過養默 Y. M. Kuo	嗣僑	(永)江蘇無錫八士橋 (現)85 Trowbridge Cambridge Mass	4-5-95	A. T. E. C. '17 唐山路礦學校	
36	張紹鎬 S. H. Chang		(永)yo Y. S. Djang, Tientsin, China (現)P. O. Box 82 Dunkirk, N. Y.	1895	B. S. '17 G. I. T.	1918-1919 Special Apprentice, Am. Loco. Co., Dunkirk, Plant.
37	陸銘盛 M. Z. Loh	潤瑜	(永)上海北京路89號 (現)C/o W. G. Barnwell, Santa Fe R. R., San Franciscoox Cal.	10-29-95	B. S. '17 G. I. T.	聖得佛鐵路公司實習一年零四月
38	夏全綬 C. S. Shar	若仲	(永)上海閘北新民路興業里四號(現)C/o W. G. Barnwell, Santa Fe R. R. San Francisco, Cal	1-31-97	B. S. '17 G. I. T.	民國二月年一月至十隴秦豫海鐵路測量隊練習生民國七年入 Santa Fe 鐵路實習一年零四月
39	徐世大 S. T. Hsu	行健	(永)紹興南門外棲鳧 (現)208 Delaware Ave., Ithaca, N. Y.	11-18-95	工學士'17 北洋大學 M. C. E. '19 Cornell 大學	
40	顧宜孫 N. S. Koo	晴洲	(永)江蘇南匯城內北門 (現)308 Fairmount Ave., Ithaca, N. Y.	9-1-17	B. S. '18 G. I. T. M. C. E. '19 Cornell 大學	

29983

41	王鑠昌 T.C. Wong	維園	(永)山東濰縣城內南寺東巷路北 (現)全上	11-12-91	C.E. '18 Valparaiso 大學	
42	王節堯 C.Y. Wang	琢珽	(永)甯波道後禿水橋三號 (現)218 Bryant Ave, Ithaca, N.Y.	12-27-94	A.T.E.C. '15 Tangshan M.C.E. '19 Cornell大學	1916-Draughtsman, China Realty Co.' Shanghai 1918-Student Engr.-Tientsin-Pukow Ry.
43	柳克準 K.T. Liu	叔平	(永)湖南長沙中國分銀行轉 (現)226 N. Brooks St., Madison, Wis.	12-3-89	B.S. '19 Wisconsin 大學	'12-省立法政簿計教員
44	朱樹怡 S.Y. Tsu	友能	(永)上海小東門東姚家衖廿二號 (現)同上	5-?-94	B.S. '17 南洋公學	民國六年十月至今在上海愼昌洋行工程部任製圖員
45	徐昌 C. Hsu	揺千	(永 江蘇青浦城內 (現)3645 Locust St. W. Phila., Pa.	12-20-95	B.S. '18 G.I.T.	Jan. '19 Shop Work, Baldwin Loco. Works, Paila, Pa.
46	汪成 H.C. Wang	意誠	(永)無錫書院弄 (現)Y.M.C.A., Rochester, N.Y.	10-5-93	B.S. '18 G.I.T.	Jan. '19 在 General Railway Signal Co. 實習
47	侯家源 C.Y. Hou	蘇民	(永)蘇州葑門盛家帶 (現)125 Dryden R'd Ithaca, N.Y.	10-15-96	A.T.E.C. '18唐山工業學校	

29984

48	薛卓斌 C.P. Hsueh	孟允	(永)安徽壽縣東街 (現)Box 156 M. I. T. Boston, Mass.	11-1-96	B. S. '17 Tangshan	'18 Summer, 任 Eng'g. Dept. Army Supply Base, Brooklyn, N. Y.
49	莊義逵 I.K. Chwang	雲九	(永)28 Ruup St. Tientsin, China (現)220 University Ave., Ithaca, N. Y.	6-4-19	A. T. E. C. '17 唐山工業學校	
50	嚴完滙 H.K. Yen	仲絜	(永)安徽含山縣東門 (現)405 Dryden R'd Ithaca, N. Y.	2-26-92	C. E. '14 北京大學	
51	裴益祥 I. H. Pei	季浩	(永)安徽合肥城內西門裴宅 (現)2 0 University Ave, Ithaca, N. Y.	6-9-94	A. T. E. C. '17 唐山工業專門學校	'17-'18 津浦鐵路實習工程司
52	王景賢 C.H. Wang	季良	(永)天津河北關上大寺東路西門 (現)301 Dryden R'd, Ithaca, N. Y.	10-24-92	C. E. '18 Lehigh 大學 M. C. E. '19 Cornell 大學	'17 Summer, Surveyer, Bethlehem Steel Co. '18 Summer, Draftsman, P.R.R. Co.

29985

B. 化製工程 (CHEMICAL ENGINEERING)

B.	姓名	號	通信處	生辰	學績	經驗及職業
1	任鴻雋 H. C. Zen	叔永	(永)四川巴縣 (現)上海大同學院胡明復君轉交	1888	B.A.'16 Cornell 大學 M.A.'18 Columbia 大學	
2	吳承洛 C. C. Woo	澗東	(永)福建省浦城縣楊溪尾村 (現)Apt. 5 D, 500 W 122nd St. N. Y City	3-?-92	Ch. E. '18 Lehign 大學	'16-Summer 造紙廠實習 '18 Summer, Steel Work Assistaet to Combustion Engr.
3	侯德榜 T. P. Hou	致本	(永)福州南台中馬鋪友盛烟行轉 (現)635 W. 115th St. N. Y. City	8-9-90	B. S. '17 M. I. T. M. A. '19 Columbia 大學	'18 Summer, Leather Work, John Rilly Co; Newark, N. J.
4	孫洛 C. L. Sen	洪芬	(永)大通通益公司轉 (現)南京高等師範學校	10-9-89	B. S. '18 Penn. 大學	'17 Summer, Assist. in Chem, Univ. of Penn. '18 Summer, Chemist John Lucas Paint Works. Oct. '18 to date Instructr in Chem. Unov. of Penn.
5	張貽志 Y. T. Dhang	幼函	(永)南京轉全椒縣大南門 (現)上海愛而近路二十號	10-6-94	B. S '17 M. I. T. M. A '18 Columbia 大學	'17 在工廠實習七月 '18 在 U. S. Nitate Plant No. 2 充化學副工程師八個月
6	劉樹杞 S. T. Leo	楚青	(永)湖北蘄提或蒲圻縣 (現)	3-18-94	B. S. '17 Michigan 大學 A. M. '18 Columbia 大學	

29986

7	鄺榮鐘 W.C.Kwong	—	(永)廣東省城大䈪口聚龍村 (現)北京東城乾麵胡同二十一號	4-?-94	B.S.E.'18 Michigan	
8	李東 C. Li	慶恆	(永)汕頭梅縣西門禹福公司轉 (現) Box 125 M. I. T. Cambridge Mass	8-2-98	B.S. '20 M.I.T.	
9	程瀛章 Y.C.Cheng	海環	(永)上海山西路絲業會館程宅 (現)	8-11-94	B. S. '17 Purdue 大學	'18 Summer, Mt. Union Co, Chemist
10	洪深 S. Hung	伯駿	(永)70 Range R'd, Shanghai, China (現)166 Westland Ave., Columbus, Ohio	12-5-93	B. S. '20 Ohio State 大學	
11	黃紀秩 K.T.Wong	鐵一	(永)香港文咸西街廣茂泰號轉交 (現)同上	1893	B. S. '17 Michigan大學 M. S. E. '18 Michigan 大學	'17-18 Assistant in Chemical Eng'g., Michigan 大學 '19-化製工程師及工廠監現,香港大成機器造紙公司
12	陳瑜叔 Y.S.Chen	宜生	(永)湖南常德大河街永源長轉交 (現)425 W. 118 St. New York City	10-8-94	B. S. '18 Michigan大學 M. A. '19 Columbia 大學	
13	周萃機 J.C. Chow	午樓	(永)福州城内北門十五號 (現)500 W 122St., New York City	9-5-96	B. S. '19 Maine 大學	'17 Summer, Apprentice in Bethlehem Steel Co. '18 July to Dec. Chemist in Bufferworth-Judson Cor.

C. 電機工程 (ELECTRICAL ENGINEERING)

C.	姓名	號	通信處	生辰	學績	經驗及職業
1	方於楠 Y.C. Fong	橡如	(永)浙江嘉興北門月湖 (現)225 Union St., Schenectady, N.Y.	1887	M.A. Univ. of Minn	
2	汪夔龍 K.L. Wang	哲明	(永)江蘇金山張堰鎮 (現)68. W. Woodruff Ave. Columdus, O.	1892	B.S. '17 南洋公學	Apr. '16 至 Oct. '18 爲 Student Engineer 試驗各種電機在 General Electric Co., Schenectady, N.Y
3	沈良驊 L.H. Shen	志開	(永)江蘇奉賢北門沈宅 (現)318 Elmwood Ave. Ithaca, N.Y.	11-17-95	B.S.E.E. '17 G.I.T. M.E '19 Cornell 大學	'18 Summer, Student Engr, Switchboard & Controller Dept. Westinghouse Elec. & Mfg. Co., Pittsburgh, Pa.
4	許坤 Kwung Hsu	厚伯	(永)北京帥府胡同 (現)214 Elm St. Edgewood, Pittsburgh, Pa	11-23-94	M.E. '18 Cornell 大學	One Year - Graduat Student Course, Westinghouse Ele, & Mfg. Co., Pittsburgh, Pa
5	陸法曾 F.T. Loh	富如	(永)上海南洋公學陸慧剛轉 (現)同上	1890	B.S. 南洋公學	在 G. E. Co. 實習二年現任慎洋行工程司
6	葉建柏 C.P. Yeh	新甫	(永)山東濟南正覺寺街三百號 (現)151 Washington St., Newark, N.J.	1895	B.S. Purdue 大學	在 Illuminating Eng'g & Incandescent Lamps Co., 實習

7	楊卓新 T.S. Yang	華一	(永) 湖南新化邑城南門外萃華齋轉 (現) 12 Summer R'd, Cam'ridge, Mass.	10-9-93	B.S. '17 Illinois 大學 M.S. '18 Syracuse 大學	'18 受紐約電燈公司電表檢驗員
8	趙訒 J. Chow	壽崗	(永) 山東莒州同仁堂轉 (現) 同上	1892	B.S. Purdue 大學	
9	歐陽祖綬 T.S. Ouyang	穀貽	(永) 南昌千家後巷盱江歐陽寓 (現) 同上	1892	B.E. '17 Union College	G.B. Co. 實修一歲現在 Commonwealth Edison Co. 實習
10	謝仁 Z. Hsieh	宅山	(永) 四川江津西門謝宅 (現) 926 North Ave. Wilkinsburg, Pa	6-22-94	B.S. '17 Illinois 大學	畢業生實習一年現任電機工程司 of Westinghouse Ele. & Mfg. Co.
11	林紹誠 S.C. Liug	孟實	(永) 福州軍門前	1893		
12	裘維裕 W.Y. Chiu	次豐	(永) 江蘇無錫南門內廿橋弄十號 (現) Box 144 M.I.T. Cambridge, Mass		B.S. '16 南洋公學 S.B. '18 M.I.T.	
13	關漢光 H.K. Kwaan		(永) 漢口交通銀行轉 (現) 仝上	11-14-97	M.E. '18 Cornell 大學	

14	朱家圻 K.H. Chu	季明	(永)湖北沙市郵政局轉 (現)	19-27-91		
15	唐鳴皋 M.K. Tang	建章	(永)四川重慶江北城內洗布塘唐宅 (現)WestingeooseC ob, Wil tnsburg, Pa.	4-4-89	M.E. '18 Cornell 大學	'17 summer-inspector in Shopard&CraneHoistCo., May'18-oue year graduat Cou se in Westingho se Ele. & Mfg Co.
16	熊正理 C.L. Csun	雨生	(永)江西南昌心遠中學堂 (現)南京高等師範	11-21-93	B.A. '17 M.A. '18 Illnois 大學	
17	潘先正 S, C. Pan	覺莘	(永)江西萍鄉縣上栗市恆豐昌轉 (現)上海新聞路大德里1083號	6-20-91	B. S. '16 南洋公學	'17 在美國 Western Electric Co. 實習一年半在紐約電話局考察電話工程半年 '19 在日本電汽株式會社考察電話一月
18	劉其淑 C. S. Liu	樂陶	(永)湖南甯鄉南門茂記福盛轉 (現)上海新聞路大德里1083號	1-21-90	B. S. '16 南洋公學	'08 任永州長郡中學英文及物理教員 '17 入西方公司學生科 '18 入紐約電話公司 '19 考察日本電話
19	周琦 Geo. Chow	季航	(永)上海南洋公學轉 (現)915 Ross Ave., Wilkinsburg, Pa.	4-5-94	B. S. '17 G. I. T.	'18-Transformer Eng'r, Westinghcuse Ele. & Nfg. Co.
20	楊耀德 Y.T. Yang	建德	(永)上海莘莊鎮 (現)606 Mill St. Wilkiuobure, Pa.	1-14-98	B. S. '17 G. I. T.	Hneyear Grauuat Course iu Westinghouse Ele. &Mfg.Co. 現任 W. E. & M. Co. Ele. Ry. Engr.

29990

21	梁引年 Y.N.Liang	仲文	(永)北京工業專門學校 (現)218 Delaware Ave. Tthaca, N. Y.	8-4-87		
22	黄篤修 T.S.Huang	獨猷	(永)汕頭嘉應下市怡怡堂黄宅 (現)16 N. Church St. Schenectady, N. Y	12-30-90	B. S. '17 G. I. T.	'16 南善敎員 '17 梧州敎員南京財政部造幣廠修機科科員 '18 在美國奇異公司實習
23	葉家垣 C.Y. Yeh	少藩	(永)上海北京路清遠里廣順成 154 (現)Boz 116 Schenectady, N. Y.	10-8-96	B. S '18 G. I. T	在 G. E. Co. 實習
24	張元堉 Y.T.Chang	益六	(永)福州城内北門擇日街營尾張宅 (現)P. H. ox 92, Wilkinsburg, Pa.	5-17-96	M. E. '17 Bliss Electrical Schoo.	在 Westingouse Ele. & Mfg. Co. 實習

D.機械工程 (MECHANICAL ENGINEERING)

D.	姓名	號	通信處	生辰	學績	經驗及職業
1	尤乙照 Y. C. Yow	芸閣	(永)江蘇無錫道良巷十五號 (現)北京交通部技術委員會會員	1888	B.S. '16 Pittsburgh大學	任美鮑爾溫機車廠實習二年現任交通部技術委員會會員
2	朱起蟄 C. C. Chu		(永)浙江五聖堂六號 (現)湖北大冶鋼鐵廠會計處		S. B. '16 M. I. T.	任美國福利服船廠實習一年任美孚洋行任事一年半現任大冶鐵廠簿計科兼統計科長
3	呂炳灝 P. H. Lui	秉昊	(永)廣州河南德和大街廿六號 (現) 405 W 14 th. St. N. Y. City			
4	段緯 W. Tuan	黼堂	(永)雲南蒙化北正街 (現)509 S. Badcock S., Urdana, Ill.	1893		
5	程孝剛 H. K. Cheng	叔時	(永)宜黃城內程宅轉 (現)哈爾濱中東鐵道交涉局謝吉士轉	1892	B.S. '17 Purdue大學	
6	楊毅 Sinzun Y. Yang	莘臣	(永)上海山西路一百九十八號 (現)北京南口京綏路機廠	11-19-91	B.S. '16 Pittsburgh大學	民國五年六年在美國鮑爾溫機車廠實習民國七年美國本電文義亞鐵路實習民國八年京綏路南口機廠工務員

7	盧炳玉 P.Y. Loo		(永)天津河北五馬路 (現)同上		B. S. '16 M. I. T.	
8	嚴迪恂 T. S. Yen	恭寅	(永)四川巴中縣曾巳場 (現)同上	1888	B. S. '17 Purdue 大學	在 Morse & Co 實習一年
9	王成志 Z.Y. Wong	學農	(永)上海熱河路廿五號 (現) U. S. M. A., West Point, N. Y. U. S. A.	10-27-97	S. B. '18 M. S. '18 M. I. T.	'17 夏任 Shepard Ele. Crane & Hoist Co. 實習, '18 夏 Aeronatical Engr. With Standard Aero Corp. Nov, '18 Jan, '19 Aero. Engr. With L. W. F. Eng'g Co, Fed '19 to date Chief Assist. to Alexawd Klemin, Consulting Aero. Engr
10	江超西 J.H. Chiang	其恭	(永)北京油房胡同七號童鴻謙君轉 (現)同上	10-15-92	M. E. '17 Lehigh 大學 M. S. '18 M. I. T.	'16 & '17 夏 Draftsman in Bethlehem Steel Co. '18 Aero. Engr. With Gallandet Air Craft Corp. '19 Aero Mathematic ian With Sperry Aeroplane Co.
11	殷源之 Y. T. Ying	伯泉	(永)安徽合肥縣城內中學校前面殷宅 (現)	5-1-92	S. B. '17 M. I. T.	
12	李維城 V. C. Li	葆俠	(永)上海大東門內豆米業學校李建候轉 (現)湖北漢陽兵工廠	6-21-93	'13 上海兵工學校畢業	'14 任漢陽兵工廠技士職半年, 在美國 Pratt & Whitnes Co, Hartford, Conn 練習製造步槍手槍機關槍等機械

13	張本茂 P.M.Chang	儁鵠	(永)江蘇金山縣朱涇鎮 (現)湖北漢陽兵工廠	11-24-93	'13 上海兵工學校畢業	同上
14	趙國棟 K.T.Chao	崧生	(永)天津義界二馬路二十一號蘭谿趙寓 (現)301 Dryden R'd, Ithaca, N.Y.	12-3-96	M.E.'19 Cornell 大學	
15	顧振 C. Ku	湛然	(永)江蘇無錫南門希道院巷 (現)同上	12-30-65	M.E.'18 Cornell 大學	'18 Stndent in Mfg. Course in W. E. Co.
16	楊銓 Chien Yang	杏佛	(永)上海大同學院胡明復轉 (現)南京高等師範	4-2-93	B.E.'16 Cornell 大學 M.B.A.'18 Harvard 大學	'18 效率師，美 Univergal Winding Co.，七年十二月至八年八月 Cost Accountant，漢陽鐵廠
17	周明政 M.C.Chow		(永)464 Hongtek Lee, Shanghai (現)Box 165 M.I.T. Cambridge, Mass.	4-3-98	S.B.'20 M.I.T.	
18	何瑶 Yao Ho	元良	(永)雲南省城文廟街茶幫轉 (現)Box 103 W. Lafayette, Ind.	1-23-95	B.S.'20 Purdae 大學	
19	朱謹 C. Chu	愼之	(永)山東濟南城內舊城隍廟街 (現)Cosmpolitan Club, W. Lafyette, Ind	1-25-85	B.S.'20 Purdoe 大學	'08 津浦鐵路繙譯 '09-'12 山東高等農業學校算學敎員 '12-'15 法政專門文案

29994

20	林鳳岐 F. C. Ling		(永)江蘇無錫四門營橋巷 (現)	4-5-66	B.S. 14, B.A. '15 東吳大學 B. S. (M.E.) '19 Illinois 大學	'14-'17 蘇州東吳大學教員
21	陳鑾根 D.S.K.Chan	抵之	(永)香港十諾道三十六號宏記 (現) P. O. ox 103 W. Lafayette, Ind.		B. S. '20 Purdue 大學	
22	馮偉 W. Tung		(永) 29 Morrison Hill R'd, Hongkong, China (現) 408 Todd St., Wilkinsburg, Pa.	4-14-92	M. E. '18 Syracuse 大學	'10-'12 京奉鐵路唐山廠測量課員

E.採冶工程 (Mining & Metllurgy)

E.	姓名	號	通信處	生辰	學績	經驗及職業
1	王錫昌 H.C.Wang		(永)福建下渡覲橋亭 (現)Y.M.C.A. Borton, Mass	1894	S.B.'17 M.I.T M.A.'18 Columbia大學	
2	王錫藩 H.F.Woug		(永)上海北四川路崇祠里101號 (現)510 W 124 St. N.Y. City	1894	工學士'16北洋大學	
3	何致雯 C.K.Ho		(永) 41 Queen's R'd., Horg Kong, Chiua (現)174 W. Lane Ave., Columbus, Ohio	10-21-97	B.S.'20 O.S.大學	'17 Summre-在Gisholi Machine Co.
4	林士模 S.M.Liug	可儀	(永)浙江武康縣 (現)500W. 122 St. N.Y. City	5-26-92	M.A.'18 Colombia大學	'18在Chief Assayer, Socorro Mining & Milling Co., Mogsllon, New Mexico.
5	吳思豪 S.S.H.Ng		(永) 5 Arlutlinot R'd, Hong Kong, Chian (現)同上	1895		
6	胡博淵 P.Y.Hu	雛傾	(永)山東泰安府電局胡博濤轉 (現)無錫城內流芳聲巷顧宅內	6-22-90	S.B.'16 M.I.T. P.E.'17 Pittsburyh, Pa.	曾在R.R-P Coal&IronMine,Ky Oil field,NationaltubeCo.,Johns&Laughlin'sSteelCo.,諸處共實習二年現任漢冶萍公司技士

29996

7	黃有書 Y.S.Huang	仲通	(永)江西南昌毛家園五十號 (現)香爐營頭條四十九號	1893	B.S.'17 北洋大學 M.A.'18 Columbia 大學	
8	黃昌穀 C.K.Huang	詒孫	(永)武昌外國語專門學校 (現)700 Ining Ave. Syracuse, N.Y.	7-6-90	工學士'14 北洋大學 M.A.'18 Columba 大學	現在 Metallographist, Helcomb Steel Co.
9	黃漢河 H.H.Hvang		(永)福建廈門 (現)1101 W Stonghton St. Urbana, Ill	1892	S.B.'10 M.I.T.	
10	常作霖 T.L.Chang	濟安	(永)直隸昌黎縣北關 (現)同上	1892	B.S.'18 Utah大學	
11	張名藝 M.Y.Chang	子成	(永)湖南龍山里耶后街 (現) Livingston Hall, Colvmbia Vniv. N.Y. Citg	10-10-93	M.E.'18 Pittsburgh 大學 M.A.'20 Columbia	Apr.'18 to Dec.'18, Metallurgist at Am. Zinc & Chemical Co.
12	謝 中 C. Hsieh	近清	(永)吉林 (現)514 Delaware St. S. E. Minneapolis, Minn.		M.E.'18 Minn. 大學	
13	嚴 莊 C. Yen	敬齋	(永)陝西渭南孝義鎮 (現)同上	6-25-87	B.S.'17 Michigan 礦科專門	

14	吳學孝 H. H. Wu	稚田	(永 江蘇省崑山縣南街 (現)	7-5-95	B. S. '16 北洋大學	
15	閔孝威 H. W. Ming	濟丞	(永)上海城內花園弄一號 (現)Chinese Legation, Washington, D. C.	12-6-93	B.S.'16北洋大學 M.S.'20G. Washmgton 大學	六年調查南京煤 41. 七年在美國鋼鐵公司實習八年襄理駐美使館務
16	孫昌克 C. K. Seng	劭勤	(永)四川潼川府東街孫宅 (現)上海大同學院胡明復轉	5-17-97	B.S.'17 E. M. '18 Michigan 礦科專門	'18 Mining Engr., Gilbert, Minn.
17	蔡雄 H. Tsai	聲白	永)浙江吳興縣雙林鎮 現)仝上	1896	E. M.'19 Lehigh 大學	曾任 Mine Surveyor 一年在 Lehigh Coal & Navigation Co, Draftsman 三個月在 Penn. Coal Co.
18	胡嗣鴻 S. H. Hu	濟平	(永)江西九江同文書院沈其炳轉 (現)同上	8-3-94	M. E '16 Colorado 礦科專門	'17 Metallurgist of Illinois Steel Co.
19	陶鴻燾 H. T. Tao	繼魯	(永)雲南昭通礦學所轉 (現)120 East St. Houghton, Michigan	10-17-90	B. S.'19 Michigan 礦科專門	
20	蔡常 Chang TSai	有常	(永)江蘇無錫北塘宏茂昌 (現 541 Shaw Ave. Mckeesrort, Pa	12-13-93	B. S.'1[illegible] 北洋大學	Aug. '18 National Tube Co. 實習

21	薛桂輪 K. L. Hsueh	志伊	(永)江蘇無錫禮社鎮 (現)同上		E. M. '17 Colo-ado 礦科專門 M. S. '18 M. I. T	'18 Assist. Mining Engr. With Benson Mines Co., A Lehigh Coal & Navigation Co.

農商部註冊
特獎專利
北京農商部獎章
江蘇巡按使獎章

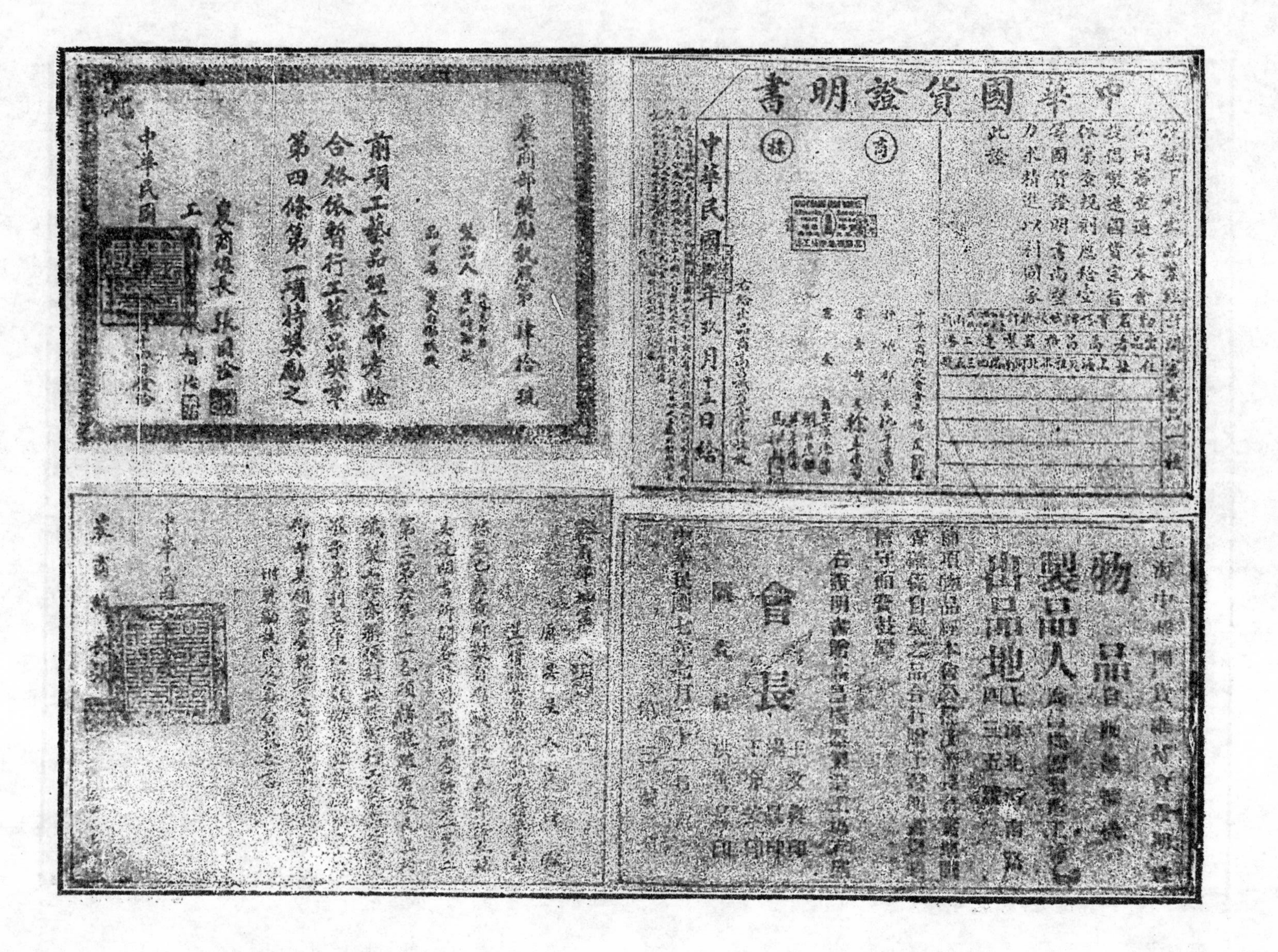

農商部獎勵執照第肆拾號

製品人

品名

前項工藝品經本部考驗
合格依暫行工藝品獎章
第四條第一項特獎勵之

農商總長 張國淦

中華民國

中華國貨證明書

茲將下列出品業經
公同審查適合本會
提倡製造國貨宗旨
依守會規制應給予
國貨證明書尚望
力求精進以利國家
此證

中華民國　年玖月十五日給

物品

製品人

出品地

會長

中華民國七年　月　日

30003

上海

隆泉公記號

廣告

敬啓者同人等爲推廣中國與南洋羣島商務振興國貨銷路起見特創設隆泉公記號於上海熱河路永和坊一百四十一至一百四十三號門牌並在大東大北太平洋三電報局掛號洋文爲 Lungcheah 字樣專代南洋各羣島熱心祖國之僑胞採用國貨並在美屬斐律濱申末仙治街二百十二至二百十八號門牌設立隆泉公記斐號以爲該島銷運國貨機關開辦以來幸荷海內外同胞委托採辦深蒙信用殊深感謝如承賜委請逕函敝號不勝歡迎之至茲將辦貨簡章三條附下伏祈公鑒

（一）本號爲流通國貨起見凡有國外各埠熱心商號委辦中國貨品概可代爲承辦裝運

（二）本號代辦各貨除將貨值每百元取洋二元以作傭金津貼辦公費外所批貨價概照進貨原價原單轉發並無絲毫沾染

（三）貨款定章以貨物裝妥輪船之日托上海廣東銀行押匯較爲妥便

斐律濱總理　蔡克寬

上海總理　王文典　謹啓

經理　徐春榮

眞正國貨毛絨線

（商標）

本廠開設於上海日暉橋專製
火車牌毛絨線一項皆用最上
等純羊毛製成頗受社會歡迎
且每磅足重十六項品質堅固
異常溫暖顏色經久不變最合
我華人各種織物之用如蒙
貴客賜顧務請認明本廠商標
庶不致誤

上海中國第一毛絨線廠謹啓

30005

中華化製貿易公司成立廣告

本公司為留美化學工業專家及僑美華商所創辦為華人國際貿易自動的機關以協助吾國工商業之發展設總事務所於上海分所於美國之紐約及支加高專代吾國企業家作工廠計畫書估價繪圖及代在美採辦化製工業如榨油製麵磨米鍊鹽製皮鍊糖染織冶金造紙等用各種機械各鑛業用農業用工業用蒸汽廠用電氣廠用各種機器及原料學校用試驗場用醫院用儀器館用各種儀器化學品及藥水等並代將吾國國產之各種動植物油蛋粉礦砂五金藥材毛辮及其他生熟貨在美代覓銷場並代調查國內外工商業情形市價及代索各種機器圖樣代工廠勘查困難及謀改良並代化驗礦質及其他其他本公司之特色有四一經理人為化學工業及商業專家有專門技術及智識二本公司不與美國任何工廠訂約可以自由擇購最合宜最廉價機器三本公司組織簡而備開支少故取費廉四本公司辦事慎重而敏捷五美國有分所時有報告故消息靈通凡內外埠資本家企業家教育家欲知詳細者本公司備有詳章函索卽寄

總事務所設上海愛而近路二十號駐滬總經理化學工師張貽志啓

刊登廣告價目表

地位	一頁	半頁	四分之一
底頁外面	四十元	廿四元	
底頁及封面內面	三十元	十八元	
大圖畫前	三十元	十八元	十元
普通	二十元	十二元	七元

經理員 耶靜山
上海望平街新申報館轉

民國八年十一月三十日發行

版權所有

經理員 中國 陸法曾 美國 吳承洛 上海徐家匯南洋公學

經理員 陸鳳書 上海霞飛路南洋路礦學校

分售處

湖南 長沙公立工業專門學校孫昌克君

廣東 香港文咸西街廣茂泰號黃紀秩君

北京 南口京綏路機廠楊毅君 西長安街鐵路協會凌鴻勛君 國立農業專門學校盛紹章君

美國 Mr. C.C. Woo 500 W. 122st. N.Y. city 吳承洛

上海 新申報館耶靜山君 先施樂園公司王漢强君 徐家匯南洋公學陸慧剛君 上海及各省中華書局 上海及各省商務印書館

發行者 中國工程學會

代印者 華豐印刷局 上海浙江路三十號

編輯者 中國工程學會

30007

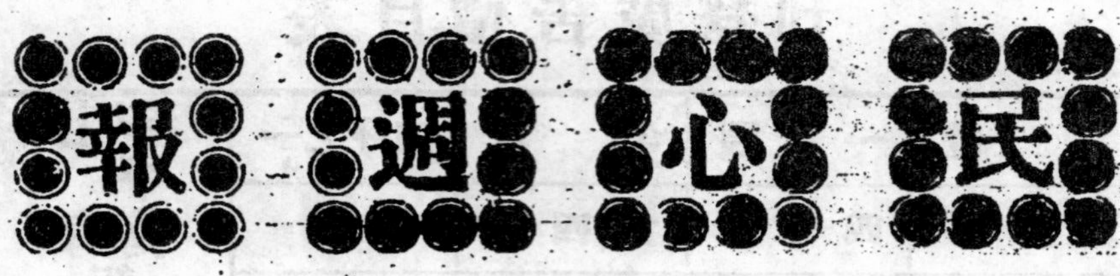

民心週報之宗旨

（一）提倡及研究所以發展國家自衞力之道

（二）注重國民外交

（三）發揚吾國固有文化

（四）提倡健實主義及討論做人方法

（五）輸入及批評歐美新思想與方法

（六）陳獻工商業計畫及方法

民心週報之特色

（一）注重國內外政治外交社會實業各大問題

（二）有國內外大事述評將一星期間大事作成有統系之紀載並附以精密之批評（對於中日問題特別注重）

（三）有工商業要聞介紹國內外實業界消息

（四）有國外特約通信報告各國大局情形

（五）對於外報評論隨時介紹並加批評

（六）按期於星期六發行

總發行所 上海寧波路十一號

代售處 申報總分館　時事新報館　商務印書總分館　中華書局總分店　羣益書局　文明書局　泰東圖書館　亞東圖書局　美國 Mr. S. M. Lee 李熙謀君 149 Austin Street, Cambridge, Mass., U. S. A.

定價 每冊大洋五分　半年二十六冊洋一元二角　全年五十二冊洋二元三角

外加郵費每冊洋半分　凡在歐美各國定閱本報者均照中國幣價收費